21世纪数学规划教材
数学基础课系列

2nd Edition

数学分析新讲
（重排本）（第一册）

Modern Introduction to Mathematical Analysis

张筑生 编著

北京大学出版社
PEKING UNIVERSITY PRESS

图书在版编目(CIP)数据

数学分析新讲：重排本.第一册/张筑生编著.—2版.—北京：北京大学出版社，2021.8
21世纪数学规划教材.数学基础课系列
ISBN 978-7-301-32279-6

Ⅰ.①数… Ⅱ.①张… Ⅲ.①数学分析–高等学校–教材 Ⅳ.①O17

中国版本图书馆 CIP 数据核字(2021)第 120285 号

书　　　名	**数学分析新讲(重排本)(第一册)** SHUXUE FENXI XINJIANG(CHONGPAI BEN)(DI-YI CE)
著作责任者	张筑生　编著
责 任 编 辑	尹照原　刘　勇
标 准 书 号	ISBN 978-7-301-32279-6
出 版 发 行	北京大学出版社
地　　　址	北京市海淀区成府路 205 号　100871
网　　　址	http://www.pup.cn　新浪微博：@北京大学出版社
电 子 信 箱	zpup@pup.cn
电　　　话	邮购部 010-62752015　发行部 010-62750672 编辑部 010-62752021
印 刷 者	河北博文科技印务有限公司
经 销 者	新华书店
	890 毫米×1240 毫米　A5　9.25 印张　266 千字 1990 年 1 月第 1 版 2021 年 8 月第 2 版　2025 年 5 月第 5 次印刷
定　　　价	36.00 元

未经许可，不得以任何方式复制或抄袭本书之部分或全部内容。
版权所有，侵权必究
举报电话：010-62752024　电子信箱：fd@pup.pku.edu.cn
图书如有印装质量问题，请与出版部联系，电话：010-62756370

内 容 提 要

本书的前身是北京大学数学系教学改革实验讲义. 改革的基调是: 强调启发性, 强调数学内在的统一性, 重视学生能力的培养. 书中不仅讲解数学分析的基本原理, 而且还介绍一些重要的应用(包括从开普勒行星运动定律推导万有引力定律等). 从概念的引入到定理的证明, 书中做了煞费苦心的安排处理, 使传统的材料以新的面貌出现. 书中还收入了一些有重要理论意义与实际意义的新材料(例如利用微分形式的积分证明布劳威尔不动点定理等).

全书共三册. 第一册的内容是: 一元微积分, 初等微分方程及其应用; 第二册的内容是: 一元微积分的进一步讨论, 多元微积分; 第三册的内容是: 曲线、曲面与微积分, 级数与含参变元的积分等.

本书可作为大专院校数学系基础课教材或补充读物, 又可作为大、中学教师, 科学工作者和工程技术人员案头常备的数学参考书.

本书是一部优秀的"数学分析"课程的教材, 书中丰富的例题为读者提供了基础训练的平台. 本书配套的练习题及解题指导请读者参考《数学分析解题指南》(林源渠、方企勤编, 北京大学出版社, 2003).

序　　言

微积分是大学数学教育中最重要的基础课.经过三百多年的发展,这一课程的基本内容已经定型,并且已经有了为数众多的教材(其中不乏优秀之作).但是,人们仍然感到微积分的教和学都不是一件容易的事.究其原因,恐怕与这门学科本身的历史进程有关.

微积分这座大厦是从上往下施工建造起来的.微积分诞生之初就显示了强大的威力,解决了许多过去认为是高不可攀的困难问题,取得了辉煌的胜利.创始微积分的大师们着眼于发展强有力的方法,解决各式各样的问题.他们没有来得及为这门新学科建立起经得起推敲的严格的理论基础.在以后的发展中,后继者才对逻辑的细节做了逐一的修补.重建基础的细致工作当然是非常重要的,但也给后世的学习者带来了不利的影响.微积分本来是一件完整的艺术杰作,现在却被拆成碎片,对每一细部进行详尽的、琐细的考察.每一细节都弄得很清楚了,完整的艺术形象却消失了.今日的初学者在很长一段时间里只见树木不见森林.在微积分创始时期刺激了这一学科飞速发展的许多重要的应用问题,今日的初学者却几乎一无所知.因为这些应用往往涉及微分方程,而微分方程则要待到漫长的学究式的考察完成之后再到另一门课程中去学习. P. Lax, S. Burstein 和 A. Lax 在他们合著的《微积分及其应用与计算》(有人民教育出版社出版的中译本)序言中批评道:"传统的课本很像一个车间的工具账,只载明这儿有不同大小的锤子,那儿有锯子,而刨子则在另一个地方,只教给学生每种工具的用法而很少教学生将这些工具一起用于构造某个真正有意义的东西."

虽然越来越多的人认识到分析教学中的这一缺憾,但要改变这一状况也并不容易的:因为数学分析在漫长的岁月中已形成一个庞大的知识体系,牵一发而动全身,任何改动都必须做全局通盘考虑,稍有疏忽就难免顾此失彼.

本书的前身是北京大学数学系"数学分析"基础课教学改革实验讲义.改革方案的基调是:强调启发性;强调数学内在的统一性;重视学生能力的培养.

　　我们希望尽可能早一点让初学者对分析的全貌有一个轮廓的印象,尽可能早一点让初学者学会用分析的方法去解决问题.为了达到这一目的,我们在准备好基础之后,不拘泥于每一细节的深入详尽的讨论,也不追求最一般的条件,而是尽快地展示分析的主要概念(导数、原函数、积分、微分方程)并应用这些概念去解决一些重要而有趣的问题.等到学生对全貌有了初步的印象之后,再具体进行涉及细节的讨论.根据这样的方案进行试验,学生在第一学期就能掌握一元函数微积分的基本理论和方法,能用初等的微分方程解应用问题,并能了解历史上应用微积分的一些最著名的例子.

　　虽然数学分析课程的基本内容已经定型,我们仍然尝试加入了一些在理论上或应用上有重要意义,经适当处理之后又能放入基础课的材料.例如:利用微分形式的积分证明著名的布劳威尔不动点定理;利用傅里叶级数的封闭性方程去解等周问题;等等.

　　实数理论的教学,历来是一个棘手的问题.从逻辑顺序来说,这一部分材料应该摆在开头的地方,而初学者在一开始时又很难接受这些内容.我们考虑再三,最后采取的折中方案是:在讲义中较详细地写出实数理论(不过分学究气),但在讲课时却只扼要地说明实数的连续性.可以基于学生已有的关于无尽小数的知识,概述一下讲义中关于确界原理的证明——主要是说明怎样构造一个无尽小数,它的各不足近似值都是下界,而过剩近似值都不是下界,至于所构造的数应是集合的下确界.这一事实容易为学生所接受.讲授"实数"这一章时,甚至可以略去§1、§2和§3的大部分内容,只简要地介绍上、下确界的概念,然后重点讲解§4与§5,讲义中的详细内容可供学生经过一段时间的学习之后再回过头来复习时用,那时他们就可以进一步理解较细致的论述了.

　　从教学改革实验到最后整理写成本书,在整个过程中作者得到了北京大学数学系领导与同事们多方面的关心与帮助.在此谨向李忠、邓东皋、姜伯驹、方企勤、敖海龙等同志致谢.

美国加州大学伯克利分校的项武义教授关心祖国的教育事业. 作者曾就教学改革问题向他请教, 获益实多. 借此机会谨向项先生表示衷心感谢.

张 筑 生

1988 年 12 月于北京大学

符 号 说 明

本书所采用的符号都是很普通的. 例如
$$\max\{a_1,a_2,\cdots,a_n\}$$
表示 $a_1,a_2,\cdots,a_n$ 这 n 个实数中最大的一个,而
$$\min\{a_1,a_2,\cdots,a_n\}$$
则表示这些实数中最小的一个. 又如,
$$[x]$$
表示实数 x 的整数部分,也就是不超过 x 的最大整数. 我们还以符号
$$\square$$
表示证明完毕,或者要证之事很显然,不再详细写出了. 其他符号将在第一次出现时予以说明.

目 录

预篇 准备知识

§1 集合与逻辑记号 ………………………………………… (3)
§2 函数与映射 ………………………………………………… (6)
§3 连加符号与连乘符号 …………………………………… (8)
§4 面积、路程与功的计算 ………………………………… (11)
§5 切线、速度与变化率 …………………………………… (15)

第一篇 分析基础

第一章 实数 ………………………………………………… (21)
§1 实数的无尽小数表示与顺序 …………………………… (21)
§2 实数系的连续性 ………………………………………… (23)
§3 实数的四则运算 ………………………………………… (28)
§4 实数系的基本性质综述 ………………………………… (34)
§5 不等式 …………………………………………………… (36)

第二章 极限 ………………………………………………… (41)
§1 有界序列与无穷小序列 ………………………………… (41)
§2 收敛序列 ………………………………………………… (50)
§3 收敛原理 ………………………………………………… (65)
§4 无穷大 …………………………………………………… (77)
附录 斯托尔茨(Stolz)定理 ……………………………… (81)
§5 函数的极限 ……………………………………………… (85)
§6 单侧极限 ………………………………………………… (101)

第三章 连续函数 …………………………………………… (105)
§1 连续与间断 ……………………………………………… (105)
§2 闭区间上连续函数的重要性质 ………………………… (110)
附录 一致连续性的序列式描述 ………………………… (118)

§3 单调函数,反函数 ································· (119)
§4 指数函数与对数函数,初等函数连续性问题小结 ·········· (122)
§5 无穷小量(无穷大量)的比较,几个重要的极限 ··········· (129)

第二篇 微积分的基本概念及其应用

第四章 导数 ··· (141)
§1 导数与微分的概念 ································· (141)
§2 求导法则,高阶导数 ································ (152)
§3 无穷小增量公式与有限增量公式 ····················· (173)

第五章 原函数与不定积分 ································· (185)
§1 原函数与不定积分的概念 ··························· (185)
§2 换元积分法 ······································· (189)
§3 分部积分法 ······································· (197)
§4 有理函数的积分 ··································· (201)
§5 某些可有理化的被积表示式 ························· (209)

第六章 定积分 ·· (213)
§1 定义与初等性质 ··································· (213)
§2 牛顿-莱布尼茨公式 ······························· (219)
§3 定积分的几何与物理应用,微元法 ···················· (224)

第七章 微分方程初步 ····································· (238)
§1 概说 ··· (238)
§2 一阶线性微分方程 ································ (241)
§3 变量分离型微分方程 ······························· (248)
§4 实变复值函数 ····································· (253)
§5 高阶常系数线性微分方程 ··························· (262)
§6 开普勒行星运动定律与牛顿万有引力定律 ············· (269)

重排本说明 ··· (281)

# 第二册 目 录

第三篇 一元微积分的进一步讨论

第八章 利用导数研究函数
§1 柯西中值定理与洛必达法则
§2 泰勒(Taylor)公式
§3 函数的凹凸与拐点
§4 不等式的证明
§5 函数的作图
§6 方程的近似求解

第九章 定积分的进一步讨论
§1 定积分存在的一般条件
§2 可积函数类
§3 定积分看作积分上限的函数,牛顿-莱布尼茨公式的再讨论
§4 积分中值定理的再讨论
§5 定积分的近似计算
§6 沃利斯公式与斯特林公式

第十章 广义积分
§1 广义积分的概念
§2 牛顿-莱布尼茨公式的推广,分部积分公式与换元积分公式
§3 广义积分的收敛原理及其推论
§4 广义积分收敛性的一些判别法

第四篇 多元微积分

第十一章 多维空间
§1 概说
§2 多维空间的代数结构与距离结构
§3 $\mathbb{R}^m$ 中的收敛点列
§4 多元函数的极限与连续性
§5 有界闭集上连续函数的性质
§6 $\mathbb{R}^m$ 中的等价范数

§7　距离空间的一般概念

§8　紧致性

§9　连通性

§10　向量值函数

第十二章　多元微分学

§1　偏导数,全微分

§2　复合函数的偏导数与全微分

§3　高阶偏导数

§4　有限增量公式与泰勒公式

§5　隐函数定理

§6　线性映射

§7　向量值函数的微分

§8　一般隐函数定理

§9　逆映射定理

§10　多元函数的极值

第十三章　重积分

§1　闭方块上的积分——定义与性质

§2　可积条件

§3　重积分化为累次积分计算

§4　若当可测集上的积分

§5　利用变元替换计算重积分的例子

§6　重积分变元替换定理的证明

重排本说明

第三册 目 录

第五篇 曲线、曲面与微积分

第十四章 微分学的几何应用
§1 曲线的切线与曲面的切平面
§2 曲线的曲率与挠率,弗莱纳公式
§3 曲面的第一与第二基本形式

第十五章 第一型曲线积分与第一型曲面积分
§1 第一型曲线积分
§2 曲面面积与第一型曲面积分

第十六章 第二型曲线积分与第二型曲面积分
§1 第二型曲线积分
§2 曲面的定向与第二型曲面积分
§3 格林公式、高斯公式与斯托克斯公式
§4 微分形式
§5 布劳威尔不动点定理
§6 曲线积分与路径无关的条件
§7 恰当微分方程与积分因子

第十七章 场论介绍
§1 数量场的方向导数与梯度
§2 向量场的通量与散度
§3 方向旋量与旋度
§4 场论公式举例
附录 正交曲线坐标系中的场论计算

第六篇 级数与含参变元的积分

第十八章 数项级数
§1 概说
§2 正项级数
§3 上、下极限的应用

§4 任意项级数

§5 绝对收敛级数与条件收敛级数的性质

附录 关于级数乘法的进一步讨论

§6 无穷乘积

第十九章 函数序列与函数级数

§1 概说

§2 一致收敛性

§3 极限函数的分析性质

§4 幂级数

附录 二项式级数在收敛区间端点的敛散状况

§5 用多项式逼近连续函数

附录Ⅰ 魏尔斯特拉斯逼近定理的伯恩斯坦证明

附录Ⅱ 斯通-魏尔斯特拉斯定理

§6 微分方程解的存在定理

§7 两个著名的例子

第二十章 傅里叶级数

§1 概说

§2 正交函数系,贝塞尔不等式

§3 傅里叶级数的逐点收敛性

§4 均方收敛性与帕塞瓦尔等式,等周问题

§5 周期为 $2l$ 的傅里叶级数,弦的自由振动

§6 傅里叶级数的复数形式,傅里叶积分简介

第二十一章 含参变元的积分

§1 含参变元的常义积分

§2 关于一致收敛性的讨论

§3 含参变元的广义积分

§4 Γ函数与B函数

§5 含参变元的积分与函数逼近问题

后记

重排本说明

预 篇

准备知识

本篇为课程的学习做准备，先介绍一些在数学中广泛采用的术语和记号，然后介绍几个启发微积分基本概念的典型问题．

§1 集合与逻辑记号

集合这一概念描述如下：一个**集合**是由确定的一些对象汇集的总体．组成集合的这些对象被称为集合的**元素**．x 是集合 E 的元素这件事，用记号表示为
$$x \in E \text{（读作：}x \text{ 属于 }E\text{）；}$$
y 不是集合 E 的元素这件事记为
$$y \notin E \text{（读作：}y \text{ 不属于 }E\text{）．}$$
如果集合 E 的任何元素都是集合 F 的元素，那么我们就说 E 是 F 的**子集合**，记为
$$E \subset F \text{（读作：}E \text{ 包含于 }F\text{）}^{①}$$
或者
$$F \supset E \text{（读作：}F \text{ 包含 }E\text{）．}$$
如果集合 E 的任何元素都是集合 F 的元素并且集合 F 的任何元素也都是集合 E 的元素（即 $E \subset F$ 并且 $F \subset E$），那么我们就说集合 E 与集合 F **相等**，记为
$$E = F.$$

为了方便起见，我们引入一个不含任何元素的集合——**空集合** $\varnothing$．我们还约定：空集合 $\varnothing$ 是任何集合 E 的子集合，即
$$\varnothing \subset E.$$

全体自然数的集合，全体整数的集合，全体有理数的集合，全体实数的集合和全体复数的集合都是最常遇到的集合，我们约定分别

---

① 有些作者用符号"⊂"表示"真包含"关系，但在现代数学文献中广泛采用的是另一种约定："⊂"表示一般的包含关系（不限于真包含）．本书采用后一种约定．这样约定之后，当需要表示"真包含"关系时，反而要用稍累赘的记号"⊊"，但毕竟需要这样做的情形是很少的，没有带来多少不方便．

用空体字母 $\mathbb{N}, \mathbb{Z}, \mathbb{Q}, \mathbb{R}$ 和 $\mathbb{C}$ 来表示这些集合,即

$\mathbb{N}$ 表示全体自然数的集合[①];

$\mathbb{Z}$ 表示全体整数的集合;

$\mathbb{Q}$ 表示全体有理数的集合;

$\mathbb{R}$ 表示全体实数的集合;

$\mathbb{C}$ 表示全体复数的集合.

我们还把非负整数、非负有理数和非负实数的集合分别记为 $\mathbb{Z}^+, \mathbb{Q}^+$ 和 $\mathbb{R}^+$. 显然有

$$\mathbb{N} \subset \mathbb{Z} \subset \mathbb{Q} \subset \mathbb{R} \subset \mathbb{C}$$

和

$$\mathbb{N} \subset \mathbb{Z}^+ \subset \mathbb{Q}^+ \subset \mathbb{R}^+ \subset \mathbb{C}.$$

集合可以通过罗列其元素或者指出其元素应满足的条件等办法来给出. 例如:

$$\{1,2,3,4,5\}$$

表示由 1,2,3,4,5 这五个数字组成的集合,而

$$\{x \in \mathbb{R} \mid x > 3\}$$

表示由大于 3 的实数组成的集合. 又如:2 的平方根的集合可以记为

$$\{x \in \mathbb{R} \mid x^2 = 2\}$$

或者

$$\{-\sqrt{2}, \sqrt{2}\}.$$

在本课程中经常要遇到以下形式的实数集的子集:

闭区间

$$[a,b] = \{x \in \mathbb{R} \mid a \leqslant x \leqslant b\};$$

开区间

$$(a,b) = \{x \in \mathbb{R} \mid a < x < b\};$$

左闭右开区间

$$[a,b) = \{x \in \mathbb{R} \mid a \leqslant x < b\};$$

左开右闭区间

[①] 在本书中,全体自然数的集合 $\mathbb{N}$ 不包含 0.

$$(a,b] = \{x \in \mathbb{R} \mid a < x \leq b\},$$

这里 $a, b \in \mathbb{R}$, $a < b$.

设 E 和 F 是任意两个集合. 由 E 的所有元素与 F 的所有元素合在一起组成的集合称为这两个集合的**并集**, 记为 $E \cup F$. 由 E 和 F 共同的元素组成的集合称为两个集合的**交集**, 记为 $E \cap F$. 由属于 E 但不属于 F 的元素组成的集合称为这两个集合的**差集**, 记为 $E \backslash F$.

以下介绍几个逻辑符号. 设 α 和 β 是两个判断. 如果当 α 成立时, β 也一定成立, 我们就说 α 能够推出 β, 或者 α **蕴涵** β, 记为

$$\alpha \Rightarrow \beta.$$

例如

$$x \in \mathbb{R} \Rightarrow x^2 \geq 0.$$

如果 $\alpha \Rightarrow \beta$ 并且 $\beta \Rightarrow \alpha$, 我们就说 α 与 β **等价**, 或者说 α 与 β 互为**充要条件**, 记为 $\alpha \Longleftrightarrow \beta$. 例如, 对于 $x \in \mathbb{R}$, 我们有

$$x > 0 \Longleftrightarrow \frac{1}{x} > 0.$$

设 $\alpha(x)$ 是涉及 $x \in E$ 的一个判断, 我们用记号

$$(\exists x \in E)(\alpha(x)) \text{ 或者 } \exists x \in E : \alpha(x)$$

表示"存在 $x \in E$ 使得 $\alpha(x)$ 成立", 例如

$$\exists n \in \mathbb{N} : n^2 - 4n + 4 > 0.$$

设 $\beta(x)$ 是涉及 $x \in E$ 的一个判断, 我们用记号

$$(\forall x \in E)(\beta(x))$$

或者

$$\beta(x), \forall x \in E$$

表示"对一切 $x \in E$ 都有 $\beta(x)$ 成立", 例如

$$(\forall x \in \mathbb{R})(x^2 \geq 0)$$

或者

$$x^2 \geq 0, \forall x \in \mathbb{R}.$$

§2 函数与映射

人们常说:"变量 y 随着变量 x 的变化而变化"或者"变量 y 是变量 x 的函数". 这些说法的确切含义是什么呢？这就是说:变量 x 所取的任何一个确定的值,决定了变量 y 的唯一确定的值. 或者说:对变量 x 的任何一个值,有变量 y 的唯一确定的值与之对应. 采用集合论的术语对这些说法做进一步的概括,就得到映射的概念. 设 D 和 E 都是集合. 我们把 D 的元素与 E 的元素之间的对应关系 f 叫作一个**映射**,如果按照这对应关系,对集合 D 中的任何一个元素 ξ,有集合 E 中唯一的一个元素 η 与之对应. f 是从 D 到 E 的一个映射这件事,通常记为

$$f : D \to E.$$

按照对应关系 f, 由 D 中的元素 ξ 所决定的 E 中的唯一元素 η 记为 $f(\xi)$. 有时候,我们用记号 $\xi \mapsto \eta$ 表示元素之间的对应. 例如,设 $D = \mathbb{R}$, $E = \mathbb{R}$, 而映射 $f : D \to E$ 定义为 $f(x) = x^2$, 则这映射规定了元素之间这样的对应关系

$$f : x \mapsto x^2.$$

设 $f : D \to E$ 是一个映射, $A \subset D$, $B \subset E$. 我们把集合

$$f(A) = \{f(x) \mid x \in A\} (\subset E)$$

叫作集合 A 经过映射 f 的**像集**,并把集合

$$f^{-1}(B) = \{x \mid f(x) \in B\} (\subset D)$$

叫作集合 B 关于映射 f 的**原像集**.

如果 $D \subset \mathbb{R}$, $E = \mathbb{R}$, 那么从 D 到 E 的映射就是通常的一元函数. 但映射的概念远比这广泛. 在以后的学习中,将会遇到更广泛的映射的例子. 但在开始的时候,我们主要关心的是函数.

例 1 圆的面积 S 是半径 r 的函数:

$$S = \pi r^2.$$

在这里, $D = \mathbb{R}^+$, $E = \mathbb{R}$, 对应关系由一个代数运算式来表示.

例 2 自由落体经过的路程 s 是时间 t 的函数:

$$s = \frac{1}{2}gt^2.$$

这里的函数关系也能用一个代数式来表示.

例 3 有一些函数关系具有"分段"的表达形式,例如在技术科学中有重要应用的赫维赛德(Heaviside)函数(又称符号函数)可以表示为

$$H(t) = \begin{cases} -1, & \text{如果 } t < 0, \\ 0, & \text{如果 } t = 0, \\ 1, & \text{如果 } t > 0. \end{cases}$$

例 4 狄利克雷(Dirichlet)函数定义如下:

$$D(t) = \begin{cases} 1, & \text{如果 } t \text{ 是有理数}, \\ 0, & \text{如果 } t \text{ 是无理数}. \end{cases}$$

例 5 在自动记录气压计中,有一个匀速转动的圆柱形记录鼓. 印有坐标方格的记录纸就裹在这个鼓上. 记录鼓每 24 小时转动一周. 气压计指针的端点装有一支墨水笔,笔尖接触着记录纸. 这样, 经过 24 小时之后,取下的记录纸上就描画了一条曲线. 这条曲线表示气压 p 随时间 t 变化的函数关系.

例 6 设 $D = \mathbb{N}, E = \mathbb{R}$. 一个映射

$$f: \mathbb{N} \to \mathbb{R}$$

意味着用自然数编号的一串实数:

$$x_1 = f(1), \ x_2 = f(2), \cdots, x_n = f(n), \cdots.$$

这样的一个映射,或者说这样的以自然数编号的一串实数 $\{x_n\}$,被称为实数序列.

设 $f: D \to E$ 是一个映射, $g: G \to H$ 也是一个映射. 如果 $f(D) \subset G$, 那么从 $\xi \in D$ 开始,相继经过 f 和 g 的作用,就得到 $g(f(\xi))$. 这样的对应关系

$$\xi \mapsto g(f(\xi))$$

也是一个映射. 我们把这个映射称为 g 与 f 的**复合**,记为 $g \circ f$. 简言之,映射 g 与映射 f 的复合定义为

$$g \circ f: D \to H,$$
$$\xi \mapsto g(f(\xi)).$$

例 7 设 $f: \mathbb{R} \to \mathbb{R}$ 定义为 $f(x) = x^m$,则有
$$f \circ f(x) = f(f(x)) = (x^m)^m = x^{m^2}.$$

例 8 考察函数 $f(x) = x^2$ 和 $g(x) = \sin x$. 我们有
$$g \circ f(x) = \sin x^2, \quad f \circ g(x) = \sin^2 x.$$

一般说来,对于映射 f 和 g,两种顺序的复合映射 $g \circ f$ 和 $f \circ g$ 不一定都有定义,即使有定义也不一定相同. 让我们再看两个例子.

例 9 考察函数 $f(x) = \sqrt{1-x}$ 和 $g(x) = x^2 + 10$. 我们看到,$g \circ f$ 对 $x \leqslant 1$ 有定义,而 $f \circ g$ 却没有定义.

例 10 考察函数 $f(x) = x^2$ 和 $g(x) = x + 2$. 这两个函数都在整个数轴 $\mathbb{R}$ 上有定义,因而 $g \circ f$ 和 $f \circ g$ 也都在 $\mathbb{R}$ 上有定义. 我们有:
$$g \circ f(x) = x^2 + 2,$$
$$f \circ g(x) = (x+2)^2 = x^2 + 4x + 4.$$

§3 连加符号与连乘符号

在数学中,常遇到一连串的数相加或者一连串的数相乘,例如 $1 + 2 + \cdots + n$ 或者 $m(m-1)\cdots(m-k+1)$ 等. 为简便起见,人们引入连加符号 $\sum$ 与连乘符号 $\prod$:
$$\sum_{i=1}^{n} x_i = x_1 + x_2 + \cdots + x_n,$$
$$\prod_{i=1}^{n} x_i = x_1 x_2 \cdots x_n,$$
这里的指标 i 仅仅用以表示求和或求乘积的范围,把 i 换成别的符号 j, k 等,也仍然表示同一和或同一乘积,例如
$$\sum_{j=1}^{n} x_j = x_1 + x_2 + \cdots + x_n = \sum_{i=1}^{n} x_i,$$
$$\prod_{k=1}^{n} x_k = x_1 x_2 \cdots x_n = \prod_{i=1}^{n} x_i.$$
人们通常把这样的指标称为"哑指标".

我们举几个例子说明连加符号与连乘符号的应用.

例 1 阶乘 $n!$ 的定义可以写成

$$n! = \prod_{j=1}^{n} j.$$

例 2 二项式定理可以表示为
$$(a+b)^n = \sum_{j=0}^{n} \binom{n}{j} a^j b^{n-j} = \sum_{k=0}^{n} \binom{n}{k} a^{n-k} b^k,$$
这里
$$\binom{n}{k} = \frac{n(n-1)\cdots(n-k+1)}{k!}$$
$$= \frac{n!}{k!(n-k)!}.$$

例 3 $\sum_{i=1}^{n} 1 = \underbrace{1 + 1 + \cdots + 1}_{n \text{项}} = n.$

例 4 我们来计算 $\sum_{k=1}^{n} (k^p - (k-1)^p).$

这个和式表示
$$(1^p - 0^p) + (2^p - 1^p) + \cdots + (n^p - (n-1)^p).$$
因而
$$\sum_{k=1}^{n} (k^p - (k-1)^p) = n^p.$$

数的运算满足交换律、结合律以及(乘法对加法的)分配律. 据此我们得到以下的运算法则:
$$\sum_{i=1}^{n} (a_i + b_i) = (a_1 + b_1) + \cdots + (a_n + b_n)$$
$$= (a_1 + \cdots + a_n) + (b_1 + \cdots + b_n)$$
$$= \sum_{i=1}^{n} a_i + \sum_{i=1}^{n} b_i;$$
$$\sum_{i=1}^{n} (\lambda c_i) = \lambda c_1 + \cdots + \lambda c_n = \lambda (c_1 + \cdots + c_n)$$
$$= \lambda \sum_{i=1}^{n} c_i.$$

例 5 我们有恒等式
$$k^2 - (k-1)^2 = 2k - 1.$$

对于 $k=1,2,\cdots,n$,将相应的恒等式加起来,我们得到

$$\sum_{k=1}^{n}(k^2-(k-1)^2)=2\sum_{k=1}^{n}k-\sum_{k=1}^{n}1,$$

$$n^2=2\sum_{k=1}^{n}k-n,$$

$$\sum_{k=1}^{n}k=\frac{1}{2}n^2+\frac{1}{2}n=\frac{n(n+1)}{2}.$$

我们得到了熟悉的公式

$$1+2+\cdots+n=\frac{n(n+1)}{2}.$$

例 6 由恒等式

$$k^3-(k-1)^3=3k^2-3k+1$$

可得

$$\sum_{k=1}^{n}(k^3-(k-1)^3)=3\sum_{k=1}^{n}k^2-3\sum_{k=1}^{n}k+\sum_{k=1}^{n}1,$$

$$n^3=3\sum_{k=1}^{n}k^2-3\left(\frac{1}{2}n^2+\frac{1}{2}n\right)+n,$$

$$\sum_{k=1}^{n}k^2=\frac{1}{3}n^3+\frac{1}{2}n^2+\frac{1}{6}n=\frac{n(n+1)(2n+1)}{6}.$$

类似地,由恒等式

$$k^4-(k-1)^4=4k^3-6k^2+4k-1$$

可得

$$\sum_{k=1}^{n}(k^4-(k-1)^4)$$

$$=4\sum_{k=1}^{n}k^3-6\sum_{k=1}^{n}k^2+4\sum_{k=1}^{n}k-\sum_{k=1}^{n}1,$$

$$n^4=4\sum_{k=1}^{n}k^3-(2n^3+3n^2+n)+2(n^2+n)-n,$$

$$\sum_{k=1}^{n}k^3=\frac{1}{4}n^4+\frac{1}{2}n^3+\frac{1}{4}n^2=\left(\frac{n(n+1)}{2}\right)^2.$$

采用类似的推理方式,利用数学归纳法可以证明以下结论:

$\sum_{k=1}^{n} k^p$ 可以表示成 n 的 $p+1$ 次多项式,其最高项系数为 $\dfrac{1}{p+1}$,常数项为 0,即

$$\sum_{k=1}^{n} k^p = \frac{1}{p+1} n^{p+1} + c_1 n^p + c_2 n^{p-1} + \cdots + c_p n.$$

对于给定的 p,上面公式中的系数 $c_1,\cdots,c_p$ 当然都可以具体算出. 我们这里不再做深入的讨论了.

§4 面积、路程与功的计算

我们已经会求直线图形和圆的面积. 为了计算更一般的曲线图形的面积,需要寻求更有效的方法.

先来看一个具体的例子. 设有这样一个曲线图形,它由曲线 $y=x^p$,OX 轴和直线 $x=b$ 围成,我们来求它的面积(图 0-1).

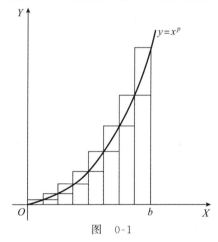

图 0-1

我们把 OX 轴上的闭区间 $[0,b]$ 分成 n 等分,其中第 k 个等分是

$$\left[\frac{k-1}{n}b, \frac{k}{n}b\right].$$

相应地把上述曲线图形分成 n 个等宽的条形

$$\frac{k-1}{n}b \leqslant x \leqslant \frac{k}{n}b, \quad 0 \leqslant y \leqslant x^p, \quad k=1,2,\cdots,n.$$

每一条形的面积 S_k 介于二矩形条的面积之间：
$$\left(\frac{k-1}{n}b\right)^p \cdot \frac{b}{n} \leqslant S_k \leqslant \left(\frac{k}{n}b\right)^p \cdot \frac{b}{n}.$$
因而所求的曲线图形的面积 S 应该介于以下两个和数之间：
$$\sum_{k=1}^{n}\left(\frac{k-1}{n}b\right)^p \frac{b}{n} \leqslant S \leqslant \sum_{k=1}^{n}\left(\frac{k}{n}b\right)^p \frac{b}{n}.$$
我们可以把矩形条面积之和 $\sum_{k=1}^{n}\left(\frac{k-1}{n}b\right)^p \frac{b}{n}$ 与 $\sum_{k=1}^{n}\left(\frac{k}{n}b\right)^p \frac{b}{n}$ 当作曲线图形面积 S 的近似值. 所分成的矩形条越细, 这样的近似值的精确度就越高. 事实上, 我们有
$$\sum_{k=1}^{n}\left(\frac{k}{n}b\right)^p \frac{b}{n} = \frac{b^{p+1}}{n^{p+1}} \sum_{k=1}^{n} k^p$$
$$= \frac{b^{p+1}}{n^{p+1}}\left(\frac{1}{p+1}n^{p+1} + c_1 n^p + \cdots + c_p n\right)$$
$$= b^{p+1}\left(\frac{1}{p+1} + \frac{c_1}{n} + \cdots + \frac{c_p}{n^p}\right),$$
$$\sum_{k=1}^{n}\left(\frac{k-1}{n}b\right)^p \frac{b}{n} = \sum_{k=1}^{n}\left(\frac{k}{n}b\right)^p \frac{b}{n} - \frac{b^{p+1}}{n}$$
$$= b^{p+1}\left(\frac{1}{p+1} + \frac{c_1-1}{n} + \cdots + \frac{c_p}{n^p}\right).$$
当 n 无限增大时, 上面两个和数趋于共同的极限值 $\frac{b^{p+1}}{p+1}$. 这共同的极限值应该看作所求的面积 S. 这样, 我们求得
$$S = \frac{1}{p+1}b^{p+1}.$$

再来看一般的情形. 设函数 $y = f(x)$ 在闭区间 $[a,b]$ 上有定义并且非负 (即只取大于或等于 0 的值). 曲线 $y = f(x)$ 与直线 $x = a$, $x = b$, $y = 0$ 围成一个图形, 我们来求这个曲线图形的面积 S. 为此, 用一串分点
$$a = x_0 < x_1 < \cdots < x_n = b$$
把闭区间 $[a,b]$ 分成 n 段, 相应地把上述曲线图形分成 n 个条形, 其中第 j 个条形为

$$x_{j-1} \leqslant x \leqslant x_j, \quad 0 \leqslant y \leqslant f(x).$$

在闭区间 $[x_{j-1}, x_j]$ 上任取一点 ξ_j，我们把高为 $f(\xi_j)$，底长为 $\Delta x_j = x_j - x_{j-1}$ 的矩形条的面积，当作曲线图形的第 j 个条形的面积的近似值. 这样得到曲线图形面积的近似值

$$\sum_{j=1}^{n} f(\xi_j) \Delta x_j.$$

以后将证明，对于相当普遍的函数 f，当分割的条形越来越窄时，上述和式有确定的极限. 这极限应当视为所求曲线图形的面积.

我们还可以讨论更一般的情形. 设 $y = f(x)$ 是在闭区间 $[a, b]$ 上有定义的函数（不一定非负），考察由直线 $x = a$，$x = b$，$y = 0$ 与曲线 $y = f(x)$ 所围图形的面积. 我们约定，对于函数 f 取负值的部分，曲线 $y = f(x)$ 与 OX 轴所夹的面积为负值（图 0-2）. 这样，我们

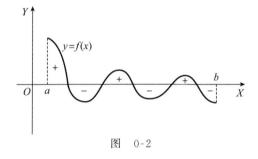

图 0-2

仍能把所述图形的面积的近似值表示为

$$\sum_{j=1}^{n} f(\xi_j) \Delta x_j.$$

对于相当普遍的函数 f，当分割的条形越来越窄时，上述和式有确定的极限. 这极限应当视为所述曲线图形的面积的代数值.

再来看一些取自物理学的例子.

设物体做变速直线运动，其速度 v 是时间 t 的函数

$$v = f(t).$$

我们来计算这个物体从时刻 a 到时刻 b 经过的路程. 为此，用一串分点

$$a = t_0 < t_1 < \cdots < t_n = b$$

把这段时间分成 n 小段. 在第 j 段时间中物体通过的路程可以认为近似等于
$$f(\tau_j)\Delta t_j,$$
这里 τ_j 是 $[t_{j-1}, t_j]$ 中的一个时刻，$\Delta t_j = t_j - t_{j-1}$. 于是，从时刻 a 到时刻 b 物体通过的路程近似等于
$$\sum_{j=1}^{n} f(\tau_j)\Delta t_j.$$
当所分割的时间间隔越来越短时，上述和式的极限值即为物体从时刻 a 到时刻 b 通过的路程.

另一取自物理学的问题是求变力所做的功. 设物体 m 受到一个沿 OX 轴方向的力 F 的作用，它沿这个轴从 a 点运动到 b 点. 如果力 F 随着 x 而改变，即
$$F = f(x),$$
我们来求 F 对这物体 m 所做的功. 为此，在 a 和 b 之间插入一串分点
$$a = x_0 < x_1 < \cdots < x_n = b.$$
设 ξ_j 是 $[x_{j-1}, x_j]$ 上任意一点，而 $\Delta x_j = x_j - x_{j-1}$. 在路程 $[x_{j-1}, x_j]$ 上把力 $F = f(x)$ 近似地看成常力 $f(\xi_j)$，则在这段上力 F 所做的功近似地等于
$$f(\xi_j)\Delta x_j.$$
变力 $F = f(x)$ 在整段路程 $[a, b]$ 上所做的功近似地等于
$$\sum_{j=1}^{n} f(\xi_j)\Delta x_j.$$
当所分割的路程间隔越来越小时，上述和式的极限值即为变力 $F = f(x)$ 所做的功 W.

在上面列举的例子中，来源不同的几个问题都可以用类似的方法讨论. 还可以举出更多的例子，所涉及的问题归结为如下形式的和数的极限
$$\sum_{j=1}^{n} f(\xi_j)\Delta x_j.$$
当分割无限加细的时候，上述和数的极限值称为函数 $f(x)$ 的积分，记为

$$\int_a^b f(x)\,\mathrm{d}x,$$

其中 a, b 表示和数展布的区间，积分号 $\int$（拉长了的 S）表示求和求极限的过程，而 $f(x)\mathrm{d}x$ 表示求和各项的形状．如果把 $\Delta x_1, \Delta x_2$，$\cdots, \Delta x_n$ 中最大的一个记为

$$\max \Delta x_j,$$

那么我们就可以写

$$\int_a^b f(x)\,\mathrm{d}x = \lim_{\max \Delta x_j \to 0} \sum_{j=1}^n f(\xi_j) \Delta x_j.$$

早在公元前 3 世纪，古希腊时代的著名学者阿基米德（Archimedes）就已经会计算曲线图形

$$0 \leqslant x \leqslant b, \quad 0 \leqslant y \leqslant x^2$$

的面积．但他的方法（所谓"穷竭法"）陈述起来并不那么简单清楚，所以在很长的一段时间里没有被人们普遍接受．直到两千年以后，牛顿（Newton）和莱布尼茨（Leibniz）创立了微积分学，特别是把积分的计算与微分联系起来，人们才有了统一地解决多种多样的问题的简单而有效的工具．

§5 切线、速度与变化率

初等几何课程已经告诉我们如何做圆的切线．但那做法依赖于圆的特殊几何性质，并没有提示做一般曲线的切线的方法．初等几何着眼于具体地研究每一特殊图形的性质，而高等数学却致力于寻求普遍地解决问题的方法．为此，首先引进坐标把几何问题"代数化"．

考察如下的典型问题．设 $y = f(x)$ 是在 (a, b) 上有定义的函数，它表示 OXY 坐标系中的一段曲线．我们希望过曲线 $y = f(x) (x \in (a, b))$ 上的一点 $P_0(x_0, f(x_0))$，做这曲线的切线（图 0-3）．为此，考虑曲线上的另一点 $P(x, f(x))$．过这两点可以做一条直线——

曲线的割线——P_0P，其斜率为

$$\frac{f(x)-f(x_0)}{x-x_0}.$$

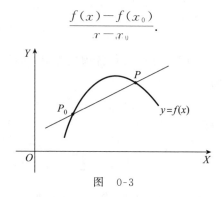

图 0-3

当点 P 沿着曲线变动时，割线 P_0P 的方位也随着变动；当 P 无限接近于 P_0 时，割线 P_0P 的极限位置就应该是曲线过 P_0 点的切线。在以后的课程中，我们将看到，对于相当普遍的函数（包括我们在中学学过的所有的初等函数），当 P 趋于 P_0 时，割线 P_0P 确实有一个极限位置。这就是说，可以做曲线过 P_0 点的切线，其斜率为

$$f'(x_0)=\lim_{x\to x_0}\frac{f(x)-f(x_0)}{x-x_0}.$$

我们把差商 $\dfrac{f(x)-f(x_0)}{x-x_0}$ 的极限 $f'(x_0)$ 称为导数或微商。

我们再来看一个属于运动学的问题。设物体沿 OX 轴运动，其位置 x 是时间 t 的函数

$$x=f(t).$$

如果运动比较均匀，那么我们可以用平均速度反映其快慢。在 $[t_1,t_2]$ 这一段时间里的平均速度定义为

$$\bar{v}_{[t_1,t_2]}=\frac{f(t_2)-f(t_1)}{t_2-t_1}.$$

如果物体的运动很不均匀，那么平均速度就不能很好地反映物体运动的状况，必须代之以在每一时刻 t_0 的瞬时速度 $v(t_0)$。为了计算瞬时速度，我们取越来越短的时间间隔 $[t_0,t]$，以平均速度 $\bar{v}_{[t_0,t]}$ 作为瞬时速度 $v(t_0)$ 的近似值。让 t 趋于 t_0，平均速度 $\bar{v}_{[t_0,t]}$ 的极限即为

物体在时刻 t_0 的瞬时速度

$$v(t_0) = \lim_{t \to t_0} \frac{f(t) - f(t_0)}{t - t_0} = f'(t_0).$$

与切线问题一样,我们又遇到了差商 $\dfrac{f(t) - f(t_0)}{t - t_0}$ 的极限——导数(或微商)$f'(t_0)$.

速度问题只是更一般的变化率问题的一个例子. 假设有一个随时间变化的量 $x = f(t)$. 我们把差商

$$\frac{f(t_2) - f(t_1)}{t_2 - t_1}$$

称为这个量从时刻 t_1 到时刻 t_2 的**平均变化率**. 当量 $x = f(t)$ 变化比较均匀时,平均变化率反映了它变化的快慢. 如果量 $x = f(t)$ 的变化很不均匀,就需要用**瞬时变化率**来描述这个量的各个不同时刻的变化状况. 取接近时刻 t_0 的一小段时间,考察这段时间内的平均变化率. 当 t 趋于 t_0 时平均变化率的极限就是量 $x = f(t)$ 在时刻 t_0 的瞬时变化率:

$$f'(t_0) = \lim_{t \to t_0} \frac{f(t) - f(t_0)}{t - t_0}.$$

例1 设从时刻 0 到时刻 t 通过导线截面的电量是 $q = f(t)$. 电量的平均变化率就是平均电流强度

$$\overline{I}_{[t_1, t_2]} = \frac{f(t_2) - f(t_1)}{t_2 - t_1}.$$

而电量的瞬时变化率则表示在时刻 t_0 的瞬时电流强度

$$I(t_0) = f'(t_0) = \lim_{t \to t_0} \frac{f(t) - f(t_0)}{t - t_0}.$$

例2 设容器内有某种放射性元素,其质量 m 随着时间 t 而变化:$m = f(t)$. 因为放射性元素衰变的时候质量不断减少,所以质量的平均变化率总是负数:

$$\frac{f(t_2) - f(t_1)}{t_2 - t_1} < 0.$$

平均变化率的绝对值被称为平均衰变速度. 质量的瞬时变化率也是负数:

$$f'(t_0)=\lim_{t\to t_0}\frac{f(t)-f(t_0)}{t-t_0}<0.$$

瞬时变化率的绝对值被称为瞬时衰变速度.

上面考察的几个问题,涉及几何学、力学、电学和物质放射性.而在这些问题中都出现了差商的极限——导数:

$$f'(x_0)=\lim_{x\to x_0}\frac{f(x)-f(x_0)}{x-x_0}.$$

由此看来,对这样的极限进行研究很有必要.关于导数的计算,已经发展了一套行之有效的方法——微分法.这将是我们进一步学习的重要内容.

第一篇

分析基础

第一章 实 数

微积分创始于 17 世纪后半期. 创立微积分的大师们着眼于发展强有力的方法. 他们虽然解决了许多过去认为高不可攀的困难问题, 却未能为自己的方法提供逻辑上无懈可击的理论说明. 这引起了人们长达一个多世纪的争论与误解. 直到 19 世纪初, 柯西 (Cauchy) 才以极限理论为微积分奠定了坚实的基础. 又过了半个世纪以后, 康托尔 (Cantor) 和戴德金 (Dedekind) 等人经过缜密的审查才发现: 极限理论的某些基本原理, 实际上依赖于实数系的一个非常重要的性质——连续性. 本章的重点是实数系的连续性. 希望读者能紧紧抓住问题的关键, 领会精神而不过分拘泥于细节.

§1 实数的无尽小数表示与顺序

在初等数学课程里, 我们已经熟悉了有尽小数, 会做有尽小数的加减法和乘法运算. 我们还知道, 任何有理数都可以表示为无尽循环小数 (有尽小数看成后面接有一串 0 的无尽循环小数). 在此基础上, 我们进一步引入无尽不循环小数以表示无理数. 这样, 一般地以无尽小数表示实数. 以这种朴素地理解为背景, 我们来考察实数的顺序, 讨论实数系的连续性问题, 并定义实数的运算.

无尽小数 形状如
$$\pm a_0 . a_1 a_2 \cdots a_n \cdots$$
这样的表示被称为**无尽小数**, 这里 $a_0 \in \mathbb{Z}^+$, 而 $a_1, a_2, \cdots, a_n, \cdots$ 中的每一个都是 $0, 1, \cdots, 9$ 这些数字之一. 形状如 $+ a_0 . a_1 a_2 \cdots a_n \cdots$ 的无尽小数常常简单地写为 $a_0 . a_1 a_2 \cdots a_n \cdots$. 我们还约定: 形如 $\pm a_0 . a_1 a_2 \cdots a_m 0000 \cdots$ 这样的无尽小数可以写成 $\pm a_0 . a_1 a_2 \cdots a_m$, 并可称之为有尽小数.

等同关系 我们给无尽小数规定如下的等同关系 (E_1) 和 (E_2):

(E_1) $\qquad -0.000\cdots = +0.000\cdots,$

(E_2) $\qquad \pm b_0.b_1\cdots b_p 999\cdots$
$$= \pm b_0.b_1\cdots(b_p+1)000\cdots$$
(其中 $b_p < 9$).

如同(E_1)和(E_2)两式中等号左边那样的无尽小数被称为**非规范小数**,其他的无尽小数都称为**规范小数**.所规定的等同关系将每一个非规范小数等同于一个与它相对应的规范小数.

实数 在所有的无尽小数中,把每两个彼此等同的无尽小数视为同一个数,这样就得到了**实数**.于是,每一个实数都具有唯一的规范小数表示.规范表示为 $+a_0.a_1a_2\cdots$ 的实数被称为**非负实数**,其中规范表示为 $+0.00\cdots$ 的实数记为 0.规范表示为 $-b_0.b_1b_2\cdots$ 的实数被称为**负实数**.

相反数 两个非 0 实数,如果它们的规范小数表示的各位数字分别相同,但符号正好相反,那么我们就说这两实数互为**相反数**.0 的相反数就规定为 0 自己.实数 x 的相反数通常记为 $-x$.

实数的顺序 我们陈述比较两实数大小的规则如下:

情形 1 两实数都是非负实数.对于规范表示的两个非负实数 $a = a_0.a_1a_2\cdots a_n\cdots$ 和 $b = b_0.b_1b_2\cdots b_n\cdots$,我们逐位比较它们的各位数字.如果
$$a_0 = b_0, \cdots, a_{p-1} = b_{p-1}, a_p > b_p,$$
那么我们就说 a 大于 b.

情形 2 两实数都是负实数.对于规范表示的两个负实数 $-c = -c_0.c_1c_2\cdots c_n\cdots$ 和 $-d = -d_0.d_1d_2\cdots d_n\cdots$,如果
$$c_0 = d_0, \cdots, c_{q-1} = d_{q-1}, c_q < d_q,$$
那么我们就说 $-c$ 大于 $-d$;

情形 3 两实数之一是非负实数,另一个是负实数.对这情形,我们规定任何非负实数大于任何负实数.

如果实数 x 大于实数 y,那么我们就说实数 y 小于实数 x.如果两实数有相同的规范小数表示,那么我们就说这两实数**相等**.

用上述方式,我们在实数中定义了大于">",小于"<"和等于"="等关系.这样定义的顺序关系具有"三歧性"和"传递性".

三歧性 对任意两个实数 a 和 b，必有以下三种情形之一出现，而且也只有其中之一出现：
$$a > b, \quad a = b \quad \text{或者} \quad a < b.$$

传递性 如果 $a > b, b > c$，那么 $a > c$.

我们约定：用记号 $a \geq b$ 表示"$a > b$ 或者 $a = b$"，用记号 $a \leq b$ 表示"$a < b$ 或者 $a = b$".

有尽小数在实数系中处处稠密 下面的定理指出，在任意两个不相等的实数之间还可以再插进一个有尽小数. 这一重要结论说明了有尽小数在实数系中的稠密性.

定理 设 a 和 b 是实数，$a < b$. 则存在有尽小数 c，满足
$$a < c < b.$$

证明 如果 $a < 0 < b$，那么 $c = 0$ 就合乎要求. 因此只需考察 $0 \leq a < b$ 或者 $a < b \leq 0$ 的情形. 我们只对 $0 \leq a < b$ 的情形写出证明，对另一情形的讨论留给读者作为练习.

设 a 和 b 的规范小数表示为
$$a = a_0.a_1 a_2 \cdots \quad \text{和} \quad b = b_0.b_1 b_2 \cdots.$$

因为 $a < b$，所以存在 $p \in \mathbb{Z}^+$，使得
$$a_0 = b_0, \cdots, a_{p-1} = b_{p-1}, \ a_p < b_p.$$

又因为 $a_0.a_1 a_2 \cdots$ 是规范小数，所以存在 $q > p$，使得
$$a_q < 9.$$

我们取
$$c = a_0.a_1 \cdots a_p \cdots a_{q-1}(a_q + 1)000\cdots.$$

于是，c 是有尽小数，它满足
$$a < c < b.$$

实数的绝对值 实数 x 的绝对值 $|x|$ 定义如下：
$$|x| = \begin{cases} x, & \text{如果 } x \text{ 是非负实数,} \\ -x, & \text{如果 } x \text{ 是负实数.} \end{cases}$$

§2 实数系的连续性

关于实数系的连续性，有若干种相互等价的描述办法. 本节将

要介绍的"确界原理",就是其中便于运用的一种陈述方式. 通过在以后各章中的运用,读者将会逐渐加深对这一原理的理解.

先来介绍有关的术语.

上界与下界, 有界集 设 $E \subset \mathbb{R}, E \neq \varnothing$. 如果存在 $L \in \mathbb{R}$, 使得
$$x \leqslant L, \quad \forall x \in E,$$
那么我们就说集合 E **有上界**, 并且说 L 是集合 E 的一个**上界**. 如果存在 $l \in \mathbb{R}$, 使得
$$x \geqslant l, \quad \forall x \in E,$$
那么我们就说集合 E **有下界**, 并且说 l 是集合 E 的一个**下界**. 如果一个集合有上界并且也有下界, 那么我们就说这集合**有界**, 或者说这集合是**有界集**.

如果 L 是集合 E 的上界, $L_1 > L$, 那么 L_1 也是集合 E 的一个上界. 因此, 一个有上界的集合, 不可能有最大的上界. 下面, 我们来考察一个意义十分重大的问题: 非空而有上界的实数集合, 是否总有一个最小的上界? 这种"最小的上界", 通常称为上确界.

上确界 设 E 是实数的非空集合, 即设 $E \subset \mathbb{R}, E \neq \varnothing$. 如果存在一个实数 M, 满足下面的条件(i)和(ii), 那么我们就把 M 叫作集合 E 的**上确界**. 条件(i)和(ii)分别是:

(i) M 是集合 E 的一个上界, 即
$$x \leqslant M, \quad \forall x \in E;$$

(ii) M 是集合 E 的最小的上界——任何小于 M 的实数 M' 都不再是集合 E 的上界, 即
$$(\forall M' < M)(\exists x' \in E)(x' > M').$$

上确界定义中的条件(ii)等价于说: 集合 E 的任何上界 $M_1 \geqslant M$.

如果 M 和 M_1 都是集合 E 的上确界, 那么就应该有
$$M_1 \geqslant M, \quad M \geqslant M_1,$$
因而有
$$M_1 = M.$$

由此得知: 集合 E 的上确界如果存在就必定只有一个. 我们把这唯一的上确界记为

$$\sup E.$$

类似地可以定义下确界.

下确界 设 $E \subset \mathbb{R}$,$E \neq \varnothing$. 如果存在一个实数 m,满足以下的条件(i)和(ii),那么我们就把 m 叫作集合 E 的**下确界**：

(i) m 是集合 E 的一个下界,即
$$x \geqslant m, \quad \forall x \in E;$$

(ii) m 是集合 E 的最大的下界——任何大于 m 的实数 m' 都不再是集合 E 的下界,
$$(\forall m' > m)(\exists x' \in E)(x' < m').$$

集合 E 的下确界如果存在就必定是唯一的. 我们把这唯一的下确界记为
$$\inf E.$$

设 E 是实数的非空集合. 我们以 $-E$ 表示 E 中各数的相反数组成的集合,即定义
$$-E = \{-x \mid x \in E\}.$$

请读者自己验证以下简单事项：

(1) 集合 E 有上界(下界)的充要条件是集合 $-E$ 有下界(上界);

(2) 集合 E 有上确界的充要条件是集合 $-E$ 有下确界,并且
$$\sup E = -\inf(-E);$$

(3) 集合 E 有下确界的充要条件是集合 $-E$ 有上确界,并且
$$\inf E = -\sup(-E).$$

我们来介绍实数系的一个重要性质——**连续性**. 这一性质体现为以下的确界原理.

确界原理 $\mathbb{R}$ 的任何非空而有上界的子集合 D 在 $\mathbb{R}$ 中有上确界.

我们将证明与这陈述等价的另一陈述：

确界原理(第二种陈述) $\mathbb{R}$ 的任何一个非空并且有下界的子集合 E 在 $\mathbb{R}$ 中有下确界.

证明 在下面的讨论中,为了书写方便而作这样的约定：允许用记号

代表相应的有尽小数

$$0.\underbrace{0\cdots01}_{n\uparrow 0}=0.\underbrace{0\cdots01}_{n\uparrow 0}000\cdots.$$

我们分两种情形讨论.

情形 1 设 0 是集合 E 的一个下界. 因为 $E\neq\varnothing$, 所以存在 $x\in E$. 于是又存在 $k\in\mathbb{N}$, 使得 $k>x$. 我们看到: 0 是 E 的一个下界, k 不是 E 的下界. 依次考察 $0,1,\cdots,k-1$ 这些数, 可以断定: 存在 $a_0\in\{0,1,\cdots,k-1\}$, 使得 a_0 是 E 的一个下界而 a_0+1 不是 E 的下界. 然后依次考察 $a_0.0, a_0.1,\cdots,a_0.9$ 这些数, 又可断定: 存在 $a_1\in\{0,1,\cdots,9\}$, 使得 $a_0.a_1$ 是 E 的一个下界而 $a_0.a_1+\dfrac{1}{10}$ 不是 E 的下界. 再依次考察 $a_0.a_10, a_0.a_11,\cdots,a_0.a_19$ 这些数, 又可断定: 存在 $a_2\in\{0,1,\cdots,9\}$, 使得 $a_0.a_1a_2$ 是 E 的一个下界而 $a_0.a_1a_2+\dfrac{1}{10^2}$ 不是 E 的下界. 继续这样做下去, 我们得到一串数:

$$a_0, a_0.a_1, a_0.a_1a_2, \cdots, a_0.a_1a_2\cdots a_n, \cdots.$$

这些数满足条件: $a_0.a_1a_2\cdots a_n$ 是集合 E 的下界而 $a_0.a_1a_2\cdots a_n+\dfrac{1}{10^n}$ 不是集合 E 的下界. 我们将证明:

$$a_0.a_1a_2\cdots a_na_{n+1}\cdots$$

是一个规范小数, 它正好就是集合 E 的下确界.

假如 $a_0.a_1a_2\cdots$ 不是规范小数, 那么必定存在 $p\in\mathbb{Z}^+$, 使得

$$a_{p+1}=a_{p+2}=\cdots=9.$$

不妨设 p 是满足这条件的最小的非负整数. 对任意的 $\beta\in E$, 设 β 的规范小数表示为 $\beta_0.\beta_1\beta_2\cdots$, 则必定存在 $n>p$, 使得 $\beta_n<9$. 因为

$$\beta\geq a_0.a_1\cdots a_n,$$

所以又必定存在 $q\in\{0,1,\cdots,p\}$, 使得

$$\beta_0=a_0, \cdots, \beta_{q-1}=a_{q-1}, \beta_q\geq a_q+1$$

(否则 β 将小于 $a_0.a_1\cdots a_n$). 于是有

$$\beta \geqslant a_0 . a_1 \cdots a_{q-1}(a_q + 1)$$
$$\geqslant a_0 . a_1 \cdots a_{p-1}(a_p + 1)$$
$$= a_0 . a_1 \cdots a_{p-1} a_p + \frac{1}{10^p}.$$

我们看到

$$\beta \geqslant a_0 . a_1 \cdots a_p + \frac{1}{10^p}, \quad \forall \beta \in E.$$

由"$a_0 . a_1 a_2 \cdots$ 是非规范小数"的假定导出的这一结论,与 a_p 的选择办法相矛盾. 由此得知:$a_0 . a_1 a_2 \cdots$ 必定是规范小数.

下面,我们来证明实数 $a = a_0 . a_1 a_2 \cdots$ 是集合 E 的下确界. 首先指出:任何 $\gamma \in E$ 必定满足

$$\gamma \geqslant a_0 . a_1 a_2 \cdots .$$

如果不是这样,就必定存在 $h \in \mathbb{Z}^+$,使得

$$\gamma < a_0 . a_1 \cdots a_h.$$

这与 $a_0 . a_1 a_2 \cdots a_h$ 的选取办法矛盾. 其次,对于任何一个 $b > a_0 . a_1 a_2 \cdots$,必定存在 $k \in \mathbb{Z}^+$,使得

$$b \geqslant a_0 . a_1 \cdots a_k + \frac{1}{10^k}.$$

这样的 b 不可能是集合 E 的下界.

至此,对于 0 是 E 的下界的情形,我们证明了集合 E 在 $\mathbb{R}$ 中必定有下确界.

情形 2 设 0 不是集合 E 的下界. 这就是说,存在 $x \in E$,使得

$$x < 0.$$

于是,E 的任何下界 l 必定小于 0:

$$l < 0.$$

我们来考察 $\mathbb{R}$ 的另一非空子集合

$$F = \{-l \mid l \text{ 是 } E \text{ 的下界}\}.$$

容易看出:0 是集合 F 的一个下界. 利用情形 1 中已经证明的结果可以断定:F 在 $\mathbb{R}$ 中有下确界,即存在

$$c = \inf F \in \mathbb{R}.$$

我们指出：$a=-c$ 是集合 E 的下确界.

为此，考察 $\gamma \in E$. 显然对任何 $-l \in F$ 都有
$$\gamma \geqslant l, \quad -\gamma \leqslant -l.$$
这说明 $-\gamma$ 是集合 F 的一个下界. 因而
$$-\gamma \leqslant c, \quad \gamma \geqslant -c = a.$$
这说明 $a=-c$ 是集合 E 的一个下界. 另一方面，对于任意的 $b>a$，我们有 $-b<-a=c$，因而 $-b \notin F$. 这就是说，任何大于 a 的实数 b 都不是集合 E 的下界. 我们证明了 a 是 E 的下确界. □

§3 实数的四则运算

两个实数的和、差、积、商是什么意思？这是需要予以确切定义的. 为了定义实数 a 与 b 之和，我们考察满足以下条件的有尽小数 α, α' 与 β, β'：
$$\alpha \leqslant a \leqslant \alpha', \quad \beta \leqslant b \leqslant \beta'.$$
两实数 a 与 b 之和 $a+b$ 的合理的定义应该满足
$$\alpha+\beta \leqslant a+b \leqslant \alpha'+\beta'.$$
上式中的 $\alpha+\beta$ 和 $\alpha'+\beta'$ 都只涉及有尽小数的加法运算，因而是已经有定义的. 我们将利用已有定义的有尽小数的运算来定义实数的相应运算.

定理 1 设 a 和 b 是实数. 则存在唯一实数 u，使得对于满足条件
$$\alpha \leqslant a \leqslant \alpha', \quad \beta \leqslant b \leqslant \beta'$$
的任何有尽小数 α, α' 和 β, β'，都有
$$\alpha+\beta \leqslant u \leqslant \alpha'+\beta'.$$

上述定理的存在性部分比较容易证明. 事实上，实数
$$u = \sup \left\{ \alpha+\beta \,\middle|\, \begin{array}{l} \alpha \text{ 和 } \beta \text{ 是有尽小数,} \\ \alpha \leqslant a, \ \beta \leqslant b \end{array} \right\}$$
就符合定理的要求. 唯一性的证明基于以下想法：我们可以取彼此充分靠近的有尽小数 α, α' 和彼此充分靠近的有尽小数 β, β'，使得
$$\alpha \leqslant a \leqslant \alpha', \quad \beta \leqslant b \leqslant \beta'.$$

于是 $\alpha+\beta$ 与 $\alpha'+\beta'$ 可以任意接近,因而在它们之间容不下两个数. 以上推想方式是令人信服的. 但要严格地写出每一步证明,却是一件细致的工作. 我们把这部分内容放到本节后的附录中,供喜欢寻根究底的读者参考. 初学者不必也不宜在这些细节上花费太多的时间,尤其不要因此而分散了对主要问题的注意力.

定义 1 我们把定理 1 中所述的唯一确定的实数 u 叫作实数 a 与实数 b 之和,并约定把它记为 $a+b$.

定义 2 实数 a 与实数 b 之**差**定义为 a 与 $-b$ 之和,即规定
$$a-b=a+(-b).$$

为了定义两个非负实数的乘积,我们需要以下定理.

定理 2 设 a 和 b 是非负实数. 则存在唯一实数 v,使得对于满足条件
$$0\leqslant\alpha\leqslant a\leqslant\alpha', \quad 0\leqslant\beta\leqslant b\leqslant\beta'$$
的任何有尽小数 α,α' 和 β,β',都有
$$\alpha\beta\leqslant v\leqslant\alpha'\beta'.$$

这定理的证明也放在本节后的附录中.

定义 3 我们把定理 2 中所述的唯一确定的实数 v 叫作非负实数 a 与非负实数 b 的**乘积**,并约定把它记为 ab.

定义 4 任意实数 a 与 b 的乘积 ab 定义如下:
$$ab=\begin{cases} |a||b|, & \text{如果 } a \text{ 与 } b \text{ 同号,} \\ -(|a||b|), & \text{如果 } a \text{ 与 } b \text{ 异号.} \end{cases}$$

至于实数的除法,我们将在下面的附录中予以讨论.

补 充 内 容

在这部分内容里,我们补充定理 1 和定理 2 的证明,并对实数的除法作相应的讨论.

引理 1 设 a 是任意一个实数. 则对任何正的有尽小数 ε,存在有尽小数 α 和 α',满足条件
$$\alpha\leqslant a\leqslant\alpha', \quad \alpha'-\alpha<\varepsilon.$$

证明 我们设
$$\varepsilon=\varepsilon_0.\varepsilon_1\cdots\varepsilon_p,$$

并设其中第一位不等于 0 的数字是 ε_{k-1},$0 \leqslant k-1 \leqslant p$. 则有
$$1/10^k < \varepsilon.$$
如果 a 的规范小数表示为 $a_0.a_1a_2\cdots$,则取
$$\alpha = a_0.a_1\cdots a_k, \quad \alpha' = a_0.a_1\cdots a_k + 1/10^k;$$
如果 a 的规范小数表示为 $-a_0.a_1a_2\cdots$,则取
$$\alpha = -a_0.a_1\cdots a_k - 1/10^k, \quad \alpha' = -a_0.a_1\cdots a_k.$$
对这两种情形都有
$$\alpha \leqslant a \leqslant \alpha', \quad \alpha' - \alpha = 1/10^k < \varepsilon. \quad \square$$

引理 2 设 c 和 c' 是实数,$c \leqslant c'$. 如果对任何正的有尽小数 ε,存在有尽小数 γ 和 γ',满足条件
$$\gamma \leqslant c \leqslant c' \leqslant \gamma', \quad \gamma' - \gamma < \varepsilon,$$
那么就必定有
$$c = c'.$$

证明 用反证法. 假如 $c < c'$,那么存在有尽小数 η 和 η',满足
$$c < \eta < \eta' < c'.$$
对于 $\varepsilon = \eta' - \eta > 0$,任何满足条件
$$\gamma \leqslant c < \eta < \eta' < c' \leqslant \gamma'$$
的有尽小数 γ 和 γ' 都不能使得
$$\gamma' - \gamma < \varepsilon = \eta' - \eta.$$
这说明:如果引理所述的前提成立,那么就必定有
$$c = c'. \quad \square$$

引理 3 设 ε 是正的有尽小数,M 和 N 是自然数. 则存在正的有尽小数 ε' 和 ε'',使得
$$M\varepsilon' + N\varepsilon'' < \varepsilon.$$

证明 我们设
$$\varepsilon = \varepsilon_0.\varepsilon_1\cdots\varepsilon_p,$$
并设其中第一位不等于 0 的数字是 ε_{k-1},$0 \leqslant k-1 \leqslant p$. 则有
$$1/10^k < \varepsilon.$$
我们取自然数 m 和 n,使得
$$10^m \geqslant M, \quad 10^n \geqslant N.$$
然后取

$$\varepsilon' = \frac{1}{10^{m+k+1}}, \quad \varepsilon'' = \frac{1}{10^{n+k+1}}.$$

于是就有
$$M\varepsilon' + N\varepsilon'' \leqslant 10^m \varepsilon' + 10^n \varepsilon''$$
$$= \frac{1}{10^{k+1}} + \frac{1}{10^{k+1}}$$
$$< \frac{1}{10^k} < \varepsilon. \quad \square$$

定理 1 的证明　*存在性*　实数
$$u = \sup \left\{ \alpha + \beta \,\middle|\, \begin{array}{l} \alpha \text{ 和 } \beta \text{ 是有尽小数,} \\ \alpha \leqslant a,\ \beta \leqslant b \end{array} \right\}$$

符合定理的要求.

　　唯一性　对于任意正的有尽小数 ε 和自然数 $M = N = 1$,根据引理 3,存在正的有尽小数 ε' 和 ε'',使得
$$\varepsilon' + \varepsilon'' < \varepsilon.$$
又根据引理 1,存在有尽小数 α, α' 和 β, β',分别满足
$$\alpha \leqslant a \leqslant \alpha', \quad \alpha' - \alpha < \varepsilon'$$
和
$$\beta \leqslant b \leqslant \beta', \quad \beta' - \beta < \varepsilon''.$$
于是有
$$(\alpha' + \beta') - (\alpha + \beta) < \varepsilon.$$
因为 ε 可以取任何正的有尽小数,根据引理 2,满足条件
$$\alpha + \beta \leqslant u \leqslant \alpha' + \beta'$$
的实数 u 应该是唯一的. 　$\square$

定理 2 的证明　*存在性*　实数
$$z = \sup \left\{ \alpha\beta \,\middle|\, \begin{array}{l} \alpha \text{ 和 } \beta \text{ 是有尽小数,} \\ 0 \leqslant \alpha \leqslant a,\ 0 \leqslant \beta \leqslant b \end{array} \right\}$$

符合定理的要求.

　　唯一性　首先,取自然数 M 和 N,使得
$$0 \leqslant a < M, \quad 0 \leqslant b < N.$$

其次，对于任意正的有尽小数 ε，根据引理 3，存在正的有尽小数 ε' 和 ε''，使得
$$M\varepsilon' + N\varepsilon'' < \varepsilon.$$
又根据引理 1，存在有尽小数 α, α' 和 β, β'，分别满足
$$0 \leqslant \alpha \leqslant a \leqslant \alpha' < M, \quad \alpha' - \alpha < \varepsilon''$$
和
$$0 \leqslant \beta \leqslant b \leqslant \beta' < N, \quad \beta' - \beta < \varepsilon'.$$
于是，我们有
$$\begin{aligned}\alpha'\beta' - \alpha\beta &= \alpha'\beta' - \alpha'\beta + \alpha'\beta - \alpha\beta \\ &= \alpha'(\beta' - \beta) + (\alpha' - \alpha)\beta \\ &< M\varepsilon' + N\varepsilon'' < \varepsilon.\end{aligned}$$
因为这里的 ε 可以取任何正的有尽小数，根据引理 2，符合定理要求的实数 v 应该是唯一的. □

下面讨论实数的除法. 在初等数学的课程里，我们学习过有尽小数的"长除法"（除法竖式）. 这是一种可以用来确定近似商的除法手段. 对于给定的正的有尽小数 α, β 和自然数 n，通过逐位试商，可以确定一个有尽小数
$$\gamma = \gamma_0 . \gamma_1 \cdots \gamma_n$$
满足这样的条件
$$\gamma \cdot \alpha \leqslant \beta < (\gamma + 1/10^n) \cdot \alpha.$$
对于给定的 α, β 和 n，这样的 γ 是唯一确定的. 我们把这样的 γ 和 $\gamma' = \gamma + 1/10^n$ 分别叫作 $\beta \div \alpha$ 的、精确到小数点以后 n 位的**不足近似商**和**过剩近似商**，并约定用以下的记号表示它们：
$$\left(\frac{\beta}{\alpha}\right)_n = \gamma, \quad \left(\frac{\beta}{\alpha}\right)'_n = \gamma'.$$

为了定义任意实数 b 除以任意非 0 实数 a 的商，可以先考察 $a > 0, b = 1$ 的情形. 只要对 $a > 0$ 的情形定义了 $1/a$，就可以按以下方式定义任意实数 b 除以任意非 0 实数 a 的商：
$$\frac{b}{a} = \begin{cases} \dfrac{1}{|a|} \cdot |b|, & \text{如果 } a \text{ 与 } b \text{ 同号}, \\ -\dfrac{1}{|a|} \cdot |b|, & \text{如果 } a \text{ 与 } b \text{ 异号}. \end{cases}$$

定理 3 对任何正实数 a，存在唯一的正实数 w，使得对于满足条件
$$0<\alpha\leqslant a<\alpha'$$
的任何有尽小数 α,α' 和任意的自然数 m,n 都有
$$(1/\alpha')_m\leqslant w\leqslant (1/\alpha)'_n.$$

定义 我们把定理 3 中所述的唯一确定的正实数 w 叫作正实数 a 的**倒数**，并把它记为 $1/a$.

在下面的证明中，我们将利用有尽小数乘法的以下性质：对于任何正的有尽小数 β,γ 和 γ'，应有
$$\beta\cdot\gamma<\beta\cdot\gamma'\Longleftrightarrow\gamma<\gamma';$$
$$\beta\cdot\gamma=\beta\cdot\gamma'\Longleftrightarrow\gamma=\gamma';$$
$$\beta\cdot\gamma>\beta\cdot\gamma'\Longleftrightarrow\gamma>\gamma'.$$

定理 3 的证明 **存在性** 因为
$$\alpha'\cdot(1/\alpha')_m\leqslant 1\leqslant \alpha\cdot(1/\alpha)'_n\leqslant \alpha'\cdot(1/\alpha)'_n,$$
所以有
$$(1/\alpha')_m\leqslant (1/\alpha)'_n,\quad \forall\, m,n\in\mathbb{N}.$$
由此容易看出：实数
$$w=\sup\left\{\left(\frac{1}{\alpha'}\right)_m\;\middle|\;\begin{array}{l}\alpha'\text{ 是有尽小数,}\\ \alpha'\geqslant a,\ m\in\mathbb{N}\end{array}\right\}$$
符合定理的要求.

唯一性 首先，选取 $\sigma=1/10^k$ 和 $M=10^l$，使得
$$0<\sigma<a<M.$$
其次，设 ε 是任意一个正的有尽小数. 根据引理 3，存在正的有尽小数 ε' 和 ε''，使得
$$\varepsilon'+10^{2(k+l)}\varepsilon''<\varepsilon.$$
这样的 ε' 和 ε'' 使得
$$\sigma^2\varepsilon'+M^2\varepsilon''$$
$$=\sigma^2(\varepsilon'+10^{2(k+l)}\varepsilon'')<\sigma^2\varepsilon.$$
我们可以选取有尽小数 α,α' 和自然数 n，满足以下条件：
$$0<\sigma<\alpha\leqslant\alpha'<M,$$
$$\alpha'-\alpha<\sigma^2\varepsilon',\quad 1/10^{n-1}<\varepsilon''.$$

这样选取的 α, α' 和 n 应该使得

$$\sigma^2 \left\{ \left(\frac{1}{\alpha}\right)'_n - \left(\frac{1}{\alpha'}\right)_n \right\}$$
$$\leqslant \alpha\alpha' \left\{ \left(\frac{1}{\alpha}\right)'_n - \left(\frac{1}{\alpha'}\right)_n \right\}$$
$$= \alpha\alpha' \left\{ \left(\left(\frac{1}{\alpha}\right)_n + \frac{1}{10^n}\right) - \left(\left(\frac{1}{\alpha'}\right)'_n - \frac{1}{10^n}\right) \right\}$$
$$= \alpha' \left\{ \alpha \left(\frac{1}{\alpha}\right)_n \right\} - \alpha' \left\{ \alpha \left(\frac{1}{\alpha'}\right)'_n \right\} + 2\alpha\alpha' \frac{1}{10^n}$$
$$< \alpha' - \alpha + \alpha\alpha' \frac{1}{10^{n-1}}$$
$$< \sigma^2 \varepsilon' + M^2 \varepsilon'' < \sigma^2 \varepsilon.$$

于是有

$$\left(\frac{1}{\alpha}\right)'_n - \left(\frac{1}{\alpha}\right)_n < \varepsilon.$$

因为这里的 ε 可以是任何正的有尽小数,所以符合定理要求的实数 w 不能多于一个. 这证明了唯一性. □

§4 实数系的基本性质综述

本节综述实数系的一些最基本的性质. 这些性质将是我们以后讨论的基础. 以下分三组介绍这些性质:运算性质、顺序性质和连续性质.

运算性质

在实数系 $\mathbb{R}$ 中定义了加法运算"$+$"和乘法运算"$\cdot$",使得对任意的 $a \in \mathbb{R}$ 和 $b \in \mathbb{R}$, 有确定的 $a+b \in \mathbb{R}$ 和确定的 $a \cdot b \in \mathbb{R}$ 与之对应,并且以下的运算律成立:

(F_1) 加法是交换的,即
$$a+b = b+a, \quad \forall a, b \in \mathbb{R};$$

(F_2) 加法是结合的,即

$$(a+b)+c = a+(b+c), \quad \forall a,b,c \in \mathbb{R};$$

(F_3) $0 \in \mathbb{R}$ 对于加法起着特定的作用
$$0+a = a+0 = a, \quad \forall a \in \mathbb{R};$$

(F_4) 对每一个 $a \in \mathbb{R}$ 都存在一个与它相反的数 $-a \in \mathbb{R}$,使得
$$(-a)+a = a+(-a) = 0;$$

(F_5) 乘法是交换的,即
$$a \cdot b = b \cdot a, \quad \forall a,b \in \mathbb{R};$$

(F_6) 乘法是结合的,即
$$(a \cdot b) \cdot c = a \cdot (b \cdot c), \quad \forall a,b,c \in \mathbb{R};$$

(F_7) $1 \in \mathbb{R}$ 对于乘法起着特定的作用
$$1 \cdot a = a \cdot 1 = a, \quad \forall a \in \mathbb{R};$$

(F_8) 对每一个 $a \in \mathbb{R}, a \neq 0$,都存在一个倒数 $a^{-1} \in \mathbb{R}$,使得
$$a^{-1} \cdot a = a \cdot a^{-1} = 1;$$

(F_9) 乘法对于加法是分配的,即
$$a \cdot (b+c) = a \cdot b + a \cdot c, \quad \forall a,b,c \in \mathbb{R}.$$

顺序性质

在实数系 $\mathbb{R}$ 中定义了顺序关系"<"(在以下的陈述中也出现记号">",我们约定:"$a>b$"只是"$b<a$"的另一种写法,表示的是同一件事情).顺序关系"<"具有以下一些性质:

(O_1) 对任意的 $a \in \mathbb{R}$ 与 $b \in \mathbb{R}$,必有并且只有以下三种情形之一出现:
$$a<b, a=b \quad \text{或者} \quad a>b$$
(这一性质通常叫作**三歧性**);

(O_2) 关系"<"具有**传递性**
$$a<b, b<c \Rightarrow a<c;$$

(O_3) 加以实数的运算保持顺序关系
$$a<b \Rightarrow a+c<b+c;$$

(O_4) 乘以正实数的运算保持顺序关系
$$a<b, c>0 \Rightarrow a \cdot c < b \cdot c.$$

连续性质

在实数系 $\mathbb{R}$ 中,以下的确界原理成立:

(**C**) $\mathbb{R}$ 的任何一个非空而有上界的子集合在 $\mathbb{R}$ 中有上确界.

我们对上面所列的性质做一些说明:

定义有加法与乘法运算并且符合运算律(F_1)～(F_9)的集合通常称为**域**. 实数系是一个域. 有理数系和复数系也都是域.

定义有顺序关系"<"并且符合(O_1)～(O_4)的要求的一个域被称为**有序域**. 实数系是一个有序域. 有理数系也是一个有序域. 但复数系不是有序域.

确界原理(**C**)说明了实数系的连续性. 因此我们说: **实数系 $\mathbb{R}$ 是一个连续的有序域**.

§5 不 等 式

本节介绍常用的一些不等式.

涉及绝对值的不等式

实数 a 的绝对值 $|a|$ 定义为

$$|a| = \begin{cases} a, & \text{如果 } a \geqslant 0, \\ -a, & \text{如果 } a < 0. \end{cases}$$

我们来考察不等式

$$|x| < \alpha.$$

根据绝对值的定义,该不等式等价于

$$0 \leqslant x < \alpha, \quad \text{或者} \quad x < 0, -x < \alpha,$$

即

$$-\alpha < x < \alpha.$$

我们得到:

$$|x| < \alpha \iff -\alpha < x < \alpha.$$

即: 不等式 $|x| < \alpha$ 的解的集合是开区间

$$(-\alpha, \alpha).$$

类似地可以证明

$$|y| \leqslant \beta \iff -\beta \leqslant y \leqslant \beta.$$

即: 不等式 $|y| \leqslant \beta$ 的解的集合是闭区间

$$[-\beta, \beta].$$

我们有显然的不等式
$$-|a|\leqslant a\leqslant|a|,\quad -|b|\leqslant b\leqslant|b|.$$
将这些不等式相加可得
$$-(|a|+|b|)\leqslant a+b\leqslant|a|+|b|.$$
由此又得到重要的不等式
$$|a+b|\leqslant|a|+|b|.$$
运用这样的不等式,可以得到
$$|a|=|(a-b)+b|\leqslant|a-b|+|b|,$$
$$|a|-|b|\leqslant|a-b|.$$
同理可得
$$|b|-|a|\leqslant|b-a|=|a-b|,$$
即
$$|a|-|b|\geqslant-|a-b|.$$
我们得到了
$$-|a-b|\leqslant|a|-|b|\leqslant|a-b|,$$
即
$$||a|-|b||\leqslant|a-b|.$$
利用归纳法,可以把不等式
$$|a+b|\leqslant|a|+|b|$$
推广到 n 个实数的情形:
$$|a_1+a_2+\cdots+a_n|\leqslant|a_1|+|a_2|+\cdots+|a_n|.$$

伯努利(Bernoulli)不等式

设 $x\geqslant 0$,则由二项式定理
$$(1+x)^n=1+nx+\frac{n(n-1)}{2}x^2+\cdots+x^n$$
可以得到
$$(1+x)^n\geqslant 1+nx.$$
该不等式实际上对任何 $x\geqslant-1$ 成立. 请看下面的定理.

定理 以下的伯努利不等式成立:

$$(1+x)^n \geqslant 1+nx, \quad \forall x \geqslant -1.$$

证明 我们采用数学归纳法. $n=1$ 时,上式显然以等式的形式成立. 假设已经证明了

$$(1+x)^{n-1} \geqslant 1+(n-1)x, \quad \forall x \geqslant -1,$$

则

$$\begin{aligned}(1+x)^n &= (1+x)^{n-1}(1+x) \\ &\geqslant [1+(n-1)x](1+x) \\ &= 1+(n-1)x+x+(n-1)x^2 \\ &\geqslant 1+nx, \quad \forall x \geqslant -1.\end{aligned}$$

这证明了对一切自然数 n 伯努利不等式成立. □

算术平均数与几何平均数不等式

设 x_1 和 x_2 是非负实数. 我们把 $\dfrac{x_1+x_2}{2}$ 叫作这两个数的算术平均数,把 $\sqrt{x_1 x_2}$ 叫作这两个数的几何平均数. 以下的不等式显然成立:

$$(\sqrt{x_1}-\sqrt{x_2})^2 \geqslant 0.$$

由此得到

$$\frac{x_1+x_2}{2} \geqslant \sqrt{x_1 x_2}.$$

即:算术平均数大于或等于几何平均数.

对 n 个非负实数,也有相应的结果:

定理 设 $x_1, x_2, \cdots, x_n \geqslant 0$,则以下的算术平均数与几何平均数不等式(AM-GM 不等式)成立:

$$\frac{x_1+x_2+\cdots+x_n}{n} \geqslant \sqrt[n]{x_1 x_2 \cdots x_n}.$$

证明 我们利用数学归纳法. $n=1$ 的时候,上式显然(以等式形式)成立. 假设对任意 $n-1$ 个非负实数,算术平均数与几何平均数不等式成立. 我们来考虑 n 个非负实数 $x_1, x_2, \cdots, x_n$ 的情形. 不妨设 x_n 是这 n 个数中最大的一个(我们总可以从小到大排列这 n 个非负实数,于是最后一个数就是最大的一个). 记

$$A = \frac{x_1 + \cdots + x_{n-1}}{n-1},$$

则有

$$x_n \geqslant A = \frac{x_1 + \cdots + x_{n-1}}{n-1} \geqslant \sqrt[n-1]{x_1 \cdots x_{n-1}}.$$

于是

$$\left(\frac{x_1 + \cdots + x_n}{n}\right)^n = \left[\frac{(n-1)A + x_n}{n}\right]^n$$

$$= \left(A + \frac{x_n - A}{n}\right)^n$$

$$= A^n + nA^{n-1}\left(\frac{x_n - A}{n}\right) + \cdots$$

$$\geqslant A^n + nA^{n-1}\left(\frac{x_n - A}{n}\right)$$

$$= A^n + A^{n-1}(x_n - A)$$

$$= A^{n-1} x_n \geqslant x_1 \cdots x_{n-1} x_n.$$

即

$$\frac{x_1 + \cdots + x_n}{n} \geqslant \sqrt[n]{x_1 \cdots x_n}. \quad \square$$

涉及三角函数的不等式

几何学的讨论也是发现和证明不等式的一个重要途径. 我们举以下的例子来说明这种方法. 在数学理论的推导中, 涉及角的度量时, 通常采用弧度作为单位.

定理 对于用弧度表示的角 x, 有以下不等式成立

$$\sin x < x < \tan x, \quad \forall x \in \left(0, \frac{\pi}{2}\right).$$

证明 在单位圆 O 中作圆心角 x, 它的始边为 OX 轴上的 OA, 终边为 OB. 用线段联结 AB. 过 A 点作 OX 轴的垂线交 OB 延长线于 C(图 1-1).

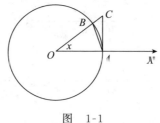

图 1-1

我们有：

△OAB 的面积＜扇形 OAB 的面积＜△OAC 的面积，即

$$\frac{1}{2}\sin x < \frac{1}{2}x < \frac{1}{2}\tan x.$$

这样，我们证明了

$$\sin x < x < \tan x, \quad \forall x \in \left(0, \frac{\pi}{2}\right). \quad \square$$

推论 以下不等式成立

$$|\sin x| \leqslant |x|, \quad \forall x \in \mathbb{R}.$$

证明 我们有

$$|\sin x| = \sin x \leqslant x = |x|, \quad \forall x \in \left[0, \frac{\pi}{2}\right)$$

和

$$|\sin(-x)| = \sin x \leqslant x = |-x|, \quad \forall x \in \left[0, \frac{\pi}{2}\right).$$

综合以上两式就得到

$$|\sin x| \leqslant |x|, \quad \forall x \in \left(-\frac{\pi}{2}, \frac{\pi}{2}\right).$$

而当 $|x| \geqslant \frac{\pi}{2}$ 时，又有

$$|\sin x| \leqslant 1 < \frac{\pi}{2} \leqslant |x|.$$

于是，我们得到不等式

$$|\sin x| \leqslant |x|, \quad \forall x \in \mathbb{R}. \quad \square$$

第二章 极 限

§1 有界序列与无穷小序列

从自然数集 $\mathbb{N}$ 到实数集 $\mathbb{R}$ 的一个映射
$$x: \mathbb{N} \to \mathbb{R},$$
相当于用自然数编号的一串实数
$$x_1 = x(1), \ x_2 = x(2), \cdots, x_n = x(n), \cdots.$$
这样的一个映射,或者说这样的用自然数编号的一串实数 $\{x_n\}$,称为一个**实数序列**.

1.a 有界序列

定义 1 设 $\{x_n\}$ 是一个实数序列.
(1) 如果存在 $M \in \mathbb{R}$,使得
$$x_n \leqslant M, \quad \forall n \in \mathbb{N},$$
我们就说:序列 $\{x_n\}$ **有上界**,实数 M 是它的一个**上界**;
(2) 如果存在 $m \in \mathbb{R}$,使得
$$x_n \geqslant m, \quad \forall n \in \mathbb{N},$$
我们就说:序列 $\{x_n\}$ **有下界**,实数 m 是它的一个**下界**;
(3) 如果序列 $\{x_n\}$ 有上界并且也有下界,我们就说该序列**有界**.

序列 $\{x_n\}$ 有界的充要条件是:存在 $K \in \mathbb{R}$,使得
$$|x_n| \leqslant K, \quad \forall n \in \mathbb{N}.$$

序列 $\{x_n\}$ 有界这件事,可以用符号表述为
$$(\exists K \in \mathbb{R})(\forall n \in \mathbb{N})(|x_n| \leqslant K).$$
而"序列 $\{x_n\}$ 无界"是上面陈述的否定,它可以用符号表述为
$$(\forall K \in \mathbb{R})(\exists n \in \mathbb{N})(|x_n| > K).$$
请注意,当我们对一个陈述加以否定时,应该把逻辑量词"$\exists$"换成"$\forall$",把"$\forall$"换成"$\exists$",并且把最后的陈述换成原来陈述的否定.

例 1 序列 $x_n=(-1)^n$ $(n=1,2,\cdots)$ 是有界的,因为
$$|x_n|\leqslant 1, \quad \forall n\in\mathbb{N}.$$

例 2 序列 $x_n=\dfrac{n+1}{n}$ $(n=1,2,\cdots)$ 是有界的,因为
$$|x_n|=\left|\dfrac{n+1}{n}\right|\leqslant\left|\dfrac{n+n}{n}\right|=2, \quad \forall n\in\mathbb{N}.$$

例 3 序列 $x_n=\left(1+\dfrac{1}{n}\right)^n$ $(n=1,2,\cdots)$ 是有界的,因为

$$0<x_n=1+n\dfrac{1}{n}+\dfrac{n(n-1)}{2}\dfrac{1}{n^2}+\dfrac{n(n-1)(n-2)}{3!}\dfrac{1}{n^3}$$
$$+\cdots+\dfrac{n(n-1)\cdots(n-k+1)}{k!}\dfrac{1}{n^k}+\cdots+\dfrac{1}{n^n}$$
$$=1+1+\dfrac{1}{2}\left(1-\dfrac{1}{n}\right)+\dfrac{1}{3!}\left(1-\dfrac{1}{n}\right)\left(1-\dfrac{2}{n}\right)$$
$$+\cdots+\dfrac{1}{k!}\left(1-\dfrac{1}{n}\right)\cdots\left(1-\dfrac{k-1}{n}\right)$$
$$+\cdots+\dfrac{1}{n!}\left(1-\dfrac{1}{n}\right)\cdots\left(1-\dfrac{n-1}{n}\right)$$
$$\leqslant 1+1+\dfrac{1}{2!}+\dfrac{1}{3!}+\cdots+\dfrac{1}{k!}+\cdots+\dfrac{1}{n!}$$
$$\leqslant 1+1+\dfrac{1}{2}+\dfrac{1}{2^2}+\cdots+\dfrac{1}{2^{k-1}}+\cdots+\dfrac{1}{2^{n-1}}$$
$$=1+\dfrac{1-\left(\dfrac{1}{2}\right)^n}{1-\dfrac{1}{2}}<1+\dfrac{1}{1-\dfrac{1}{2}}=3.$$

例 4 序列 $a_n=n$,$b_n=-2n$,$c_n=n+(-1)^n n$ 和 $d_n=n\cdot\sin\dfrac{n\pi}{2}$ 都是无界的.

例 5 考察序列
$$x_n=1+\dfrac{1}{2}+\cdots+\dfrac{1}{n}, \quad n=1,2,\cdots.$$
我们来证明这序列是无界的.事实上,对任意自然数 N,只要取

$n = 2^{2N}$,就有

$$x_n = 1 + \frac{1}{2} + \left(\frac{1}{3} + \frac{1}{4}\right) + \left(\frac{1}{5} + \frac{1}{6} + \frac{1}{7} + \frac{1}{8}\right) + \cdots$$
$$+ \left(\frac{1}{2^{k-1}+1} + \cdots + \frac{1}{2^k}\right) + \cdots + \left(\frac{1}{2^{2N-1}+1} + \cdots + \frac{1}{2^{2N}}\right)$$
$$> 1 + \frac{1}{2} + 2\frac{1}{2^2} + 4\frac{1}{2^3} + \cdots + 2^{k-1}\frac{1}{2^k} + \cdots + 2^{2N-1}\frac{1}{2^{2N}}$$
$$> \underbrace{\frac{1}{2} + \frac{1}{2} + \cdots + \frac{1}{2}}_{2N \text{项}}$$
$$= 2N \frac{1}{2} = N.$$

1.b 无穷小序列

考察序列 $\{\alpha_n\}$, $\{\beta_n\}$ 和 $\{\gamma_n\}$,这里

$$\alpha_n = \frac{1}{n}, \quad \beta_n = -\frac{1}{n}, \quad \gamma_n = \frac{(-1)^n}{n}.$$

我们看到,随着 n 的增大,α_n 不断减小而趋近于 0,β_n 不断增加而趋近于 0,γ_n 来回摆动但仍然趋近于 0. 这几个序列都是无穷小序列的例子.

定义 2 设 $\{x_n\}$ 是一个实数序列. 如果对任意实数 $\varepsilon > 0$,都存在自然数 N,使得只要 $n > N$,就有

$$|x_n| < \varepsilon,$$

那么我们就称 $\{x_n\}$ 为**无穷小序列**.

用符号表示,"$\{x_n\}$ 是无穷小序列"这件事可以写成

$$(\forall \varepsilon > 0)(\exists N \in \mathbb{N})(\forall n > N)(|x_n| < \varepsilon).$$

这就是说:只要我们取 n 足够大,$|x_n|$ 可以小于任何预先指定的正数. "序列 $\{y_n\}$ 不是无穷小序列"这件事可以用符号表示成

$$(\exists \varepsilon > 0)(\forall N \in \mathbb{N})(\exists n > N)(|y_n| \geq \varepsilon).$$

几何解释 考察以 0 点为中心的开区间

$$(-\varepsilon, \varepsilon).$$

我们把该开区间叫作 0 点的 ε 邻域. 用几何的语言来描述,"$\{x_n\}$ 是

无穷小序列"意味着：不论 0 点的邻域怎样小，序列 $\{x_n\}$ 从某一项之后的各项都要进入该邻域之中。

例 6 $r_n = \dfrac{1+(-1)^n}{n}$ 是无穷小序列. 事实上, 我们有

$$|x_n| = \left|\dfrac{1+(-1)^n}{n}\right| \leqslant \dfrac{2}{n}.$$

对任何 $\varepsilon > 0$, 要使 $\dfrac{2}{n} < \varepsilon$, 只需 $n > \dfrac{2}{\varepsilon}$. 我们可以取大于 $\dfrac{2}{\varepsilon}$ 的任意一个自然数作为 N. 例如可取 $N = \left[\dfrac{2}{\varepsilon}\right] + 1$. 对于这样选取的 $N \in \mathbb{N}$, 只要 $n > N$, 就有

$$|x_n| \leqslant 2/n < \varepsilon.$$

例 7 设 $a \in \mathbb{R}$, $|a| > 1$, 则

$$s_n = \dfrac{1}{a^n}, \quad n = 1, 2, \cdots$$

是无穷小序列. 事实上

$$\left|\dfrac{1}{a^n}\right| = \dfrac{1}{|a|^n}$$

$$= \dfrac{1}{(1+(|a|-1))^n} < \dfrac{1}{n(|a|-1)}.$$

要使 $\dfrac{1}{n(|a|-1)} < \varepsilon$, 只需 $n > \dfrac{1}{\varepsilon(|a|-1)}$. 我们可以取大于 $\dfrac{1}{\varepsilon(|a|-1)}$ 的任意自然数作为 N, 例如可取 $N = \left[\dfrac{1}{\varepsilon(|a|-1)}\right] + 1$. 于是, 只要 $n > N$, 就有

$$|s_n| = \dfrac{1}{|a|^n} < \dfrac{1}{n(|a|-1)} < \varepsilon.$$

例 8 设 $a \in \mathbb{R}$, $|a| > 1$, 则

$$t_n = \dfrac{n}{a^n}, \quad n = 1, 2, \cdots$$

是无穷小序列.

事实上, 对于 $n \geqslant 2$, 我们有

$$\left|\frac{n}{a^n}\right| = \frac{n}{|a|^n} = \frac{n}{(1+(|a|-1))^n}$$

$$< \frac{n}{\frac{n(n-1)}{2}(|a|-1)^2}$$

$$= \frac{2}{(n-1)(|a|-1)^2}.$$

要使
$$\frac{2}{(n-1)(|a|-1)^2} < \varepsilon,$$
只需
$$n > \frac{2}{\varepsilon(|a|-1)^2} + 1.$$

我们可以取大于 $\frac{2}{\varepsilon(|a|-1)^2} + 1$ 的任意自然数作为 N,例如可取 $N = \left[\frac{2}{\varepsilon(|a|-1)^2}\right] + 2$. 对这样选取的 $N \in \mathbb{N}$,只要 $n > N$,就有
$$|t_n| < \frac{2}{(n-1)(|a|-1)^2} < \varepsilon.$$

在上面各例中,我们采取逐步**倒推**的方式,从**任意给定的** ε 出发,寻找无穷小序列定义所要求的 N. 因为只需要指出这样的 N 存在,所以在倒推的过程中,允许**适当地放宽不等式**,以简化我们的讨论. 这种放宽不等式的办法,可以概括为以下简单的引理:

引理 设 $\{\alpha_n\}$ 和 $\{\beta_n\}$ 是实数序列,并设存在 $N_0 \in \mathbb{N}$,使得
$$|\alpha_n| \leqslant \beta_n, \quad \forall n > N_0.$$
如果 $\{\beta_n\}$ 是无穷小序列,那么 $\{\alpha_n\}$ 也是无穷小序列.

证明 对任意的 $\varepsilon > 0$,存在 $N_1 \in \mathbb{N}$,使得 $n > N_1$ 时 $|\beta_n| < \varepsilon$. 我们取
$$N = \max\{N_0, N_1\}.$$
则当 $n > N$ 时,就有
$$|\alpha_n| \leqslant \beta_n < \varepsilon. \quad \square$$

仔细检查上面几个例题,我们发现在证明过程中实际上都用了

类似该引理的推理方式. 在例 7 中,需要判断什么时候 $\left|\dfrac{1}{a^n}\right|<\varepsilon$,我们放宽为判断什么时候 $\dfrac{1}{n(|u|-1)}<\varepsilon$. 在例 8 中,代替不等式 $\left|\dfrac{n}{a^n}\right|<\varepsilon$,我们考察较容易的不等式

$$\frac{2}{(n-1)(|a|-1)^2}<\varepsilon.$$

例 9 考察序列

$$\alpha_n=\frac{1}{(n+1)^2}+\cdots+\frac{1}{(2n)^2},\quad n=1,2,\cdots.$$

因为

$$0\leqslant\alpha_n\leqslant\underbrace{\frac{1}{n^2}+\cdots+\frac{1}{n^2}}_{n\text{项}}=\frac{1}{n},$$

所以 $\{\alpha_n\}$ 是无穷小序列.

1.c 有界序列与无穷小序列的性质

引理 如果 $\{\alpha_n\}$ 是无穷小序列,那么它也是有界序列.

证明 对于 $\varepsilon=1$,存在 $N\in\mathbb{N}$,使得只要 $n>N$,就有

$$|\alpha_n|<1.$$

记

$$K=\max\{|\alpha_1|,\cdots,|\alpha_N|,1\},$$

则显然有

$$|\alpha_n|\leqslant K,\quad \forall n\in\mathbb{N}.\quad\Box$$

定理 1 关于有界序列与无穷小序列,有以下结果:

(1) 两个有界序列的和与乘积都是有界序列. 即如果 $\{x_n\}$, $\{y_n\}$ 都是有界序列,那么

$$\{x_n+y_n\} \quad 与 \quad \{x_ny_n\}$$

都是有界序列.

(2) 两个无穷小序列 $\{\alpha_n\}$ 与 $\{\beta_n\}$ 之和

$$\{\alpha_n+\beta_n\}$$

也是无穷小序列.

(3) 无穷小序列 $\{\alpha_n\}$ 与有界序列 $\{x_n\}$ 的乘积 $\{\alpha_n x_n\}$ 是无穷小序列.

(4) $\{\alpha_n\}$ 是无穷小序列 $\Longleftrightarrow \{|\alpha_n|\}$ 是无穷小序列.

证明 (1) 我们有
$$|x_n| \leqslant K, \quad \forall n \in \mathbb{N}; \quad |y_n| \leqslant L, \quad \forall n \in \mathbb{N}.$$
于是
$$|x_n + y_n| \leqslant |x_n| + |y_n| \leqslant K + L, \quad \forall n \in \mathbb{N};$$
$$|x_n y_n| = |x_n||y_n| \leqslant KL, \quad \forall n \in \mathbb{N}.$$

(2) 对任意 $\varepsilon > 0$, 存在 $N_1 \in \mathbb{N}$ 和 $N_2 \in \mathbb{N}$, 分别使得
$$|\alpha_n| < \varepsilon/2, \quad \forall n > N_1,$$
和
$$|\beta_n| < \varepsilon/2, \quad \forall n > N_2.$$
取 $N = \max\{N_1, N_2\}$, 则 $n > N$ 时, 就有
$$|\alpha_n + \beta_n| \leqslant |\alpha_n| + |\beta_n| < \frac{\varepsilon}{2} + \frac{\varepsilon}{2} = \varepsilon.$$

(3) 根据定义, 存在 $K \in \mathbb{R}$ 使得
$$|x_n| \leqslant K, \quad \forall n \in \mathbb{N}.$$
不妨设 $K > 0$. 对任意 $\varepsilon > 0$, 我们有 $\varepsilon/K > 0$. 因而存在 $N \in \mathbb{N}$, 使得 $n > N$ 时, 有
$$|\alpha_n| < \varepsilon/K.$$
这时就有
$$|\alpha_n x_n| = |\alpha_n||x_n| < \frac{\varepsilon}{K} K = \varepsilon.$$

(4) 我们有显然的关系
$$||\alpha_n|| = |\alpha_n|. \quad \square$$

推论 我们有:

(5) 两个无穷小序列 $\{\alpha_n\}$ 和 $\{\beta_n\}$ 的乘积 $\{\alpha_n \beta_n\}$ 也是无穷小序列;

(6) 实数 c 与无穷小序列 $\{\alpha_n\}$ 的乘积 $\{c\alpha_n\}$ 也是无穷小序列;

(7) 有限个无穷小序列之和仍是无穷小序列, 有限个无穷小序列之乘积也是无穷小序列.

证明 (5) 无穷小序列 $\{\beta_n\}$ 是有界序列.

(6) 常数 c 可以视为有界序列:
$$x_n = c, \quad n = 1, 2, \cdots.$$

(7) 利用数学归纳法就可证明. □

例 10 设 $b \in \mathbb{R}, b > 1, k \in \mathbb{N}$,则
$$x_n = \frac{n^k}{b^n}, \quad n = 1, 2, \cdots,$$

是无穷小序列. 事实上,我们可以记
$$a = b^{\frac{1}{k}} = \sqrt[k]{b}.$$

于是有
$$x_n = \left(\frac{n}{a^n}\right)^k.$$

这是 k 个无穷小序列 $t_n = \frac{n}{a^n}$ 的乘积,因而也是无穷小序列.

例 11 设 $c > 0$,则
$$y_n = \frac{c^n}{n!}, \quad n = 1, 2, \cdots$$

是无穷小序列. 为证明这一事实,我们取定一个 $m \in \mathbb{N}$,使得 $m > c$. 显然有
$$\left|\frac{c^n}{n!}\right| = \frac{1}{m!} \cdot \frac{c^n}{(m+1)\cdots n} < \frac{1}{m!} \cdot \frac{c^n}{m^{n-m}}$$
$$= \frac{m^m}{m!}\left(\frac{c}{m}\right)^n, \quad \forall n > m.$$

因为 $c/m < 1$,由例 7 可知 $\left\{\left(\frac{c}{m}\right)^n\right\}$ 是无穷小序列,所以 $\{y_n\}$ 也是无穷小序列.

例 12 设 $\{\alpha_n\}$ 是无穷小序列,记
$$\beta_n = \frac{\alpha_1 + \cdots + \alpha_n}{n}, \quad n = 1, 2, \cdots,$$

则 $\{\beta_n\}$ 也是无穷小序列. 换句话说,以无穷小序列前 n 项的算术平均数作为通项的序列,也是一个无穷小序列.

证明 对任意的 $\varepsilon > 0$,存在 $m \in \mathbb{N}$,使得只要 $n > m$,就有

$$|\alpha_n| < \varepsilon/2.$$

对这取定的 m，又可取充分大的 $p \in \mathbb{N}$，使得

$$\frac{|\alpha_1| + \cdots + |\alpha_m|}{p} < \frac{\varepsilon}{2}.$$

记 $N = \max\{m, p\}$，则当 $n > N$ 时，就有

$$|\beta_n| \leqslant \frac{|\alpha_1| + \cdots + |\alpha_m|}{n} + \frac{|\alpha_{m+1}| + \cdots + |\alpha_n|}{n}$$

$$\leqslant \frac{|\alpha_1| + \cdots + |\alpha_m|}{p} + \frac{|\alpha_{m+1}| + \cdots + |\alpha_n|}{n-m}$$

$$< \frac{\varepsilon}{2} + \frac{(n-m)\frac{\varepsilon}{2}}{n-m} = \varepsilon. \quad \square$$

例 13 设 $\{\alpha_n\}$ 是无穷小序列，并且

$$\alpha_n \geqslant 0, \quad \forall n \in \mathbb{N}.$$

我们记

$$\gamma_n = \sqrt[n]{\alpha_1 \alpha_2 \cdots \alpha_n}, \quad n = 1, 2, \cdots,$$

则 $\{\gamma_n\}$ 也是无穷小序列.

证明 我们有

$$0 \leqslant \gamma_n \leqslant \beta_n, \quad \forall n \in \mathbb{N},$$

这里

$$\beta_n = \frac{\alpha_1 + \cdots + \alpha_n}{n}, \quad n = 1, 2, \cdots$$

是无穷小序列（见例 12）. $\quad \square$

例 14 考察序列

$$z_n = \sqrt[n]{\frac{1}{n!}}, \quad n = 1, 2, \cdots.$$

因为

$$\alpha_n = 1/n, \quad n = 1, 2, \cdots,$$

是无穷小序列，引用例 13 就可断定 $\{z_n\}$ 也是一个无穷小序列.

在结束本节之前，我们对无穷小序列定义中的 ε 再说几句话. 这定义中的 ε 是可以任意选取的正数. 我们用任意选取的 $\varepsilon > 0$ 来检验序列 $\{u_n\}$，观察是否存在 $N \in \mathbb{N}$，能使得

$$n > N \Rightarrow |u_n| < \varepsilon.$$

其实,如果 ε 是可以任意选取的正数,那么 2ε 也是可以任意选取的正数.对任意的 ε′>0,我们总可以选取 ε=ε′/2,使得 2ε=ε′.更一般地,对于取定的 $K>0$,如果 ε 是可以任意选取的正数,那么 $K\varepsilon$ 也是可以任意选取的正数.因此,在有关无穷小序列的讨论中,对所涉及的 ε,可以不必过分拘泥.例如,对于定理 1 中的(2),(3)两项,可以按以下方式书写证明(实质上当然没有任何改变,但用这种方式写起来更为顺手):

(2) 对任何 $\varepsilon > 0$,存在 $N_1 \in \mathbb{N}$ 和 $N_2 \in \mathbb{N}$,分别使得
$$n > N_1 \Rightarrow |\alpha_n| < \varepsilon$$
和
$$n > N_2 \Rightarrow |\beta_n| < \varepsilon.$$
取 $N = \max\{N_1, N_2\}$,则对 $n > N$,就有
$$|\alpha_n + \beta_n| \leqslant |\alpha_n| + |\beta_n| < 2\varepsilon.$$

(3) 设 $K > 0$,使得
$$|x_n| \leqslant K, \quad \forall n \in \mathbb{N}.$$
对任何 $\varepsilon > 0$,存在 $N \in \mathbb{N}$,使得
$$n > N \Rightarrow |\alpha_n| < \varepsilon.$$
于是,只要 $n > N$,就有
$$|\alpha_n x_n| = |\alpha_n||x_n| < K\varepsilon.$$

§2 收敛序列

2.a 收敛序列的定义

数学中常常用一串已知的(或者容易求得的)数值去逼近欲求的数值.例如,为了求得单位圆的面积 π,人们用圆内接正 n 边形的面积 $P_n(n \geqslant 3)$ 去逼近它,即以 P_n 作为 π 的近似值.随着 n 的增大,人们不断地改进 π 的近似值的精确程度.在这不断改进的过程中,逐渐产生了朴素的极限概念.公元 3 世纪,我国数学家刘徽在解释他的"割圆术"的时候说:"割之弥细,所失弥少;割之又割,以至于不

割,则与圆周合体而无所失矣."这就是说,只要取 n 充分大,用 P_n 逼近 π 的误差可以任意小. P_n 的极限就应该是 π.

虽然朴素的极限概念产生很早,极限理论的精确阐述则是18世纪以后的事. 下面,我们就来介绍极限的确切含义.

定义 设 $\{x_n\}$ 是实数序列, a 是实数. 如果对任意实数 $\varepsilon>0$ 都存在自然数 N, 使得只要 $n>N$, 就有
$$|x_n-a|<\varepsilon,$$
那么我们就说序列 $\{x_n\}$ **收敛**, 它以 a 为极限(或者说序列 $\{x_n\}$ 收敛于 a), 记为
$$\lim x_n = a \quad \text{或者} \quad x_n \to a,$$
有时也写为
$$\lim_{n\to +\infty} x_n = a \quad \text{或者} \quad x_n \to a\ (n\to +\infty).$$
不收敛的序列称为**发散**序列.

注记 (1) 我们用 $|x_n-a|$ 表示用 x_n 逼近 a 的误差. 按照定义, 所谓序列 $\{x_n\}$ 以 a 为极限, 就是说: 只要我们取 n 充分大, 就可使得逼近的误差任意小(小于任何预先给定的正数 ε).

(2) 用符号表示, $\lim x_n = a$ 的定义可以写成:
$$(\forall \varepsilon>0)(\exists N\in \mathbb{N})(\forall n>N)(|x_n-a|<\varepsilon).$$
而序列 $\{y_n\}$ 不收敛于 b 这件事可以表示为:
$$(\exists \varepsilon>0)(\forall N\in \mathbb{N})(\exists n>N)(|y_n-b|\geq \varepsilon).$$

几何解释 设 $\varepsilon \in \mathbb{R}, \varepsilon>0$. 我们把开区间 $(a-\varepsilon, a+\varepsilon)$ 叫作 a 点的 ε 邻域. 极限定义中的不等式
$$|x_n-a|<\varepsilon, \quad \forall n>N,$$
可以写成
$$a-\varepsilon < x_n < a+\varepsilon, \quad \forall n>N,$$
即
$$x_n \in (a-\varepsilon, a+\varepsilon), \quad \forall n>N.$$
因此, 如果采用几何式的语言, 极限的定义可以表述为: 不论 a 点的邻域怎样小, 序列 $\{x_n\}$ 从某一项之后的所有各项都要进入该邻域之中.

这一几何解释能帮助我们形象地理解极限的含义, 对很多情况能够提示解决问题的途径. 例如, 让我们来考虑这样的问题: 一个序

列 $\{x_n\}$ 能否有两个不同的极限 a 和 b？我们可做如下的分析：因为 $a \neq b$，不妨设 $a<b$，可取 ε 充分小使得 $a+\varepsilon<b-\varepsilon$（这只需取 ε 满足 $0<\varepsilon<\dfrac{b-a}{2}$），于是 a 的 ε 邻域与 b 的 ε 邻域不相交（见图 2-1）。如果序列 $\{x_n\}$ 从某一项之后的各项全部进入 a 的 ε 邻域之中，那么从这一项之后的项就不可能再进入到 b 点的 ε 邻域之中，因而不可能以 b 为极限。经过这样的分析，我们写出以下的关于极限唯一的定理的证明。

图 2-1

定理 1 如果序列 $\{x_n\}$ 有极限，那么它的极限是唯一的。

证明 用反证法。假设序列 $\{x_n\}$ 有极限 a 和 b，$a<b$。我们取 $\varepsilon \in \mathbb{R}$ 满足
$$0<\varepsilon<\frac{b-a}{2}.$$
于是，存在 $N_1 \in \mathbb{N}$，使得 $n>N_1$ 时
$$a-\varepsilon<x_n<a+\varepsilon;$$
又存在 $N_2 \in \mathbb{N}$，使得 $n>N_2$ 时
$$b-\varepsilon<x_n<b+\varepsilon.$$
令 $N=\max\{N_1,N_2\}$，则当 $n>N$ 时，就有
$$b-\varepsilon<x_n<a+\varepsilon,$$
这与 $0<\varepsilon<\dfrac{b-a}{2}$ 矛盾。 □

我们再来分析如下的问题：设 $\{x_n\}$，$\{y_n\}$ 和 $\{z_n\}$ 都是实数序列，它们满足不等式
$$x_n \leqslant y_n \leqslant z_n, \quad \forall n \in \mathbb{N}.$$
如果 $\{x_n\}$ 和 $\{z_n\}$ 都是收敛序列，它们的极限都是 a：
$$\lim x_n = \lim z_n = a,$$
那么关于序列 $\{y_n\}$ 的收敛性能有什么样的结论呢？我们来考察 a 的任意一个 ε 邻域 $(a-\varepsilon, a+\varepsilon)$。从某一项之后，$x_n$ 和 z_n 都应落在 a

的这一邻域之中,这时夹在 x_n 和 z_n 之间的 y_n 自然也必须落在这一邻域之中. 从这一分析出发,我们得到以下定理的证明.

定理 2(夹逼定理) 设 $\{x_n\}, \{y_n\}$ 和 $\{z_n\}$ 都是实数序列,满足条件
$$x_n \leqslant y_n \leqslant z_n, \quad \forall n \in \mathbb{N}.$$
如果
$$\lim x_n = \lim z_n = a,$$
那么 $\{y_n\}$ 也是收敛序列,并且也有
$$\lim y_n = a.$$

证明 对任意 $\varepsilon > 0$,存在 $N_1, N_2 \in \mathbb{N}$,使得当 $n > N_1$ 时,
$$a - \varepsilon < x_n < a + \varepsilon,$$
当 $n > N_2$ 时,
$$a - \varepsilon < z_n < a + \varepsilon.$$
令 $N = \max\{N_1, N_2\}$,则 $n > N$ 时,就有
$$a - \varepsilon < x_n \leqslant y_n \leqslant z_n < a + \varepsilon. \quad \square$$

从定义可以看出:无穷小序列就是以 0 为极限的序列;而"序列 $\{x_n\}$ 以 a 为极限"这一陈述等价于说:"$\{x_n - a\}$ 是无穷小序列". 从以上简单的观察,得到了很有用的结果:

定理 3 设 $\{x_n\}$ 是实数序列,a 是实数. 则以下三陈述等价:
(1) 序列 $\{x_n\}$ 以 a 为极限;
(2) $\{x_n - a\}$ 是无穷小序列;
(3) 存在无穷小序列 $\{\alpha_n\}$ 使得
$$x_n = a + \alpha_n, \quad n = 1, 2, \cdots.$$

证明 (1)$\Rightarrow$(2):由定义即可看出.
(2)$\Rightarrow$(3):设 $\alpha_n = x_n - a$,则 $\{\alpha_n\}$ 是无穷小序列,并且 $x_n = a + \alpha_n, n = 1, 2, \cdots$.
(3)$\Rightarrow$(1):存在 $N \in \mathbb{N}$,使得 $n > N$ 时
$$|\alpha_n| < \varepsilon,$$
这时
$$|x_n - a| = |\alpha_n| < \varepsilon. \quad \square$$

例 1 求证 $\lim \dfrac{n}{n+1} = 1$.

证明 对任意的 $\varepsilon > 0$,要使
$$\left| \dfrac{n}{n+1} - 1 \right| = \dfrac{1}{n+1} < \varepsilon,$$
只需
$$n > \dfrac{1}{\varepsilon} - 1.$$
取大于 $\dfrac{1}{\varepsilon} - 1$ 的任意自然数作为 N(例如取 $N = [1/\varepsilon] + 1$),则当 $n > N$ 时,就有
$$\left| \dfrac{n}{n+1} - 1 \right| = \dfrac{1}{n+1} < \varepsilon. \quad \square$$

例 2 求证 $\lim \dfrac{n^2 - n + 2}{3n^2 + 2n + 4} = \dfrac{1}{3}$.

证明 我们有
$$\left| \dfrac{n^2 - n + 2}{3n^2 + 2n + 4} - \dfrac{1}{3} \right| = \dfrac{5n - 2}{3(3n^2 + 2n + 4)} < \dfrac{5n}{9n^2} < \dfrac{1}{n}.$$
只需取大于 $1/\varepsilon$ 的任何自然数作为 N(例如取 $N = [1/\varepsilon] + 1$),则当 $n > N$ 时,就有
$$\left| \dfrac{n^2 - n + 2}{3n^2 + 2n + 4} - \dfrac{1}{3} \right| < \dfrac{1}{n} < \varepsilon. \quad \square$$

例 3 设 $a > 1$,求证 $\lim \sqrt[n]{a} = 1$.

证明 因为 $a > 1$,所以 $a^{1/n} = \sqrt[n]{a} > 1$. 令
$$\alpha_n = a^{1/n} - 1, \quad n = 1, 2, \cdots,$$
则 $\alpha_n > 0$. 我们来证明 $\{\alpha_n\}$ 是无穷小序列. 事实上,由
$$a = (1 + \alpha_n)^n > 1 + n\alpha_n$$
可得
$$\alpha_n < \dfrac{a - 1}{n}.$$
这证明了 $\{\alpha_n\}$ 是无穷小序列. $\quad \square$

例 4 求证 $\lim \sqrt[n]{n} = 1$.

证明 令 $\alpha_n = \sqrt[n]{n} - 1$, 则 $\alpha_n \geqslant 0$. 我们有
$$n = (1 + \alpha_n)^n = 1 + n\alpha_n + \frac{n(n-1)}{2}\alpha_n^2 + \cdots$$
$$\geqslant \frac{n(n-1)}{2}\alpha_n^2.$$

由此可得
$$0 \leqslant \alpha_n \leqslant \sqrt{\frac{2}{n-1}}, \quad \forall n \geqslant 2.$$

要使
$$\sqrt{\frac{2}{n-1}} < \varepsilon,$$

只需
$$n > \frac{2}{\varepsilon^2} + 1.$$

取 $N = [2/\varepsilon^2] + 2$, 则当 $n > N$ 时, 就有
$$0 \leqslant \alpha_n \leqslant \sqrt{\frac{2}{n-1}} < \varepsilon. \quad \square$$

例 5 求证 $\lim(\sqrt{n^2+n} - n) = 1/2$.

证明 我们有
$$\sqrt{n^2+n} - n = \sqrt{n}(\sqrt{n+1} - \sqrt{n})$$
$$= \frac{\sqrt{n}}{\sqrt{n+1} + \sqrt{n}},$$
$$\left|\sqrt{n^2+n} - n - \frac{1}{2}\right| = \left|\frac{\sqrt{n}}{\sqrt{n+1} + \sqrt{n}} - \frac{1}{2}\right|$$
$$= \frac{\sqrt{n+1} - \sqrt{n}}{2(\sqrt{n+1} + \sqrt{n})}$$
$$= \frac{1}{2(\sqrt{n+1} + \sqrt{n})^2}$$
$$< \frac{1}{2(2\sqrt{n})^2} = \frac{1}{8n}. \quad \square$$

例 6 已知 $\lim x_n = a$,求证
$$\lim \frac{x_1 + x_2 + \cdots + x_n}{n} = a.$$

证明 设 $\alpha_n = x_n - a$, $n = 1, 2, \cdots$. 则 $\{\alpha_n\}$ 是无穷小序列. 我们有
$$\frac{x_1 + x_2 + \cdots + x_n}{n} = a + \frac{\alpha_1 + \alpha_2 + \cdots + \alpha_n}{n}.$$
由 §1 中例 12 可知 $\left\{\dfrac{\alpha_1 + \alpha_2 + \cdots + \alpha_n}{n}\right\}$ 是无穷小序列,因而
$$\lim \frac{x_1 + x_2 + \cdots + x_n}{n} = a. \quad \square$$

2.b 收敛序列的性质

定理 4 收敛序列 $\{x_n\}$ 是有界的.

证明 设 $\lim x_n = a$,则对于 $\varepsilon = 1 > 0$,存在 $N \in \mathbb{N}$,使得当 $n > N$ 时,就有
$$-|a| - 1 \leqslant a - 1 < x_n < a + 1 \leqslant |a| + 1,$$
即
$$|x_n| < |a| + 1.$$
记 $K = \max\{|x_1|, \cdots, |x_N|, |a| + 1\}$,则有
$$|x_n| \leqslant K, \quad \forall n \in \mathbb{N}. \quad \square$$

定理 5 (1) 设 $\lim x_n = a$,则 $\lim |x_n| = |a|$.

(2) 设 $\lim x_n = a$,$\lim y_n = b$,则
$$\lim (x_n \pm y_n) = a \pm b.$$

(3) 设 $\lim x_n = a$,$\lim y_n = b$,则
$$\lim (x_n y_n) = ab.$$

(4) 设 $x_n \neq 0 (n = 1, 2, \cdots)$,$\lim x_n = a \neq 0$,则
$$\lim \frac{1}{x_n} = \frac{1}{a}.$$

证明 (1) $||x_n| - |a|| \leqslant |x_n - a|$.

(2) 我们有

$$|(x_n \pm y_n)-(a \pm b)| \leqslant |x_n-a|+|y_n-b|.$$

对任意 $\varepsilon>0$,存在 $N_1 \in \mathbb{N}$ 和 $N_2 \in \mathbb{N}$,分别使得

$$\text{当 } n>N_1 \text{ 时},|x_n-a|<\varepsilon/2,$$

和

$$\text{当 } n>N_2 \text{ 时},|y_n-b|<\varepsilon/2.$$

记 $N=\max\{N_1,N_2\}$,则当 $n>N$ 时,就有

$$|(x_n \pm y_n)-(a \pm b)|$$
$$\leqslant |x_n-a|+|y_n-b|<\varepsilon/2+\varepsilon/2=\varepsilon.$$

(3) 因为收敛序列是有界的,所以存在 $K \in \mathbb{R}$ 使得

$$|y_n| \leqslant K, \quad n=1,2,\cdots.$$

不妨设 $K>0$. 又可取 $L \in \mathbb{R}$ 使得

$$L>|a|.$$

于是,我们有

$$|x_n y_n - ab| = |(x_n-a)y_n + a(y_n-b)|$$
$$\leqslant |x_n-a||y_n|+|a||y_n-b|$$
$$\leqslant K|x_n-a|+L|y_n-b|.$$

对任意 $\varepsilon>0$,存在 $N_1 \in \mathbb{N}$ 和 $N_2 \in \mathbb{N}$ 分别使得

$$\text{当 } n>N_1 \text{ 时},|x_n-a|<\frac{\varepsilon}{2K},$$

和

$$\text{当 } n>N_2 \text{ 时},|y_n-b|<\frac{\varepsilon}{2L}.$$

令 $N=\max\{N_1,N_2\}$,则当 $n>N$ 时,就有

$$|x_n y_n - ab| \leqslant K|x_n-a|+L|y_n-b|$$
$$<\frac{\varepsilon}{2}+\frac{\varepsilon}{2}=\varepsilon.$$

(4) 因为 $\lim x_n = a$,所以对于 $|a|/2>0$,存在 $N_0 \in \mathbb{N}$,使得当 $n>N_0$ 时,

$$|x_n-a|<|a|/2.$$

这时

$$|x_n|=|a-(a-x_n)| \geqslant |a|-|a-x_n|>|a|/2,$$

$$\left|\frac{1}{x_n}-\frac{1}{a}\right|=\frac{|a-x_n|}{|x_n||a|}\leqslant \frac{2}{|a|^2}|x_n-a|.$$

对任意 $\varepsilon>0$，存在 $N_1\in\mathbb{N}$，使得当 $n>N_1$ 时，
$$|x_n-a|<\frac{|a|^2}{2}\varepsilon.$$

令 $N=\max\{N_0,N_1\}$，则当 $n>N$ 时，就有
$$\left|\frac{1}{x_n}-\frac{1}{a}\right|\leqslant\frac{2}{|a|^2}|x_n-a|<\varepsilon. \quad \square$$

推论 (5) 设 $\lim x_n=a, c\in\mathbb{R}$，则
$$\lim(cx_n)=ca.$$
(6) 设 $x_n\neq 0 (n=1,2,\cdots)$，$\lim x_n=a\neq 0$，$\lim y_n=b$，则
$$\lim\frac{y_n}{x_n}=\frac{b}{a}.$$

注记 定理 5 及其推论中的(1)~(6)可以形式地写成以下公式：

(1) $\lim|x_n|=|\lim x_n|$；

(2) $\lim(x_n\pm y_n)=\lim x_n\pm\lim y_n$；

(3) $\lim(x_n y_n)=\lim x_n \cdot \lim y_n$；

(4) $\lim\dfrac{1}{x_n}=\dfrac{1}{\lim x_n}$；

(5) $\lim(cx_n)=c\lim x_n$；

(6) $\lim\dfrac{y_n}{x_n}=\dfrac{\lim y_n}{\lim x_n}$.

但在运用时一定要注意上面这些公式成立的条件．条件的确切陈述见定理 5 及其推论，概括说来就是：这些公式等号右边的式子要有意义！

例 7 求证对于 $0<b\leqslant 1$，也有
$$\lim\sqrt[n]{b}=1.$$

证明 $b=1$ 的情形是显然的．只需考虑 $0<b<1$ 的情形．在例 3 中我们已经知道：对于 $a>1$ 有
$$\lim\sqrt[n]{a}=1.$$
对于 $0<b<1$，记 $a=\dfrac{1}{b}$，则 $a>1$，并且 $\sqrt[n]{b}=\dfrac{1}{\sqrt[n]{a}}$．于是

$$\lim \sqrt[n]{b} = \lim \frac{1}{\sqrt[n]{a}} = \frac{1}{\lim \sqrt[n]{a}} = \frac{1}{1} = 1. \quad \square$$

例 8 求 $\lim \sqrt[n]{c + \frac{1}{n}}$，这里 $c \geq 0$.

解 先来看 $c = 0$ 的情形，这时

$$\lim \sqrt[n]{0 + \frac{1}{n}} = \lim \frac{1}{\sqrt[n]{n}} = 1.$$

再来看 $c > 0$ 的情形，这时我们有

$$\sqrt[n]{c} < \sqrt[n]{c + \frac{1}{n}} \leq \sqrt[n]{c + 1},$$

因而 $\lim \sqrt[n]{c + \frac{1}{n}} = 1$. 综合两种情形，我们得到

$$\lim \sqrt[n]{c + \frac{1}{n}} = 1, \quad \forall c \geq 0.$$

例 9 求极限

$$\lim_{n \to +\infty} \sum_{k=1}^{n} q^{k-1} \quad (|q| < 1).$$

解 我们有

$$\lim_{n \to +\infty} \sum_{k=1}^{n} q^{k-1} = \lim_{n \to +\infty} \frac{1 - q^n}{1 - q} = \frac{1}{1 - q}.$$

例 10 设 $\{a_n\}$ 是实数序列，$a_n > 0 (\forall n)$，$\lim a_n = A > 0$. 求证

$$\lim \sqrt[n]{a_1 a_2 \cdots a_n} = A.$$

证明 由不等式

$$\sqrt[n]{a_1 a_2 \cdots a_n} \leq \frac{a_1 + a_2 + \cdots + a_n}{n}$$

和

$$\sqrt[n]{\frac{1}{a_1} \frac{1}{a_2} \cdots \frac{1}{a_n}} \leq \frac{\frac{1}{a_1} + \frac{1}{a_2} + \cdots + \frac{1}{a_n}}{n}$$

可得

$$\frac{n}{\frac{1}{a_1}+\frac{1}{a_2}+\cdots+\frac{1}{a_n}} \leqslant \sqrt[n]{a_1 a_2 \cdots a_n} \leqslant \frac{a_1+a_2+\cdots+a_n}{n}.$$

我们记

$$x_n = \frac{n}{\frac{1}{a_1}+\frac{1}{a_2}+\cdots+\frac{1}{a_n}} = \frac{1}{\left(\dfrac{\frac{1}{a_1}+\frac{1}{a_2}+\cdots+\frac{1}{a_n}}{n}\right)},$$

$$y_n = \sqrt[n]{a_1 a_2 \cdots a_n},$$

$$z_n = \frac{a_1+a_2+\cdots+a_n}{n}.$$

因为

$$x_n \leqslant y_n \leqslant z_n, \quad \forall n \in \mathbb{N},$$

$$\lim x_n = \frac{1}{\left(\dfrac{1}{A}\right)} = A,$$

$$\lim z_n = A,$$

所以有

$$\lim y_n = A. \quad \square$$

在有关极限的一些证明中,常常用到涉及绝对值的不等式和**加减辅助项**的技巧. 例如在极限的加法法则与乘法法则的证明中,我们用到以下关系

$$|(x_n+y_n)-(a+b)| \leqslant |x_n-a|+|y_n-b|,$$
$$|x_n y_n - ab| = |x_n y_n - a y_n + a y_n - ab|$$
$$\leqslant |x_n-a||y_n|+|a||y_n-b|.$$

若引用定理 3,通过无穷小序列来表示收敛序列,则往往可以使证明更加平易显然. 例如,序列极限的加法法则与乘法法则可以这样来证明:

设 $\lim x_n = a$, $\lim y_n = b$, 则

$$x_n = a + \alpha_n, \quad y_n = b + \beta_n,$$

这里的 $\{\alpha_n\}$ 和 $\{\beta_n\}$ 都是无穷小序列. 于是

$$x_n + y_n = a + b + \alpha_n + \beta_n,$$
$$x_n y_n = ab + a\beta_n + b\alpha_n + \alpha_n \beta_n.$$

因为 $\{\alpha_n+\beta_n\}$ 和 $\{a\beta_n+b\alpha_n+\alpha_n\beta_n\}$ 都是无穷小序列,所以
$$\lim(x_n+y_n)=a+b,$$
$$\lim(x_ny_n)=ab.$$

在讨论中引入无穷小序列,常常可使复杂的问题简单化. 我们再举两个例子.

例 11 设 $\lim x_n=a$,$\lim y_n=b$. 若记
$$u_n=\frac{x_1y_n+x_2y_{n-1}+\cdots+x_ny_1}{n},\quad n=1,2,\cdots,$$
则有
$$\lim u_n=ab.$$

证明 我们有
$$x_n=a+\alpha_n,\quad y_n=b+\beta_n,$$
这里的 $\{\alpha_n\}$ 和 $\{\beta_n\}$ 是无穷小序列. 于是
$$u_n=\frac{(a+\alpha_1)(b+\beta_n)+\cdots+(a+\alpha_n)(b+\beta_1)}{n}$$
$$=ab+\frac{\alpha_1+\cdots+\alpha_n}{n}b+a\frac{\beta_1+\cdots+\beta_n}{n}$$
$$+\frac{\alpha_1\beta_n+\cdots+\alpha_n\beta_1}{n}.$$

无穷小序列也是有界序列,可设
$$|\beta_n|\leqslant L,\quad \forall n\in\mathbb{N}.$$
因为
$$\left|\frac{\alpha_1\beta_n+\cdots+\alpha_n\beta_1}{n}\right|\leqslant\frac{|\alpha_1|+\cdots+|\alpha_n|}{n}\cdot L,$$
所以
$$\left\{\frac{\alpha_1\beta_n+\cdots+\alpha_n\beta_1}{n}\right\}$$
是无穷小序列. 又因为
$$\left\{\frac{\alpha_1+\cdots+\alpha_n}{n}b\right\},\quad \left\{a\frac{\beta_1+\cdots+\beta_n}{n}\right\}$$
也都是无穷小序列,所以
$$\lim u_n=ab.\quad\square$$

例 12 设 $\lim x_n = a$. 求证

$$\lim \frac{x_1 + 2x_2 + \cdots + nx_n}{n^2} = \frac{a}{2}.$$

证明 我们有

$$x_n = a + \alpha_n,$$

这里 $\{\alpha_n\}$ 是无穷小序列. 于是

$$\frac{x_1 + 2x_2 + \cdots + nx_n}{n^2}$$

$$= \frac{(a+\alpha_1) + 2(a+\alpha_2) + \cdots + n(a+\alpha_n)}{n^2}$$

$$= \frac{n+1}{2n}a + \frac{\frac{1}{n}\alpha_1 + \frac{2}{n}\alpha_2 + \cdots + \frac{n}{n}\alpha_n}{n}.$$

因为

$$\left| \frac{\frac{1}{n}\alpha_1 + \frac{2}{n}\alpha_2 + \cdots + \frac{n}{n}\alpha_n}{n} \right| \leqslant \frac{|\alpha_1| + |\alpha_2| + \cdots + |\alpha_n|}{n},$$

所以

$$\lim \frac{x_1 + 2x_2 + \cdots + nx_n}{n^2}$$

$$= \lim \frac{n+1}{2n}a + \lim \frac{\frac{1}{n}\alpha_1 + \frac{2}{n}\alpha_2 + \cdots + \frac{n}{n}\alpha_n}{n}$$

$$= \frac{a}{2} + 0 = \frac{a}{2}. \quad \square$$

2.c 收敛序列与不等式

定理 6 如果 $\lim x_n < \lim y_n$(这就是说：如果 $\lim x_n = a$, $\lim y_n = b$, $a < b$), 那么存在 $N \in \mathbb{N}$, 使得 $n > N$ 时有

$$x_n < y_n.$$

证明 对于 $\varepsilon = \frac{b-a}{2} > 0$, 存在 $N_1 \in \mathbb{N}$ 和 $N_2 \in \mathbb{N}$, 分别使得

当 $n>N_1$ 时，$a-\varepsilon<x_n<a+\varepsilon$，

和

当 $n>N_2$ 时，$b-\varepsilon<y_n<b+\varepsilon$.

令 $N=\max\{N_1,N_2\}$，则 $n>N$ 时就有

$$x_n<a+\varepsilon=b-\varepsilon<y_n. \quad \square$$

注记 定理 6 的几种常遇到的特殊情形分述如下：

(1) 设 $x_n\equiv a$ 是常数列，这时定理 6 成为：如果 $\lim y_n>a$，那么存在 $N\in\mathbb{N}$，使得当 $n>N$ 时，就有

$$y_n>a;$$

(2) 设 $y_n\equiv b$ 是常数列，这时定理 6 成为：如果 $\lim x_n<b$，那么存在 $N\in\mathbb{N}$，使得当 $n>N$ 时，就有

$$x_n<b;$$

(3) 综合(1)和(2)，我们得到：如果

$$a<\lim z_n<b,$$

那么存在 $N\in\mathbb{N}$，使得当 $n>N$ 时，就有

$$a<z_n<b.$$

定理 7 如果 $\{x_n\}$ 和 $\{y_n\}$ 都是收敛序列，并且满足条件

$$x_n\leqslant y_n, \quad \forall n>N_0,$$

那么

$$\lim x_n\leqslant \lim y_n.$$

证明 用反证法. 如果 $\lim x_n>\lim y_n$，那么根据定理 6 存在 $N_1\in\mathbb{N}$，使得 $n>N_1$ 时

$$x_n>y_n.$$

取 $n>\max\{N_0,N_1\}$ 就得到矛盾. $\quad\square$

注记 即使有

$$x_n<y_n, \quad \forall n\in\mathbb{N},$$

也不能保证 $\lim x_n<\lim y_n$. 例如，设 $x_n=\dfrac{1}{2n}$，$y_n=\dfrac{1}{n}$，则显然有

$$x_n<y_n, \quad n=1,2,\cdots,$$

但

$$\lim x_n=\lim y_n=0.$$

例 13 设给定自然数 $k \geqslant 2$. 试对充分大的 n 判别以下三式的大小顺序:

$$n^k, \quad k^n, \quad n!.$$

解 因为 $\lim \dfrac{n^k}{k^n} = 0 < 1$(参看 §1 的例 10),所以对充分大的 n 应有

$$\frac{n^k}{k^n} < 1, \quad n^k < k^n.$$

又因为 $\lim \dfrac{k^n}{n!} = 0 < 1$(参看 §1 的例 11),所以对充分大的 n 应有

$$\frac{k^n}{n!} < 1, \quad k^n < n!.$$

这样,对充分大的 n 应有

$$n^k < k^n < n!.$$

例 14 设 $A > 0, a \neq 0$. 问当 n 充分大的时候

$$An^2 + Bn + C \quad \text{与} \quad \frac{an^2 + bn + c}{An^2 + Bn + C}$$

各有怎样的符号?

解 因为

$$\lim_{n \to +\infty} \left(A + B \frac{1}{n} + C \frac{1}{n^2} \right) = A > 0,$$

所以对充分大的 n 有

$$A + B \frac{1}{n} + C \frac{1}{n^2} > 0,$$

$$An^2 + Bn + C = n^2 \left(A + B \frac{1}{n} + C \frac{1}{n^2} \right) > 0.$$

又因为

$$\lim_{n \to +\infty} \frac{an^2 + bn + c}{An^2 + Bn + C} = \lim_{n \to +\infty} \frac{a + b \dfrac{1}{n} + c \dfrac{1}{n^2}}{A + B \dfrac{1}{n} + C \dfrac{1}{n^2}} = \frac{a}{A},$$

所以当 n 充分大的时候,$\dfrac{an^2+bn+c}{An^2+Bn+C}$ 与 $\dfrac{a}{A}$ 同号,因而与 a 同号.

§3 收敛原理

按照定义,序列 $\{x_n\}$ 称为收敛的,如果存在一个实数 a,使得
$$(\forall \varepsilon>0)(\exists N\in\mathbb{N})(\forall n>N)(|x_n-a|<\varepsilon).$$
但是,我们事先怎样来判断能否有这样的实数 a 存在呢?换句话说,怎样来识别一个序列是否收敛呢?本节就来讨论这个问题.

3.a 单调收敛原理

定义 (1) 若实数序列 $\{x_n\}$ 满足
$$x_n\leqslant x_{n+1},\quad \forall n\in\mathbb{N},$$
则称这序列是**递增**的或者**单调上升**的,记为
$$\{x_n\}\uparrow.$$
(2) 若实数序列 $\{y_n\}$ 满足
$$y_n\geqslant y_{n+1},\quad \forall n\in\mathbb{N},$$
则称这序列是**递减**的或者**单调下降**的,记为
$$\{y_n\}\downarrow.$$
(3) 单调上升的序列和单调下降的序列统称为**单调序列**.

注记 如果(1)中的不等式总是严格地成立,即
$$x_n<x_{n+1},\quad \forall n\in\mathbb{N},$$
那么我们就说序列 $\{x_n\}$ 是**严格递增**的或者**严格单调上升**的.如果(2)中的不等式总是严格地成立,即
$$y_n>y_{n+1},\quad \forall n\in\mathbb{N},$$
那么我们就说序列 $\{y_n\}$ 是**严格递减**的或者**严格单调下降**的.

定理 1 递增序列 $\{x_n\}$ 收敛的充要条件是它有上界.

证明 必要性 收敛序列是有界的.

充分性 设序列 $\{x_n\}$ 有上界,则存在上确界
$$a=\sup\{x_n\}.$$
对任意 $\varepsilon>0$,显然 $a-\varepsilon<a$,因而存在 x_N 使得

$$a-\varepsilon < x_N \leqslant a.$$

于是当 $n > N$ 时,就有

$$a-\varepsilon < x_N \leqslant x_n \leqslant a.$$

这证明了

$$\lim x_n = a = \sup\{x_n\}. \quad \square$$

推论 递减序列 $\{y_n\}$ 收敛的充要条件是它有下界.

证明 令 $x_n = -y_n$, $n = 1, 2, \cdots$, 就可以把这情形转化为定理 1 中的情形(直接证明也很容易). $\square$

注记 (1) 我们看到:递增有界序列 $\{x_n\}$ 的极限即它的上确界

$$\lim x_n = \sup\{x_n\}.$$

同样可以证明:递减有界序列 $\{y_n\}$ 的极限即它的下确界

$$\lim y_n = \inf\{y_n\}.$$

(2) 因为一个序列的收敛性及其极限值都只与该序列的尾部(即从某一项之后的项)有关,所以定理 1 及其推论中的单调性条件可以削弱为"从某一项之后单调",即

$$x_n \leqslant x_{n+1}, \quad \forall n > N,$$

及

$$y_n \geqslant y_{n+1}, \quad \forall n > N.$$

例 1 设 $a > 0$, 求极限 $\lim \dfrac{a^n}{n!}$.

解 记 $x_n = \dfrac{a^n}{n!}$, $n = 1, 2, \cdots$. 显然有

$$x_n > 0, \quad \forall n \in \mathbb{N}.$$

对于充分大的 n 有

$$\frac{a}{n+1} < 1.$$

这时就有

$$x_n = \frac{a^n}{n!} > \frac{a^n}{n!} \cdot \frac{a}{n+1} = x_{n+1}.$$

由单调收敛原理可知:序列 $\{x_n\}$ 有极限. 记这极限为 x. 在以下等式中取极限:

$$x_{n+1} = \frac{a}{n+1} x_n,$$

我们得到

$$x = 0 \cdot x = 0.$$

这就是说

$$\lim \frac{a^n}{n!} = 0.$$

例 2 设 $x_1 = \sqrt{2}$, $x_2 = \sqrt{2+\sqrt{2}}$, $\cdots$, $x_n = \sqrt{2+\sqrt{2+\cdots+\sqrt{2}}}$ (n 重根号),$\cdots$. 试求 $\lim x_n$.

解 序列 $\{x_n\}$ 是递增的:

$$x_{n+1} = \sqrt{2+\sqrt{2+\cdots+\sqrt{2+\sqrt{2}}}}\ (n+1\text{ 重根号})$$

$$> \sqrt{2+\sqrt{2+\cdots+\sqrt{2+0}}}\ (n\text{ 重根号})$$

$$= x_n, \quad \forall n \in \mathbb{N}.$$

我们用归纳法证明序列 $\{x_n\}$ 有上界 2. 首先,显然有 $x_1 = \sqrt{2} < 2$. 其次,如果 $x_n < 2$,那么 $x_{n+1} = \sqrt{2+x_n} < 2$. 这证明了

$$x_n < 2, \quad \forall n \in \mathbb{N}.$$

根据单调收敛原理可设

$$\lim x_n = a.$$

从等式

$$x_{n+1}^2 - x_n - 2 = 0$$

取极限得

$$a^2 - a - 2 = 0.$$

解此方程得 $a = 2$ 或 $a = -1$. 但显然应该有 $a \geq 0$,所以

$$\lim x_n = a = 2.$$

例 3 设 $a > 0$, $x_0 > 0$. 序列 $\{x_n\}$ 由以下递推公式定义:

$$x_n = \frac{1}{2}\left(x_{n-1} + \frac{a}{x_{n-1}}\right), \quad n = 1, 2, \cdots.$$

试证

$$\lim x_n = \sqrt{a}.$$

证明 我们有
$$t + \frac{1}{t} \geq 2, \quad \forall\, t > 0.$$
(这是算术平均数与几何平均数不等式的一种特殊情形. 直接证明也很容易.) 由此可得
$$x_n = \frac{\sqrt{a}}{2}\left(\frac{x_{n-1}}{\sqrt{a}} + \frac{\sqrt{a}}{x_{n-1}}\right) \geq \sqrt{a}, \quad \forall\, n \in \mathbb{N}.$$
由此又可得到
$$\frac{x_{n+1}}{x_n} = \frac{1}{2}\left(1 + \frac{a}{x_n^2}\right) \leq 1, \quad \forall\, n \in \mathbb{N},$$
也就是
$$x_{n+1} \leq x_n, \quad \forall\, n \in \mathbb{N}.$$
序列 $\{x_n\}$ 递减而有下界, 可设
$$\lim x_n = x.$$
显然有
$$x \geq \sqrt{a} > 0.$$
序列 $\{x_n\}$ 满足递推公式
$$x_{n+1} = \frac{1}{2}\left(x_n + \frac{a}{x_n}\right).$$
在该公式中让 $n \to +\infty$ 取极限就得到
$$x = \frac{1}{2}\left(x + \frac{a}{x}\right),$$
即
$$x^2 = a.$$
但已知 $x > 0$, 所以 $x = \sqrt{a}$. 我们得到:
$$\lim x_n = x = \sqrt{a}. \quad \square$$

例 3 提供了一种通过迭代近似求算术平方根的计算方法.

例 4 我们来考察序列
$$x_n = \left(1 + \frac{1}{n}\right)^n, \quad n = 1, 2, \cdots.$$
仿照 §1 例 3 中的做法, 可以将 x_n 表示为

$$x_n = 1 + 1 + \frac{1}{2!}\left(1-\frac{1}{n}\right) + \frac{1}{3!}\left(1-\frac{1}{n}\right)\left(1-\frac{2}{n}\right)$$
$$+ \cdots + \frac{1}{k!}\left(1-\frac{1}{n}\right)\left(1-\frac{2}{n}\right)\cdots\left(1-\frac{k-1}{n}\right)$$
$$+ \cdots + \frac{1}{n!}\left(1-\frac{1}{n}\right)\left(1-\frac{2}{n}\right)\cdots\left(1-\frac{n-1}{n}\right).$$

在 x_{n+1} 的类似表示式中,前面 $n+1$ 项的每一项都比 x_n 表示式中相应的项大. 不仅如此, x_{n+1} 的表示式还比 x_n 的表示式多一个正项. 通过这样的观察,我们得知
$$x_n < x_{n+1}, \quad \forall n \in \mathbb{N}.$$
在 §1 的例 3 中,我们已经证明了序列 $\{x_n\}$ 的有界性:
$$0 \leqslant x_n < 1 + 1 + \frac{1}{2!} + \frac{1}{3!} + \cdots + \frac{1}{n!}$$
$$\leqslant 1 + 1 + \frac{1}{2} + \frac{1}{2^2} + \cdots + \frac{1}{2^{n-1}}$$
$$= 1 + \frac{1-(1/2)^n}{1-1/2} < 1 + \frac{1}{1-1/2} = 3.$$

序列 $\{x_n\}$ 递增而且有界,因而必定收敛. 人们约定用字母 e 表示该序列的极限值:
$$e = \lim\left(1+\frac{1}{n}\right)^n.$$

数 e 是数学中最重要的常数之一,它是一个无理数,其最初几位数字为
$$2.718281828459045\cdots.$$
在数学的理论研究与应用中,以 e 为底的对数起着重要的作用. 这种对数称为**自然对数**. 因而数 e 被称为**自然对数的底**. 正实数 x 的自然对数通常记为 $\ln x$,即
$$\ln x = \log_e x.$$

3. b 闭区间套原理与波尔查诺-魏尔斯特拉斯定理

如果一列闭区间 $\{[a_n, b_n]\}$ 满足条件

(1) $[a_n, b_n] \supset [a_{n+1}, b_{n+1}]$, $\forall n \in \mathbb{N}$；

(2) $\lim(b_n - a_n) = 0$，

那么我们就说该列闭区间形成一个**闭区间套**.

从单调收敛原理出发，我们将推导关于两个"相向"单调的序列的收敛原理. 这后一原理可以用几何式的语言陈述如下：

如果$\{[a_n, b_n]\}$形成一个闭区间套，那么存在唯一的实数c，属于所有这些闭区间$[a_n, b_n]$.

人们把这一结论叫作"闭区间套原理"，它在数学分析的许多证明中起重要作用. 下面，我们以"相向"单调序列的形式，陈述并证明这一原理. 读者应该能认出：这样的表述与"闭区间套"式的几何表述说的是一回事.

定理 2 (闭区间套原理) 如果实数序列$\{a_n\}$和$\{b_n\}$满足条件

(1) $a_{n-1} \leqslant a_n \leqslant b_n \leqslant b_{n-1}$，$\forall n > 1$；

(2) $\lim(b_n - a_n) = 0$，

那么

(i) 序列$\{a_n\}$与序列$\{b_n\}$收敛于相同的极限值：
$$\lim a_n = \lim b_n = c,$$

(ii) c是满足以下条件的唯一实数：
$$a_n \leqslant c \leqslant b_n, \quad \forall n \in \mathbb{N}.$$

证明 (i) 由条件(1)可得
$$a_{n-1} \leqslant a_n \leqslant b_{n-1} \leqslant \cdots \leqslant b_1.$$

我们看到：序列$\{a_n\}$递增而有上界b_1. 同样可以证明序列$\{b_n\}$递减而有下界a_1. 根据单调收敛原理，$\{a_n\}$和$\{b_n\}$都是收敛序列. 由条件(2)可得
$$\lim a_n - \lim b_n = \lim(b_n - a_n) = 0.$$

这证明了序列$\{a_n\}$与序列$\{b_n\}$的极限相等：
$$\lim a_n = \lim b_n = c.$$

(ii) 因为
$$c = \sup\{a_n\} = \inf\{b_n\},$$

所以显然有
$$a_n \leqslant c \leqslant b_n, \quad \forall n \in \mathbb{N}.$$

如果实数 c' 也满足条件
$$a_n \leqslant c' \leqslant b_n, \quad \forall n \in \mathbb{N},$$
那么在上式中让 $n \to +\infty$ 取极限就得到
$$c' = \lim a_n = \lim b_n = c.$$
这证明了满足所述条件的实数 c 是唯一的. □

注记 闭区间套原理的各条件对于保证结论成立都是十分重要的. 以几何式的陈述为例, 我们说明以下事项, 请读者予以注意.

(1) 如果一列闭区间不是一个套在另一个之中的, 那么这列闭区间就有可能不含公共点. 闭区间序列 $\{[n, n+1/n]\}$ 就是这样的例子.

(2) 如果一列闭区间一个套在另一个之中, 但这列闭区间的长度不收缩于 0, 那么属于这列闭区间的公共点就不止一个. 例如闭区间序列 $\{[-1-1/n, 1+1/n]\}$ 的公共点就形成一个闭区间 $[-1, 1]$.

(3) 如果把闭区间套换成了"开区间套"
$$\{(a_n, b_n)\}$$
(仍要求区间的长度收缩于 0), 那么仍存在
$$c = \lim a_n = \lim b_n,$$
但 c 可以不属于各开区间 (a_n, b_n). 例如开区间套 $\{(0, 1/n)\}$ 就是这种情形.

定义 设 $\{x_n\}$ 是实数序列, 而
$$n_1 < n_2 < \cdots < n_k < n_{k+1} < \cdots$$
是一串严格递增的自然数, 则
$$x_{n_1}, x_{n_2}, \cdots, x_{n_k}, x_{n_{k+1}}, \cdots$$
也形成一个实数序列. 我们把这序列 $\{x_{n_k}\}$ 叫作序列 $\{x_n\}$ 的**子序列**(或者**部分序列**). 请注意, 子序列 $\{x_{n_k}\}$ 的序号是最下面的标号 k.

随着递增自然数串 $\{n_k\}$ 的不同选择, 我们得到序列 $\{x_n\}$ 的不同的子序列 $\{x_{n_k}\}$. 但如果序列 $\{x_n\}$ 本身是收敛的, 那么它的所有的子序列都收敛于同一极限.

定理 3 设序列 $\{x_n\}$ 收敛于 a, 则它的任何子序列 $\{x_{n_k}\}$ 也都收敛于同一极限 a.

证明 对任意 $\varepsilon > 0$, 存在 $N \in \mathbb{N}$, 使得只要 $n > N$, 就有

$$|x_n - a| < \varepsilon.$$

当 $k > N$ 时就有 $n_k \geq k > N$,因而这时有

$$|x_{n_k} - a| < \varepsilon. \quad \square$$

即使序列 $\{x_n\}$ 本身不收敛,它的某个子序列 $\{x_{n_k}\}$ 仍然有可能是收敛的. 例如序列

$$x_n = (-1)^n, \quad n = 1, 2, \cdots$$

本身并不收敛,但它的子序列 $\{x_{2k}\}$ 却收敛于 1. 这方面的一个十分普遍的结果是著名的波尔查诺-魏尔斯特拉斯(Bolzano-Weierstrass)定理:任意有界序列 $\{x_n\}$ 都具有收敛的子序列. 我们来分析这一定理的证明思路. 假如 $\{x_n\}$ 有一子序列 $\{x_{n_k}\}$ 收敛于 c,那么在 c 点的任意小的邻域内都应含有 $\{x_{n_k}\}$ 的无穷多项,因而也含有序列 $\{x_n\}$ 的无穷多项. 以下将看到,证明这一定理的关键在于:寻找这样一个点 c,在该点的任意邻近都聚集着序列 $\{x_n\}$ 的无穷多项. 我们将用对分区间法(又称波尔查诺方法)来搜寻这样一个点.

定理 4(波尔查诺-魏尔斯特拉斯定理) 设 $\{x_n\}$ 是有界序列,则它具有收敛的子序列.

证明 序列 $\{x_n\}$ 有界,因而可设

$$a \leq x_n \leq b, \quad \forall n \in \mathbb{N}.$$

用中点 $\dfrac{a+b}{2}$ 把闭区间 $[a, b]$ 对分成两个闭子区间

$$\left[a, \frac{a+b}{2}\right] \text{ 和 } \left[\frac{a+b}{2}, b\right].$$

在这两个闭子区间中,至少有一个含有序列 $\{x_n\}$ 的无穷多项,我们把这一闭子区间记为

$$[a_1, b_1].$$

再把闭区间 $[a_1, b_1]$ 对分成两个闭子区间

$$\left[a_1, \frac{a_1+b_1}{2}\right] \text{ 和 } \left[\frac{a_1+b_1}{2}, b_1\right].$$

在这两个闭子区间中,又至少有一个含有序列 $\{x_n\}$ 的无穷多项,我们把这一闭子区间记为

$$[a_2, b_2].$$

一般地,如果已经求得闭区间$[a_k,b_k]$,它含有序列$\{x_n\}$的无穷多项,那么就再把这闭区间对分为两个闭子区间

$$\left[a_k,\frac{a_k+b_k}{2}\right] \text{ 和 } \left[\frac{a_k+b_k}{2},b_k\right].$$

在这两个闭子区间中,至少有一个含有序列$\{x_n\}$的无穷多项,记这一闭子区间为

$$[a_{k+1},b_{k+1}].$$

用上述方式,我们得到一串闭区间

$$[a_1,b_1] \supset [a_2,b_2] \supset \cdots \supset [a_k,b_k] \supset \cdots,$$

其中第k个闭区间$[a_k,b_k]$的长度为

$$b_k - a_k = \frac{b-a}{2^k}.$$

根据闭区间套原理,可以断定存在一个实数c,满足

$$c \in [a_k,b_k], \quad \forall k \in \mathbb{N}.$$

我们来证明序列$\{x_n\}$有一个子序列收敛于c. 首先,因为$\{x_n\}$有无穷多项在$[a_1,b_1]$之中,我们可以选取其中某一项,把它记为x_{n_1}. 然后,因为$\{x_n\}$有无穷多项在$[a_2,b_2]$之中,我们可以选取其中在x_{n_1}之后的某一项,把它记为x_{n_2}. 继续这样做下去. 一般地,在x_{n_k}选定之后,因为$\{x_n\}$有无穷多项在$[a_{k+1},b_{k+1}]$之中,我们可以选取其中在x_{n_k}之后的某一项,把它记为$x_{n_{k+1}}$. 用这种方式,我们得到$\{x_n\}$的一个子序列$\{x_{n_k}\}$,它满足

$$x_{n_k} \in [a_k,b_k], \quad \forall k \in \mathbb{N}.$$

因为

$$|x_{n_k} - c| \leqslant b_k - a_k = \frac{b-a}{2^k}, \quad \forall k \in \mathbb{N},$$

所以

$$\lim x_{n_k} = c. \quad \square$$

3.c 柯西收敛原理

如果序列$\{x_n\}$收敛于a,那么这序列中序号充分大的两项x_m

和 x_n 都接近于 a，因而这两项本身也就彼此接近. 更确切地说，对任意 $\varepsilon>0$，存在 $N\in\mathbb{N}$，使得当 $m,n>N$ 时，有

$$|x_m-a|<\varepsilon/2, \quad |x_n-a|<\varepsilon/2,$$

这时就有

$$\begin{aligned}|x_m-x_n|&=|(x_m-a)-(x_n-a)|\\&\leqslant|x_m-a|+|x_n-a|\\&<\varepsilon/2+\varepsilon/2<\varepsilon.\end{aligned}$$

定义 如果序列 $\{x_n\}$ 满足条件：对任意 $\varepsilon>0$，存在 $N\in\mathbb{N}$，使得当 $m,n>N$ 时，就有

$$|x_m-x_n|<\varepsilon,$$

那么我们就称这序列为**基本序列**（或者柯西序列）.

用符号表示，基本序列的条件可以写成：

$$(\forall \varepsilon>0)(\exists N\in\mathbb{N})(\forall m,n>N)(|x_m-x_n|<\varepsilon).$$

从上面的讨论可知：收敛序列必定是基本序列. 我们将要证明的一个更为重要的事实是：任何基本序列也必定是收敛序列——这就是著名的**柯西收敛原理**（通常就简单地称为**收敛原理**）.

引理 基本序列 $\{x_n\}$ 是有界的.

证明 对于 $\varepsilon=1$，存在 $N\in\mathbb{N}$，使得只要是 $m,n>N$，就有

$$|x_m-x_n|<1.$$

于是，对于 $n>N$，我们有

$$|x_n|\leqslant|x_n-x_{N+1}|+|x_{N+1}|<1+|x_{N+1}|.$$

若记

$$K=\max\{|x_1|,\cdots,|x_N|,1+|x_{N+1}|\},$$

则有

$$|x_n|\leqslant K, \quad \forall n\in\mathbb{N}. \quad \square$$

波尔查诺和柯西首先指出以下重要的原理：

定理 5（柯西收敛原理） 序列 $\{x_n\}$ 收敛的充要条件是：对任意 $\varepsilon>0$，存在 $N\in\mathbb{N}$，使得当 $m,n>N$ 时，就有

$$|x_m-x_n|<\varepsilon.$$

换句话说：

序列 $\{x_n\}$ 收敛 $\iff$ 序列 $\{x_n\}$ 是基本序列.

证明 必要性部分的证明已见于上面的叙述. 这里证明充分性. 因为基本序列是有界的, 引用波尔查诺-魏尔斯特拉斯定理, 可以断定存在序列 $\{x_n\}$ 的收敛子序列 $\{x_{n_k}\}$, 设

$$x_{n_k} \to a \quad (k \to +\infty).$$

对任意 $\varepsilon > 0$, 存在 $N \in \mathbb{N}$, 使得当 $m, n > N$ 时, 就有

$$|x_m - x_n| < \varepsilon/2.$$

又, 存在 $N_1 \in \mathbb{N}$, 使得 $k > N_1$ 时有

$$|a - x_{n_k}| < \varepsilon/2.$$

以下取定一个 $k > \max\{N, N_1\}$. 对于任意的 $n > N$ 有

$$|a - x_n| \leqslant |a - x_{n_k}| + |x_{n_k} - x_n|$$
$$< \varepsilon/2 + \varepsilon/2 = \varepsilon.$$

这证明了

$$\lim x_n = a. \quad \square$$

在收敛原理的陈述中, m 和 n 是任意两个大于 N 的自然数, 我们可以认为 $m > n$, 于是 m 可以写成

$$m = n + p.$$

这样, 收敛原理可以陈述为以下形式 (这种形式有时更便于运用):

序列 $\{x_n\}$ 收敛的充要条件是: 对任意 $\varepsilon > 0$, 存在 $N \in \mathbb{N}$, 使得对于任意 $n > N$ 和 $p \in \mathbb{N}$, 都有

$$|x_{n+p} - x_n| < \varepsilon.$$

例 5 序列 $x_n = (-1)^n \, (n = 1, 2, \cdots)$ 不收敛. 事实上, 不论 k 多么大, 总有

$$|x_{2k} - x_{2k-1}| = 2.$$

例 6 考察序列

$$x_n = \sum_{k=1}^{n} \frac{1}{k} = 1 + \frac{1}{2} + \cdots + \frac{1}{n}, \quad n = 1, 2, \cdots.$$

在 §1 的例 5 中, 我们已经证明该序列是无界的, 因而它不可能收敛. 这里, 我们用收敛原理再一次验证这一判断. 事实上, 不论 n 多么大, 总有

$$|x_{2n} - x_n| = \frac{1}{n+1} + \cdots + \frac{1}{2n} > n \cdot \frac{1}{2n} = \frac{1}{2}.$$

因而序列$\{x_n\}$不可能收敛.

例7 设 $q\in\mathbb{R}$,$|q|<1$,
$$x_n = \sum_{k=1}^{n} q^{k-1} = 1+q+\cdots+q^{n-1}$$
$$(n=1,2,\cdots).$$

试证序列$\{x_n\}$收敛.

证明 我们有
$$|x_{n+p}-x_n| \leqslant |q|^n+\cdots+|q|^{n+p-1}$$
$$= |q|^n(1+\cdots+|q|^{p-1})$$
$$= |q|^n \frac{1-|q|^p}{1-|q|}$$
$$\leqslant \frac{|q|^n}{1-|q|}.$$

我们已经知道$\lim|q|^n=0$(参看§1中的例7). 因而,对任意$\varepsilon>0$,存在$N\in\mathbb{N}$,使得$n>N$时有
$$|q|^n < (1-|q|)\varepsilon.$$

这时就有
$$|x_{n+p}-x_n| < \varepsilon. \quad \square$$

例8 设 $x_n = \sum_{k=1}^{n} \frac{1}{k^2} = 1 + \frac{1}{2^2} + \cdots + \frac{1}{n^2}$. 试证序列$\{x_n\}$收敛.

证明 我们有
$$|x_{n+p}-x_n| = \frac{1}{(n+1)^2} + \cdots + \frac{1}{(n+p)^2}$$
$$< \frac{1}{n(n+1)} + \cdots + \frac{1}{(n+p-1)(n+p)}$$
$$= \left(\frac{1}{n}-\frac{1}{n+1}\right) + \cdots + \left(\frac{1}{n+p-1}-\frac{1}{n+p}\right)$$
$$= \frac{1}{n} - \frac{1}{n+p} < \frac{1}{n}.$$

对任意$\varepsilon>0$,可取$N=[1/\varepsilon]+1$,则对任意的$n>N$和$p\in\mathbb{N}$都有
$$|x_{n+p}-x_n|<1/n<\varepsilon. \quad \square$$

§4 无穷大

在发散序列之中,仍有一类序列具有明显的变化趋势,这就是无穷大序列. 本节讨论这一类序列.

4.a 无穷极限

考察序列
$$u_n = n, \quad n = 1, 2, \cdots,$$
$$v_n = n^2 - (-1)^n n, \quad n = 1, 2, \cdots,$$
$$w_n = 1 + 1/2 + \cdots + 1/n, \quad n = 1, 2, \cdots.$$
这些序列虽然不收敛,但却有一定的变化趋势,即对充分大的 n,序列的项可以大于任意大的正数. 这是无穷大序列的一种情形.

关于一般的无穷大序列,我们有以下定义:

定义 (1) 设 $\{x_n\}$ 是实数序列. 如果对任意正实数 E,存在自然数 N,使得当 $n > N$ 时,就有
$$x_n > E,$$
那么我们就说序列 $\{x_n\}$ 发散于 $+\infty$,记为
$$\lim x_n = +\infty.$$

(2) 设 $\{y_n\}$ 是实数序列. 如果对任意正实数 E,存在自然数 N,使得 $n > N$ 时,就有
$$y_n < -E,$$
那么我们就说序列 $\{y_n\}$ 发散于 $-\infty$,记为
$$\lim y_n = -\infty.$$

(3) 设 $\{z_n\}$ 是实数序列. 如果序列 $\{|z_n|\}$ 发散于 $+\infty$,即 $\lim |z_n| = +\infty$,那么我们就称 $\{z_n\}$ 为**无穷大序列**,记为
$$\lim z_n = \infty.$$
显然(1)和(2)中的情形都是无穷大序列的特例.

几何解释 我们引入记号
$$(E, +\infty) = \{x \in \mathbb{R} \mid x > E\},$$
$$(-\infty, -E) = \{x \in \mathbb{R} \mid x < -E\}.$$

用几何的语言，$\lim x_n = +\infty$ 这一事实可以陈述如下：对任意 $E>0$，序列 $\{x_n\}$ 从某一项之后的所有各项都进入 $(E, +\infty)$ 之中. 类似地可以作出 $\lim y_n = -\infty$ 或 $\lim z_n = \infty$ 的几何解释.

注记 具有无穷极限的序列，与具有有穷极限的序列比较，在性质上有很大的不同. 对两种情形必须加以区别. 所以当序列具有有穷极限 a 时，我们说它**收敛**于 a，而当序列具有无穷极限的时候，我们说它**发散**于 $+\infty$，$-\infty$ 或 ∞.

我们扩充记号 $\sup E$ 和 $\inf F$ 的使用范围，约定：

（1）若集合 $E \subset \mathbb{R}$ 无上界，则记
$$\sup E = +\infty;$$
（2）若集合 $F \subset \mathbb{R}$ 无下界，则记
$$\inf F = -\infty.$$

在做了上述约定之后，有关单调序列极限的定理可扩充如下：

定理 1 单调序列必定具有（有穷的或无穷的）极限. 更具体地说，就是：

（1）递增序列 $\{x_n\}$ 有极限，
$$\lim x_n = \sup\{x_n\};$$
（2）递减序列 $\{y_n\}$ 有极限，
$$\lim y_n = \inf\{y_n\}.$$

证明 （1）如果 $\{x_n\}$ 有上界，那么 $\{x_n\}$ 收敛，并且
$$\lim x_n = \sup\{x_n\} < +\infty.$$
如果 $\{x_n\}$ 无上界，那么对任意 $E>0$，存在 x_N，满足
$$x_N > E.$$
于是当 $n > N$ 时，就有
$$x_n \geqslant x_N > E.$$
这证明了
$$\lim x_n = +\infty = \sup\{x_n\}.$$

（2）可仿照（1）的情形给出证明. $\square$

与有穷极限的情形类似，对于定号的无穷极限，也有所谓"夹逼定理".

定理 2 设 $\{x_n\}$ 和 $\{y_n\}$ 是实数序列，满足条件

$$x_n \leqslant y_n, \quad \forall n \in \mathbb{N},$$

则有:

(1) 如果 $\lim x_n = +\infty$,那么 $\lim y_n = +\infty$;

(2) 如果 $\lim y_n = -\infty$,那么 $\lim x_n = -\infty$.

证明 (1) 对任意 $E > 0$,存在 $N \in \mathbb{N}$,使得当 $n > N$ 时,$x_n > E$,这时就有
$$y_n \geqslant x_n > E.$$

(2) 可仿照(1)的情形给予证明. □

以下定理也与有穷极限的相应结果类似.

定理 3 如果 $\lim x_n = +\infty$(或 $-\infty$,或 ∞),那么对于 $\{x_n\}$ 的任意子序列 $\{x_{n_k}\}$ 也有
$$\lim x_{n_k} = +\infty (或 -\infty, 或 \infty).$$

证明 留给读者作为练习. □

关于无穷大序列与无穷小序列的关系,我们有下面的定理.

定理 4 设 $x_n \neq 0$, $\forall n \in \mathbb{N}$,则

$\{x_n\}$ 是无穷大序列 $\iff$ $\{1/x_n\}$ 是无穷小序列.

证明 留给读者作为练习. □

4.b 扩充的实数系

我们给实数系 $\mathbb{R}$ 添加两个符号 $-\infty$ 和 $+\infty$,这样就得到了**扩充的实数系**
$$\overline{\mathbb{R}} = \mathbb{R} \cup \{-\infty, +\infty\}.$$

我们在 $\overline{\mathbb{R}}$ 中保留 $\mathbb{R}$ 中元素的顺序关系,并且补充定义涉及 $+\infty$ 和 $-\infty$ 的顺序关系如下:
$$-\infty < x < +\infty, \quad \forall x \in \mathbb{R}.$$

无论是有穷极限或者是定号的无穷极限,一个序列的极限都不能多于一个. 换句话说,对于扩充后的情形,极限的唯一性仍然保持.

定理 5 实数序列 $\{x_n\}$ 至多只能有一个极限,即至多只能有一个 $c \in \overline{\mathbb{R}}$,使得
$$\lim x_n = c.$$

证明 如果 $\{x_n\}$ 收敛于 $c \in \mathbb{R}$,那么它是有界的,因而不能有

无穷极限. 如果 $\{x_n\}$ 发散于 $+\infty$, 那么 $\{x_n\}$ 无界, 因而不能有有穷极限, 并且从定义可以看出它也不能发散于 $-\infty$. 对于 $\{x_n\}$ 发散于 $-\infty$ 的情形, 可类似地进行讨论. □

对于有穷极限的情形, 我们曾证明以下的运算法则:
$$\lim(x_n \pm y_n) = \lim x_n \pm \lim y_n;$$
$$\lim(x_n y_n) = \lim x_n \cdot \lim y_n;$$
$$\lim \frac{y_n}{x_n} = \frac{\lim y_n}{\lim x_n} \quad (x_n \neq 0, \lim x_n \neq 0).$$
上列每一个公式成立的条件是该式等号右边的各极限存在.

我们希望将上述运算法则尽可能地加以推广, 使之能适用于出现无穷极限的某些情形. 为此, 在 $\overline{\mathbb{R}}$ 中规定以下一些运算:

(1) 如果 $x \in \mathbb{R}$, 那么
$$x + (\pm\infty) = (\pm\infty) + x = \pm\infty,$$
$$x - (\pm\infty) = \mp\infty;$$

(2) 如果 $x \in \mathbb{R}$, $x > 0$, 那么
$$x \cdot (\pm\infty) = (\pm\infty) \cdot x = \pm\infty;$$
如果 $y \in \mathbb{R}$, $y < 0$, 那么
$$y \cdot (\pm\infty) = (\pm\infty) \cdot y = \mp\infty;$$

(3) 如果 $x \in \mathbb{R}$, 那么
$$\frac{x}{+\infty} = \frac{x}{-\infty} = 0;$$

(4) $(+\infty) + (+\infty) = +\infty, \quad (+\infty) - (-\infty) = +\infty,$
$(-\infty) + (-\infty) = -\infty, \quad (-\infty) - (+\infty) = -\infty,$
$(+\infty) \cdot (+\infty) = +\infty, \quad (-\infty) \cdot (-\infty) = +\infty,$
$(-\infty) \cdot (+\infty) = (+\infty) \cdot (-\infty) = -\infty.$

注意, 在 $\overline{\mathbb{R}}$ 中, 对于 $(+\infty) - (+\infty)$, $(+\infty) + (-\infty)$, $(-\infty) + (+\infty)$, $0 \cdot (\pm\infty)$, $+\infty/+\infty$, $-\infty/+\infty$, $+\infty/-\infty$, $-\infty/-\infty$ 等, 都没有做定义.

在做了有关规定之后, 我们可以验证: 以下极限的运算法则对于允许出现无穷极限的情形也仍然成立, 只要这些公式的右端有意义:

$$\lim(x_n+y_n)=\lim x_n+\lim y_n,$$
$$\lim(x_n y_n)=\lim x_n \cdot \lim y_n,$$
$$\lim\frac{y_n}{x_n}=\frac{\lim y_n}{\lim x_n}.$$

我们将这些公式的验证留给读者作为练习.

附录 斯托尔茨(Stolz)定理

如果 $\lim x_n=\infty$,$\lim y_n=\infty$,那么对序列 $\left\{\dfrac{y_n}{x_n}\right\}$ 的极限状况,不能利用极限的运算法则得出一般性的结论,必须做具体的分析讨论.人们把这样的情形叫作 ∞/∞ 未定型或者 ∞/∞ 未定式.先请看几个简单的例子.

例 1 若 $x_n=n^2$,$y_n=n$,$n=1,2,\cdots$,则有
$$\lim\frac{y_n}{x_n}=\lim\frac{1}{n}=0.$$

例 2 若 $x_n=2n$,$y_n=n$,$n=1,2,\cdots$,则有
$$\lim\frac{y_n}{x_n}=\frac{1}{2}.$$

例 3 若 $x_n=n$,$y_n=n^2$,$n=1,2,\cdots$,则有
$$\lim\frac{y_n}{x_n}=+\infty.$$

例 4 若 $x_n=n$,$y_n=(-1)^n n$,$n=1,2,\cdots$,则序列 $\{y_n/x_n\}$ 无极限.

未定型的极限状况,有时比较难判定.斯托尔茨定理给我们提供了处理某些未定型极限的有效方法.为证明这定理,先要做一些准备.

在 §1 的例 12 中,曾经讨论过如下形状的序列变换(算术平均变换):
$$\beta_n=\frac{\alpha_1+\alpha_2+\cdots+\alpha_n}{n},\quad n=1,2,\cdots.$$

在那里,我们证明了:如果 $\{\alpha_n\}$ 是无穷小序列,那么 $\{\beta_n\}$ 也是无穷小

序列.下面,我们讨论更一般的一种序列变换.

定义 设给定了一个由非负实数排成的无穷三角形数表(无穷三角阵)

$$\begin{array}{cccc} t_{11} & & & \\ t_{21}, & t_{22} & & \\ \vdots & \vdots & & \\ t_{n1}, & t_{n2}, & \cdots, & t_{nn} \\ \vdots & \vdots & & \vdots \end{array}$$

如果这数表满足条件

(1) $\sum_{k=1}^{n} t_{nk} = 1, \quad \forall n \in \mathbb{N},$

(2) 对任意给定的 k 都有

$$\lim_{n \to +\infty} t_{nk} = 0,$$

那么我们就把这样的数表 $\{t_{nk}\}$ 叫作特普利茨(Toeplitz)数表或者特普利茨矩阵,并把序列变换

$$\beta_n = \sum_{k=1}^{n} t_{nk} \alpha_k, \quad n = 1, 2, \cdots$$

叫作特普利茨变换.

前面提到的算术平均变换是特普利茨变换的一种特殊情形,它所对应的特普利茨数表是

$$t_{nk} = 1/n,$$
$$n = 1, 2, \cdots, \quad k = 1, 2, \cdots, n.$$

引理 1 设 $\{t_{nk}\}$ 是任意一个特普利茨数表,$\{\alpha_n\}$ 是任意一个无穷小序列,并设

$$\beta_n = \sum_{k=1}^{n} t_{nk} \alpha_k, \quad n = 1, 2, \cdots,$$

则有

$$\lim \beta_n = 0.$$

证明 对任何 $\varepsilon > 0$,存在 $m \in \mathbb{N}$,使得只要 $k > m$,就有

$$|\alpha_k| < \varepsilon/2.$$

对这取定的 m,又可取 $p \in \mathbb{N}$ 充分大,使得 $n > p$ 时,有

$$t_{n1}|\alpha_1|+\cdots+t_{nm}|\alpha_m|<\varepsilon/2.$$

我们记
$$N=\max\{m,p\}.$$
于是,对于 $n>N$,就有
$$|\beta_n|\leqslant t_{n1}|\alpha_1|+\cdots+t_{nm}|\alpha_m|$$
$$+t_{n(m+1)}|\alpha_{m+1}|+\cdots+t_{nn}|\alpha_n|$$
$$<\frac{\varepsilon}{2}+(t_{n(m+1)}+\cdots+t_{nn})\frac{\varepsilon}{2}$$
$$\leqslant\frac{\varepsilon}{2}+\frac{\varepsilon}{2}=\varepsilon. \quad\square$$

引理 2 设 $\{t_{nk}\}$ 是一个特普利茨数表,$\{u_n\}$ 是收敛于 a 的一个实数序列,
$$v_n=\sum_{k=1}^{n}t_{nk}u_k, \quad n=1,2,\cdots,$$
则有
$$\lim v_n=a.$$

证明 我们有
$$u_n=a+\alpha_n,$$
这里 $\{\alpha_n\}$ 是无穷小序列. 于是
$$v_n=\sum_{k=1}^{n}t_{nk}(a+\alpha_k)$$
$$=a\sum_{k=1}^{n}t_{nk}+\sum_{k=1}^{n}t_{nk}\alpha_k$$
$$=a+\sum_{k=1}^{n}t_{nk}\alpha_k.$$

由引理 1 可知
$$\left\{\sum_{k=1}^{n}t_{nk}\alpha_k\right\}$$
是无穷小序列. 因而有
$$\lim v_n=a. \quad\square$$

斯托尔茨定理 设 $\{x_n\}$ 和 $\{y_n\}$ 是实数序列,$0<x_1<x_2<\cdots<$

$x_n < x_{n+1} < \cdots$，并且
$$\lim x_n = +\infty.$$
如果存在有穷极限
$$\lim \frac{y_n - y_{n-1}}{x_n - x_{n-1}} = a,$$
那么也就一定有
$$\lim \frac{y_n}{x_n} = a.$$

证明 为书写方便，我们记
$$x_0 = y_0 = 0.$$
考察特普利茨数表
$$t_{nk} = \frac{x_k - x_{k-1}}{x_n},$$
$$n = 1, 2, \cdots, \quad k = 1, 2, \cdots, n.$$
用这数表对序列
$$u_n = \frac{y_n - y_{n-1}}{x_n - x_{n-1}}, \quad n = 1, 2, \cdots$$
作变换就得到
$$v_n = \sum_{k=1}^{n} t_{nk} u_k$$
$$= \sum_{k=1}^{n} \frac{x_k - x_{k-1}}{x_n} \cdot \frac{y_k - y_{k-1}}{x_k - x_{k-1}}$$
$$= \frac{1}{x_n} \sum_{k=1}^{n} (y_k - y_{k-1}) = \frac{y_n}{x_n},$$
$$n = 1, 2, \cdots.$$
我们有
$$\lim u_n = a.$$
利用引理 2 就得到
$$\lim v_n = a,$$
即
$$\lim \frac{y_n}{x_n} = a. \quad \square$$

例 5 设 $\{a_n\}$ 和 $\{b_n\}$ 满足条件

(i) $a_n > 0$, $a_1 + \cdots + a_n \to +\infty$;

(ii) $\lim \dfrac{b_n}{a_n} = l$,

则有
$$\lim \frac{b_1 + \cdots + b_n}{a_1 + \cdots + a_n} = \lim \frac{b_n}{a_n} = l.$$

例 6 考察序列
$$c_n = \frac{1^p + 2^p + \cdots + n^p}{n^{p+1}}, \quad n = 1, 2, \cdots.$$

利用斯托尔茨定理,我们得到
$$\lim c_n = \lim \frac{n^p}{n^{p+1} - (n-1)^{p+1}}$$
$$= \lim \frac{n^p}{(p+1)n^p - \cdots}$$
$$= \frac{1}{p+1}.$$

关于更一般的未定型极限,我们将在第八章 §1 中做进一步的讨论.

§5 函数的极限

在预篇中我们看到,求切线、求瞬时速度等许多实际问题都归结为求极限
$$\lim_{x \to x_0} \frac{f(x) - f(x_0)}{x - x_0}.$$

这类极限的更一般的形式是 $\lim\limits_{x \to x_0} F(x)$,其中 $F(x)$ 是给定的函数.

一般说来,在讨论极限 $\lim\limits_{x \to x_0} F(x)$ 的时候,我们只要求 $F(x)$ 在 x_0 点附近除这点之外的地方有定义,并不要求 $F(x)$ 在 x_0 点有定义.这样才能适用于较广泛的情形——包括我们上面所说的求切线、求瞬时速度等问题的情形.为了叙述方便,对于 $x_0 \in \mathbb{R}$ 和 $\eta \in \mathbb{R}$,$\eta > 0$,我们把

$$U(x_0,\eta)=(x_0-\eta,x_0+\eta)$$
$$=\{x\in\mathbb{R}\,|\,|x-x_0|<\eta\}$$

称为 x_0 点的 η **邻域**,而把

$$\check{U}(x_0,\eta)=(x_0-\eta,x_0+\eta)\backslash\{x_0\}$$
$$=\{x\in\mathbb{R}\,|\,0<|x-x_0|<\eta\}$$

称为 x_0 点的**去心 η 邻域**. 在讨论函数的极限 $\lim\limits_{x\to x_0} F(x)$ 的时候,我们一般只要求函数 $F(x)$ 在 x_0 点的某个去心邻域上有定义. 此外,对于 $H\in\mathbb{R}$, $H>0$, 我们还把

$$\check{U}(+\infty,H)=(H,+\infty)$$
$$=\{x\in\mathbb{R}\,|\,x>H\}$$

称为 $+\infty$ 的去心 H 邻域,类似地把

$$\check{U}(-\infty,H)=(-\infty,-H)$$
$$=\{x\in\mathbb{R}\,|\,x<-H\}$$

称为 $-\infty$ 的去心 H 邻域.

关于函数的极限,我们将介绍两种定义方式. 第一种是海涅(Heine)提出的序列式定义;第二种是柯西(Cauchy)提出的 ε-δ 式定义(包括 ε-Δ, E-δ 和 E-Δ 等形式的定义). 前一种方式能够统一地处理各种极限问题,在某些情况下使用起来颇为方便;后一种方式有十分清晰的几何解释,应用尤为普遍. 当然,这两种定义是完全等价的. 希望读者能够熟练地掌握这两种定义,并且能够在应用时视实际情况的需要灵活地选用最适宜的一种.

5.a 函数极限的序列式定义

为了叙述方便做如下约定:对于 $a\in\overline{\mathbb{R}}$, 我们用 $\check{U}(a)$ 表示 a 的某个去心邻域——当 a 是有穷实数时, $\check{U}(a)$ 的形式为 $\check{U}(a,\eta)$; 当 $a=\pm\infty$ 时, $\check{U}(a)$ 的形式为 $\check{U}(\pm\infty,H)$.

定义 I 设 $a,A\in\overline{\mathbb{R}}$, 并设函数 $f(x)$ 在 a 点的某个去心邻域 $\check{U}(a)$ 上有定义. 如果对于任何满足条件 $x_n\to a$ 的序列 $\{x_n\}\subset\check{U}(a)$, 相应的函数值序列 $\{f(x_n)\}$ 都以 A 为极限,那么我们就说当 $x\to a$

时,函数 $f(x)$ 的极限为 A,记为
$$\lim_{x \to a} f(x) = A.$$

注记 在上面定义中,a 和 A 都可以是有穷实数或者 $\pm\infty$,配合起来计有九种情形,如下表所示. 请读者分别对每一种情形具体地研究极限的含义.

	A 有穷	$A = +\infty$	$A = -\infty$
a 有穷			
$a = +\infty$			
$a = -\infty$			

我们还可以用类似的方式定义
$$\lim_{x \to \infty} f(x) = A.$$
即:设函数 $f(x)$ 对于 $|x| > H$ 有定义. 如果对于任何满足条件 $|x_n| > H$, $x_n \to \infty$ 的序列 $\{x_n\}$,相应的函数值序列 $\{f(x_n)\}$ 都以 A 为极限,那么我们就说当 $x \to \infty$ 时,函数 $f(x)$ 的极限为 A,记为
$$\lim_{x \to \infty} f(x) = A.$$
又,如果
$$\lim_{x \to a} |f(x)| = +\infty \quad (\lim_{x \to \infty} |f(x)| = +\infty),$$
那么就记
$$\lim_{x \to a} f(x) = \infty \quad (\lim_{x \to \infty} f(x) = \infty).$$

例 1 考察极限 $\lim\limits_{x \to 0} \sin x$.

我们有不等式
$$|\sin x| \leqslant |x|, \quad \forall x \in \mathbb{R}.$$
对任何满足条件 $x_n \neq 0$, $x_n \to 0$ 的序列 $\{x_n\}$ 都有
$$\sin x_n \to 0.$$
因而
$$\lim_{x \to 0} \sin x = 0.$$

例 2 考察更一般的极限 $\lim\limits_{x \to a} \sin x$,这里 $a \in \mathbb{R}$.

我们有
$$|\sin x - \sin a| = \left|2\cos\frac{x+a}{2}\sin\frac{x-a}{2}\right|$$
$$\leqslant 2\left|\sin\frac{x-a}{2}\right|$$
$$\leqslant 2\left|\frac{x-a}{2}\right| = |x-a|.$$

对任何满足条件 $x_n \neq a$,$x_n \to a$ 的序列 $\{x_n\}$ 都有
$$\sin x_n \to \sin a.$$

这就是说 $\lim\limits_{x \to a} \sin x = \sin a$.

例 3 考察极限 $\lim\limits_{x \to a} \cos x$.

我们有
$$|\cos x - \cos a| = \left|2\sin\frac{x+a}{2}\sin\frac{x-a}{2}\right|$$
$$\leqslant 2\left|\sin\frac{x-a}{2}\right| \leqslant |x-a|.$$

由此很容易证明
$$\lim\limits_{x \to a} \cos x = \cos a.$$

例 4 考察极限 $\lim\limits_{x \to a} |x|$.

利用不等式
$$||x| - |a|| \leqslant |x-a|,$$

容易证明
$$\lim\limits_{x \to a} |x| = |a|.$$

例 5 设 $a \in \mathbb{R}$,$a > 0$. 试考察极限
$$\lim\limits_{x \to a} \sqrt{x}.$$

我们取 $\eta \in (0, a)$,考察 $\overset{\circ}{U}(a, \eta)$ 中的收敛于 a 的任意序列 $\{x_n\}$. 因为
$$|\sqrt{x_n} - \sqrt{a}| = \frac{|x_n - a|}{\sqrt{x_n} + \sqrt{a}} \leqslant \frac{1}{\sqrt{a}}|x_n - a|,$$

所以 $\lim \sqrt{x_n} = \sqrt{a}$. 这就证明了

§5 函数的极限

$$\lim_{x \to a} \sqrt{x} = \sqrt{a}.$$

在上面几个例子中，$f(x)$ 在 a 点有定义，并且 $\lim_{x \to a} f(x)$ 恰好就等于 $f(a)$，这是极限的一种情形. 像这样的情形（即 $\lim_{x \to a} f(x) = f(a)$ 的情形），我们说函数 $f(x)$ 在 a 点**连续**. 连续性是数学分析最重要的概念之一. 本书将在下一章中对连续性问题做深入的讨论. 这里需要提醒读者，函数的极限绝不仅止于连续的情形. 请看下面的例子.

例 6 考察极限 $\lim_{x \to 0} x \sin \dfrac{1}{x}$. 这里的函数 $f(x) = x \sin \dfrac{1}{x}$ 在 $x = 0$ 处没有定义. 利用不等式

$$\left| x \sin \frac{1}{x} \right| \leqslant |x|, \quad \forall x \neq 0,$$

很容易证明

$$\lim_{x \to 0} x \sin \frac{1}{x} = 0.$$

例 7 考察极限 $\lim_{x \to 0} \dfrac{\sin x}{x}$. 这里的函数 $f(x) = \dfrac{\sin x}{x}$ 在 $x = 0$ 处没有定义. 从不等式

$$\sin x < x < \tan x, \quad \forall x \in \left(0, \frac{\pi}{2}\right)$$

可得

$$\cos x < \frac{\sin x}{x} < 1, \quad \forall x \in \left(0, \frac{\pi}{2}\right).$$

因为 $\cos x$ 和 $\dfrac{\sin x}{x}$ 都是偶函数，上式对于 $x \in \left(-\dfrac{\pi}{2}, 0\right)$ 也成立，所以

$$\cos x < \frac{\sin x}{x} < 1, \quad \forall x \in \check{U}\left(0, \frac{\pi}{2}\right).$$

对任何满足条件 $x_n \to 0$ 的序列 $\{x_n\} \subset \check{U}\left(0, \dfrac{\pi}{2}\right)$，我们有

$$\cos x_n < \frac{\sin x_n}{x_n} < 1$$

和

$$\lim \cos x_n = 1 \text{（参看例 3）},$$

所以
$$\lim \frac{\sin x_n}{x_n} = 1.$$

这证明了
$$\lim_{x \to 0} \frac{\sin x}{x} = 1.$$

例 8 考察极限 $\lim\limits_{x \to \infty} \frac{\sin x}{x}$.

我们有
$$\left| \frac{\sin x}{x} \right| \leqslant \frac{1}{|x|}, \quad \forall\, x \neq 0.$$

对任何满足条件 $x_n \neq 0$，$x_n \to \infty$ 的序列 $\{x_n\}$，都有
$$\lim \frac{\sin x_n}{x_n} = 0,$$

所以
$$\lim_{x \to \infty} \frac{\sin x}{x} = 0.$$

利用关于序列极限已有的结果，可以轻而易举地证明关于函数极限的一些相应的结果.

定理 1 函数极限 $\lim\limits_{x \to a} f(x)$ 是唯一的.

证明 对任意取定的满足条件 $x_n \neq a$，$x_n \to a$ 的序列 $\{x_n\}$，相应的函数值序列 $\{f(x_n)\}$ 的极限至多只能有一个. □

定理 2（夹逼定理） 设 $f(x), g(x)$ 和 $h(x)$ 在 a 的某个去心邻域 $\check{U}(a)$ 上有定义，并且满足不等式
$$f(x) \leqslant g(x) \leqslant h(x), \quad \forall\, x \in \check{U}(a).$$

如果
$$\lim_{x \to a} f(x) = \lim_{x \to a} h(x) = A,$$

那么
$$\lim_{x \to a} g(x) = A.$$

证明 对任何满足条件 $x_n \to a$ 的序列 $\{x_n\} \subset \check{U}(a)$，我们有

§5 函数的极限

和
$$f(x_n) \leqslant g(x_n) \leqslant h(x_n)$$
$$\lim f(x_n) = \lim h(x_n) = A,$$
因而
$$\lim g(x_n) = A. \quad \square$$

定理 3 关于函数的极限,有以下的运算法则:
$$\lim_{x \to a}(f(x) \pm g(x)) = \lim_{x \to a} f(x) \pm \lim_{x \to a} g(x);$$
$$\lim_{x \to a}(f(x)g(x)) = \lim_{x \to a} f(x) \cdot \lim_{x \to a} g(x);$$
$$\lim_{x \to a}\frac{g(x)}{f(x)} = \frac{\lim_{x \to a} g(x)}{\lim_{x \to a} f(x)}.$$

以上每一公式成立的条件是该式右端有意义.

证明 设函数 $f(x)$ 和 $g(x)$ 在 a 点的某个去心邻域 $\check{U}(a)$ 上有定义,并且
$$\lim_{x \to a} f(x) = A, \quad \lim_{x \to a} g(x) = B.$$
如果 $A+B$ 有意义,那么对于任何满足条件
$$x_n \to a, \quad \{x_n\} \subset \check{U}(a)$$
的序列 $\{x_n\}$ 都有
$$\lim(f(x_n) + g(x_n)) = \lim f(x_n) + \lim g(x_n)$$
$$= A + B.$$
这就证明了
$$\lim_{x \to a}(f(x) + g(x)) = \lim_{x \to a} f(x) + \lim_{x \to a} g(x).$$
其他公式可仿此证明. $\square$

以下关于复合函数求极限的定理很有用.

定理 4 设函数 g 在 b 点的某个去心邻域 $\check{U}(b)$ 上有定义,$\lim_{y \to b} g(y) = c$. 又设函数 f 在 a 点的某个去心邻域 $\check{U}(a)$ 上有定义,f 把 $\check{U}(a)$ 中的点映到 $\check{U}(b)$ 之中(用记号表示就是:$f(\check{U}(a)) \subset \check{U}(b)$)并且 $\lim_{x \to a} f(x) = b$. 则有
$$\lim_{x \to a} g(f(x)) = c.$$

证明 对任何满足条件 $x_n \to a$ 的序列 $\{x_n\} \subset \check{U}(a)$，我们有 $\{f(x_n)\} \subset \check{U}(b)$ 和 $f(x_n) \to b$，因而
$$\lim g(f(x_n)) = c.$$
这就证明了
$$\lim_{x \to a} g(f(x)) = c. \quad \square$$

注记 通常把定理 4 的结论形式地写成
$$\lim_{x \to a} g(f(x)) = \lim_{y \to b} g(y),$$
并把这个式子说成是：在极限式 $\lim\limits_{x \to a} g(f(x))$ 中做变元替换 $y = f(x)$. 这样的写法和说法用起来很方便，但应检查所要求的条件是否得到满足（按定理 4 检查）.

例 9 我们把常数 0 叫作零多项式. 不是常数 0 的多项式叫作非零多项式. 利用定理 3 的结果，我们得到多项式函数与有理分式函数求极限的法则如下：

(1) 设 $P(x)$ 是任意多项式，$a \in \mathbb{R}$，则
$$\lim_{x \to a} P(x) = P(a).$$

(2) 设 $P(x)$ 是任意多项式，$Q(x)$ 是非零多项式，$a \in \mathbb{R}$，$P(a)$ 和 $Q(a)$ 不都是 0，则
$$\lim_{x \to a} \frac{P(x)}{Q(x)} = \frac{P(a)}{Q(a)}.$$

(3) 设 $P(x) = a_0 x^m + a_1 x^{m-1} + \cdots + a_m$，$Q(x) = b_0 x^n + b_1 x^{n-1} + \cdots + b_n$，$a_0 \neq 0$，$b_0 \neq 0$，则
$$\lim_{x \to +\infty} \frac{P(x)}{Q(x)} = \begin{cases} +\infty, & \text{如果 } m > n, \\ \dfrac{a_0}{b_0}, & \text{如果 } m = n, \\ 0, & \text{如果 } m < n. \end{cases}$$

事实上
$$\lim_{x \to +\infty} \frac{P(x)}{Q(x)} = \lim_{x \to +\infty} \left(x^{m-n} \frac{a_0 + \dfrac{a_1}{x} + \cdots + \dfrac{a_m}{x^m}}{b_0 + \dfrac{b_1}{x} + \cdots + \dfrac{b_n}{x^n}} \right)$$

$$= \begin{cases} +\infty, & \text{如果 } m > n, \\ \dfrac{a_0}{b_0}, & \text{如果 } m = n, \\ 0, & \text{如果 } m < n. \end{cases}$$

同样可证

$$\lim_{x \to \infty} \frac{P(x)}{Q(x)} = \begin{cases} \infty, & \text{如果 } m > n, \\ \dfrac{a_0}{b_0}, & \text{如果 } m = n, \\ 0, & \text{如果 } m < n. \end{cases}$$

例 10 求 $\lim\limits_{x \to 0} \dfrac{\sqrt{1+x}-1}{x}$.

解 令 $y = \sqrt{1+x}$，则 $x = y^2 - 1$，我们有

$$\lim_{x \to 0} \frac{\sqrt{1+x}-1}{x} = \lim_{y \to 1} \frac{y-1}{y^2-1} = \lim_{y \to 1} \frac{1}{y+1} = \frac{1}{2}.$$

例 11 求 $\lim\limits_{x \to 0} \dfrac{\sin(\sin x)}{\sin x}$.

解 令 $y = \sin x$，则

$$\lim_{x \to 0} \frac{\sin(\sin x)}{\sin x} = \lim_{y \to 0} \frac{\sin y}{y} = 1.$$

例 12 求 $\lim\limits_{x \to 0} \dfrac{1-\cos x}{x^2}$ 和 $\lim\limits_{x \to 0} \dfrac{\tan x - \sin x}{x^3}$.

解 利用 $1 - \cos x = 2\sin^2 \dfrac{x}{2}$ 得

$$\lim_{x \to 0} \frac{1-\cos x}{x^2} = \lim_{x \to 0} \frac{2\sin^2 \dfrac{x}{2}}{x^2}$$

$$= \lim_{x \to 0} \frac{1}{2} \left(\frac{\sin \dfrac{x}{2}}{\dfrac{x}{2}} \right)^2$$

$$= \lim_{y \to 0} \frac{1}{2} \left(\frac{\sin y}{y} \right)^2 = \frac{1}{2}.$$

$$\lim_{x\to 0}\frac{\tan x-\sin x}{x^3}=\lim_{x\to 0}\frac{1}{\cos x}\cdot\frac{\sin x}{x}\cdot\frac{1-\cos x}{x^2}$$
$$=\frac{1}{2}.$$

5.b 函数极限的 ε-δ 式定义

定义 II₁ 设 $a, A \in \mathbb{R}$,并设函数 $f(x)$ 在 a 点的某个去心邻域 $\check{U}(a,\eta)$ 上有定义. 如果对任意 $\varepsilon > 0$,存在 $\delta > 0$,使得只要 $0<|x-a|<\delta$,就有
$$|f(x)-A|<\varepsilon,$$
那么我们就说:$x \to a$ 时函数 $f(x)$ 的极限是 A,记为
$$\lim_{x\to a}f(x)=A.$$

几何解释 用几何的语言,上述定义可陈述如下:对于 A 的任何 ε 邻域 $U(A,\varepsilon)$,存在 a 的去心 δ 邻域 $\check{U}(a,\delta)$,使得只要 x 进入 $\check{U}(a,\delta)$,相应的函数值 $f(x)$ 就进入 $U(A,\varepsilon)$:
$$(\forall \varepsilon>0)(\exists \delta>0)(\forall x \in \check{U}(a,\delta))(f(x) \in U(A,\varepsilon)).$$

例 13 设 $a \in \mathbb{R}$, $a > 0$. 试用 ε-δ 定义证明 $\lim\limits_{x\to a}\sqrt{x}=\sqrt{a}$.

证明 我们有
$$|\sqrt{x}-\sqrt{a}|=\frac{|x-a|}{\sqrt{x}+\sqrt{a}}\leqslant\frac{1}{\sqrt{a}}|x-a|.$$
对任意 $\varepsilon > 0$,取 $\delta = \min\{a, \sqrt{a}\varepsilon\}$,则当 $0<|x-a|<\delta$ 时,就有
$$|\sqrt{x}-\sqrt{a}|\leqslant\frac{1}{\sqrt{a}}|x-a|<\varepsilon. \quad \square$$

例 14 试用 ε-δ 式定义证明 $\lim\limits_{x\to 0}\dfrac{\sin x}{x}=1$.

证明 对于 $x \in (0, \pi/2)$,我们有
$$\sin x < x < \tan x,$$
$$\cos x < \frac{\sin x}{x} < 1,$$

$$0 < 1 - \frac{\sin x}{x} < 1 - \cos x = 2\sin^2 \frac{x}{2} \leqslant 2\left(\frac{x}{2}\right)^2,$$

即

$$0 < 1 - \frac{\sin x}{x} < \frac{x^2}{2}.$$

因为 $\sin x / x$ 和 $x^2/2$ 都是偶函数,显然上式对于 $x \in (-\pi/2, 0)$ 也成立,所以

$$0 < 1 - \frac{\sin x}{x} < \frac{x^2}{2}, \quad \forall\, x \in \check{U}\left(0, \frac{\pi}{2}\right).$$

对任意 $\varepsilon > 0$,可取 $\delta = \min\{\pi/2, \sqrt{2\varepsilon}\}$,只要 $0 < |x - 0| = |x| < \delta$,就有

$$\left|1 - \frac{\sin x}{x}\right| < \frac{x^2}{2} < \varepsilon. \quad \square$$

定理 5 设 $a, A \in \mathbb{R}$,并设函数 $f(x)$ 在 a 的某个去心邻域 $\check{U}(a, \eta)$ 上有定义. 则关于极限

$$\lim_{x \to a} f(x) = A$$

的两个定义(定义 I 和定义 II_1)彼此等价.

证明 先设定义 I 的条件得到满足,我们来证明这时定义 II_1 的条件也得到满足(用反证法). 假设不是这样,那么存在 $\varepsilon > 0$,对于不论怎样小的 $\delta > 0$,都有 $x' \in \check{U}(a, \eta)$ 使得

$$0 < |x' - a| < \delta, \quad |f(x') - A| \geqslant \varepsilon.$$

特别地,对于任意 $n \in \mathbb{N}$ 都存在 $x_n \in \check{U}(a, \eta)$ 使得

$$0 < |x_n - a| < 1/n, \quad |f(x_n) - A| \geqslant \varepsilon.$$

但这时序列 $\{x_n\} \subset \check{U}(a, \eta)$ 收敛于 a,而相应的函数值序列 $\{f(x_n)\}$ 不能收敛于 A. 这一矛盾说明了:当定义 I 的条件得到满足时,定义 II_1 的条件也一定得到满足.

我们再来证明:当定义 II_1 的条件得到满足时,定义 I 的条件也一定得到满足. 设对于任意的 $\varepsilon > 0$,存在 $\delta > 0$,使得只要 $0 < |x - a| < \delta$,就有

$$|f(x) - A| < \varepsilon.$$

则对于任何满足条件 $x_n \to a$ 的序列 $\{x_n\} \subset \check{U}(a,\eta)$，存在 $N \in \mathbb{N}$，使得 $n > N$ 时有
$$0 < |x_n - a| < \delta,$$
这时就有
$$|f(x_n) - A| < \varepsilon.$$

这样，我们又证明了：当定义 II_1 的条件得到满足时，定义 I 的条件也一定得到满足。至此，我们证明了对所述的情形定义 I 与定义 II_1 的等价性。□

从 $\varepsilon\text{-}\delta$ 定义出发，也很容易证明有关函数极限的运算法则。

引理 设 $a, A \in \mathbb{R}$，$\lim\limits_{x \to a} f(x) = A$。则存在 $\eta > 0$，使得函数 f 在 $\check{U}(a,\eta)$ 上有界。

证明 对于 $\varepsilon = 1 > 0$，存在 $\eta > 0$，使得对于 $x \in \check{U}(a,\eta)$ 有
$$|f(x) - A| < 1.$$
这时就有
$$|f(x)| \leqslant |f(x) - A| + |A|$$
$$< 1 + |A|. \quad \square$$

引理 设 $\lim\limits_{x \to a} f(x) = A$，这里 $a, A \in \mathbb{R}$，$A \neq 0$。则存在 $\eta > 0$，使得对于 $x \in \check{U}(a,\eta)$ 有
$$|f(x)| > |A|/2.$$

证明 对于 $\varepsilon = |A|/2 > 0$，存在 $\eta > 0$，使得对于 $x \in \check{U}(a,\eta)$ 有
$$|f(x) - A| < |A|/2.$$
这时就有
$$|f(x)| \geqslant |A| - |f(x) - A|$$
$$> |A| - |A|/2 = |A|/2. \quad \square$$

定理 3' 设 $a, A, B \in \mathbb{R}$，$\lim\limits_{x \to a} f(x) = A$，$\lim\limits_{x \to a} g(x) = B$，则
$$\lim_{x \to a}(f(x) \pm g(x)) = A \pm B;$$
$$\lim_{x \to a}(f(x) \cdot g(x)) = A \cdot B;$$
$$\lim_{x \to a} 1/f(x) = 1/A \quad (A \neq 0).$$

证明 我们有不等式

$$|(f(x)\pm g(x))-(A\pm B)|$$
$$\leqslant |f(x)-A|+|g(x)-B|.$$

对任意 $\varepsilon>0$, 存在 $\delta_1,\delta_2>0$, 使得
$$0<|x-a|<\delta_1 \text{ 时}, |f(x)-A|<\varepsilon/2,$$
$$0<|x-a|<\delta_2 \text{ 时}, |g(x)-B|<\varepsilon/2.$$

令 $\delta=\min\{\delta_1,\delta_2\}$, 则对于
$$0<|x-a|<\delta,$$

就有
$$|(f(x)\pm g(x))-(A\pm B)|$$
$$\leqslant |f(x)-A|+|g(x)-B|$$
$$<\varepsilon/2+\varepsilon/2=\varepsilon.$$

这就证明了第一个公式.

其他两个公式的证明可仿此做出. 请读者自行补足证明的细节. 我们这里只写出所用到的不等式: 存在 $\eta>0$, 使得对于 $x\in \mathring{U}(a,\eta)$ 有
$$|f(x)g(x)-AB|$$
$$=|f(x)g(x)-Ag(x)+Ag(x)-AB|$$
$$\leqslant |f(x)-A||g(x)|+|A||g(x)-B|$$
$$\leqslant K|f(x)-A|+L|g(x)-B|$$
$$(K=|B|+1, L=|A|+1)$$

和
$$\left|\frac{1}{f(x)}-\frac{1}{A}\right|=\frac{|A-f(x)|}{|f(x)A|}$$
$$\leqslant \frac{2}{|A|^2}|A-f(x)|. \quad \square$$

在证明极限的以下一些性质的时候, 采用 ε-δ 式定义比较便利.

定理 6 设 $\lim\limits_{x\to a}f(x)<\lim\limits_{x\to a}g(x)$, 则存在 $\delta>0$, 使得对于 $x\in \mathring{U}(a,\delta)$ 有
$$f(x)<g(x).$$

证明 设 $\lim\limits_{x\to a}f(x)=A, \lim\limits_{x\to a}g(x)=B$, 有 $A<B$. 则对于 $\varepsilon=(B-A)/2>0$, 存在 $\delta_1,\delta_2>0$, 使得

$0<|x-a|<\delta_1$ 时,$A-\varepsilon<f(x)<A+\varepsilon$,
$0<|x-a|<\delta_2$ 时,$B-\varepsilon<g(x)<B+\varepsilon$.

记 $\delta=\min\{\delta_1,\delta_2\}$,则对于 $x\in\check{U}(a,\delta)$ 就有
$$f(x)<A+\varepsilon=B-\varepsilon<g(x). \quad \Box$$

注记 定理 6 的几种常常遇到的特殊情形如下:

(1) 设 $f(x)\equiv A$ 是常函数,这时定理成为:如果 $\lim\limits_{x\to a}g(x)>A$,那么存在 $\delta>0$,使得对于 $x\in\check{U}(a,\delta)$ 有
$$g(x)>A;$$

(2) 设 $g(x)\equiv B$ 是常函数,这时定理成为:如果 $\lim\limits_{x\to a}f(x)<B$,那么存在 $\delta>0$,使得对于 $x\in\check{U}(a,\delta)$ 有
$$f(x)<B;$$

(3) 综合(1)和(2),我们得到:如果
$$A<\lim\limits_{x\to a}h(x)<B,$$
那么存在 $\delta>0$,使得对于 $x\in\check{U}(a,\delta)$ 有
$$A<h(x)<B.$$

推论 如果在 a 的去心邻域 $\check{U}(a,\eta)$ 中有
$$f(x)\leqslant g(x),$$
并且存在极限
$$\lim\limits_{x\to a}f(x)=A, \quad \lim\limits_{x\to a}g(x)=B,$$
那么就有
$$A\leqslant B.$$

定理 7(关于函数极限的收敛原理) 设函数 $f(x)$ 在 $\check{U}(a,\eta)$ 上有定义.则使得有穷极限 $\lim\limits_{x\to a}f(x)$ 存在的充要条件是:对任意 $\varepsilon>0$,存在 $\delta>0$,使得只要 x 和 x' 适合
$$0<|x-a|<\delta, \quad 0<|x'-a|<\delta,$$
就有
$$|f(x)-f(x')|<\varepsilon.$$

证明 必要性 设 $\lim\limits_{x\to a}f(x)=A\in\mathbb{R}$.则对于任意 $\varepsilon>0$,存在

$\delta > 0$,使得
$$0 < |x-a| < \delta \Rightarrow |f(x)-A| < \varepsilon/2.$$
于是,只要
$$0 < |x-a| < \delta, \quad 0 < |x'-a| < \delta,$$
就有
$$|f(x)-f(x')| \leqslant |f(x)-A| + |f(x')-A|$$
$$< \varepsilon/2 + \varepsilon/2 = \varepsilon.$$

充分性 设对任意 $\varepsilon > 0$,存在 $\delta > 0$,使得只要 $0 < |x-a| < \delta$,$0 < |x'-a| < \delta$,就有 $|f(x) - f(x')| < \varepsilon$. 我们来证明这时一定存在有穷极限 $\lim\limits_{x \to a} f(x)$. 设序列 $\{x_n\} \subset \check{U}(a, \eta)$ 满足条件 $x_n \to a$,则存在 $N \in \mathbb{N}$,使得 $n > N$ 时有
$$0 < |x_n - a| < \delta.$$
于是,当 $m, n > N$ 时,就有
$$|f(x_m) - f(x_n)| < \varepsilon.$$
根据序列的收敛原理可以断定:$\{f(x_n)\}$ 收敛. 我们证明了:任何满足条件 $x_n \to a$ 的序列 $\{x_n\} \subset \check{U}(a, \eta)$ 都使得相应的函数值序列 $\{f(x_n)\}$ 收敛. 据此又可断定:所有这样的序列 $\{f(x_n)\}$ 都收敛于同一极限 A. 我们用反证法证明这后一论断. 假设存在序列 $\{x'_n\}$ 和 $\{x''_n\}$,满足条件
$$\{x'_n\}, \{x''_n\} \subset \check{U}(a, \eta),$$
$$x'_n \to a, \quad x''_n \to a,$$
$$\lim f(x'_n) = A', \quad \lim f(x''_n) = A'', \quad A' \neq A'',$$
那么我们可以定义一个序列 $\{x_n\}$ 如下:
$$x_n = \begin{cases} x'_k, & \text{如果 } n = 2k-1, \\ x''_k, & \text{如果 } n = 2k. \end{cases}$$
序列 $\{x_n\} \subset \check{U}(a, \eta)$ 满足条件 $x_n \to a$,但 $\{f(x_n)\}$ 不收敛,与上面已证明的结果矛盾. 这样,我们证明了,任何满足条件 $x_n \to a$ 的序列 $\{x_n\} \subset \check{U}(a, \eta)$ 都使得相应的函数值序列 $\{f(x_n)\}$ 收敛于同一值 A. 这就是说

$$\lim_{x \to a} f(x) = A. \quad \square$$

在定义 I 中,包括了:$a \in \mathbb{R}$,$a = +\infty$,$a = -\infty$ 或 $a = \infty$ 与 $A \in \mathbb{R}$,$A = +\infty$,$A = -\infty$ 或 $A = \infty$ 等各种情形(a 与 A 相配合共有十六种情形). 而定义 II$_1$ 只涉及其中 $a \in \mathbb{R}$,$A \in \mathbb{R}$ 这一种情形但其他所有的情形都可采取类似的方式加以处理. 我们这里举例加以介绍,不再一一详述.

定义 II$_2$($a = +\infty$,$A \in \mathbb{R}$ 的情形) 设函数 $f(x)$ 对于 $x > H$ 有定义. 如果对任意 $\varepsilon > 0$,存在 $\Delta > 0$,使得只要 $x > \Delta$ 就有
$$|f(x) - A| < \varepsilon,$$
那么我们就说:当 $x \to +\infty$ 时函数 $f(x)$ 的极限是 A,记为
$$\lim_{x \to +\infty} f(x) = A.$$

定义 II$_3$($a \in \mathbb{R}$,$A = +\infty$ 的情形) 设函数 $f(x)$ 在 a 点的去心邻域 $\mathring{U}(a, \eta)$ 上有定义. 如果对任意 $E > 0$,存在 $\delta > 0$,使得只要
$$0 < |x - a| < \delta,$$
就有
$$f(x) > E,$$
那么我们就说:当 $x \to a$ 时函数 $f(x)$ 的极限是 $+\infty$,记为
$$\lim_{x \to a} f(x) = +\infty.$$

定义 II$_4$($a = +\infty$,$A = +\infty$ 的情形) 设函数 $f(x)$ 对于 $x > H$ 有定义. 如果对任意 $E > 0$,存在 $\Delta > 0$,使得只要 $x > \Delta$,就有
$$f(x) > E,$$
那么我们就说:当 $x \to +\infty$ 时函数 $f(x)$ 的极限是 $+\infty$,记为
$$\lim_{x \to +\infty} f(x) = +\infty.$$

其他情形的第二种定义也都可以仿照这些格式写出.

对所有这些情形,第二种定义与第一种定义的相应情形的等价性,都可以仿照定理 7 予以证明.

收敛原理可适用于判断函数趋于有穷极限的一切情形. 例如,$x \to +\infty$ 时函数 $f(x)$ 趋于有穷极限的充要条件是:对任意 $\varepsilon > 0$,存在 $\Delta > 0$,使得只要 $x, x' > \Delta$,就有
$$|f(x) - f(x')| < \varepsilon.$$

对所有这些情形,收敛原理的陈述和证明都可仿照定理 7 做出.

§6 单侧极限

在上一节中,我们要求函数 f 在 a 点的某个去心邻域 $\mathring{U}(a,\eta)$ 上有定义,在此条件下讨论了 $x \to a$ 时函数 $f(x)$ 的极限. 常常有这样的情形:函数 f 只在 a 点的单侧(左侧或右侧)有定义,或者我们需要分别研究函数 f 在 a 点每一侧的状态. 对这些情形,需要引入单侧极限的概念. 我们仍有序列式和 ε-δ(或 E-δ)式两种定义方式.

定义(序列方式) 设 $a \in \mathbb{R}$,$A \in \overline{\mathbb{R}}$,并设函数 $f(x)$ 在 $(a-\eta,a)$ 有定义. 如果对任意满足条件 $x_n \to a$ 的序列 $\{x_n\} \subset (a-\eta,a)$,相应的函数值序列 $\{f(x_n)\}$ 都以 A 为极限,那么我们就说: $x \to a-$ 时函数 $f(x)$ 的极限为 A,记为
$$\lim_{x \to a-} f(x) = A.$$
(有些文献采用记号 $\lim_{x \to a-0} f(x) = A$.)

定义(ε-δ 方式) 设 $a,A \in \mathbb{R}$,并设函数 $f(x)$ 在 $(a-\eta,a)$ 有定义. 如果对任意 $\varepsilon > 0$,存在 $\delta > 0$,使得只要
$$a - \delta < x < a,$$
就有
$$|f(x) - A| < \varepsilon,$$
那么我们就说: $x \to a-$ 时函数 $f(x)$ 的极限为 A,记为
$$\lim_{x \to a-} f(x) = A.$$

定义(E-δ 方式) 设 $a \in \mathbb{R}$,并设函数 $f(x)$ 在 $(a-\eta,a)$ 有定义. 如果对任意 $E > 0$,存在 $\delta > 0$,使得只要
$$a - \delta < x < a,$$
就有
$$f(x) > E,$$
那么我们就说当 $x \to a-$ 时函数 $f(x)$ 的极限为 $+\infty$,记为
$$\lim_{x \to a-} f(x) = +\infty.$$

以上涉及的都是左侧极限. 对右侧极限

$$\lim_{x\to a+} f(x),$$
可以用类似的方式予以讨论. 关于单侧极限与双侧极限的关系,有以下结果:

定理 1 设 $a\in\mathbb{R}$,并设函数 $f(x)$ 在 a 点的去心邻域 $\check{U}(a,\eta)$ 上有定义. 则极限 $\lim\limits_{x\to a} f(x)$ 存在的充要条件是两个单侧极限存在并且相等:
$$\lim_{x\to a-} f(x) = \lim_{x\to a+} f(x) = A.$$
当这条件满足时,我们有
$$\lim_{x\to a} f(x) = A.$$

证明 我们只对有穷极限的情形写出证明. 无穷极限情形的讨论留给读者作为练习.

必要性 设 $\lim\limits_{x\to a} f(x) = A$,则对任意的 $\varepsilon>0$,存在 $\delta>0$,使得只要 $x\in\check{U}(a,\delta)$,就有
$$|f(x)-A|<\varepsilon.$$
于是,不论对于 $x\in(a-\delta,a)$,或者对于 $x\in(a,a+\delta)$,都应有
$$|f(x)-A|<\varepsilon.$$

充分性 设 $\lim\limits_{x\to a-} f(x) = \lim\limits_{x\to a+} f(x) = A$. 则对任意的 $\varepsilon>0$,存在 $\delta_1,\delta_2>0$,使得
$$x\in(a-\delta_1,a)\text{ 时},|f(x)-A|<\varepsilon,$$
$$x\in(a,a+\delta_2)\text{ 时},|f(x)-A|<\varepsilon.$$
我们取 $\delta=\min\{\delta_1,\delta_2\}$. 于是,只要
$$x\in\check{U}(a,\delta),$$
就有
$$|f(x)-A|<\varepsilon. \quad \square$$

与上面的讨论类似,我们也可以将极限
$$\lim_{x\to\infty} f(x)$$
拆成两个"单侧极限"加以考察. 为了便于叙述,我们约定记
$$\check{U}(\infty,H) = (-\infty,-H)\cup(H,+\infty)$$
$$= \{x\in\mathbb{R}\,|\,|x|>H\},$$

并把这集合叫作∞的**去心邻域**.

定理 1′ 设函数 $f(x)$ 在 $\mathring{U}(\infty,H)$ 上有定义,则极限 $\lim\limits_{x\to\infty}f(x)$ 存在的充要条件是两个"单侧极限"存在并且相等:
$$\lim_{x\to-\infty}f(x)=\lim_{x\to+\infty}f(x)=A.$$
当这条件满足时,我们有
$$\lim_{x\to\infty}f(x)=A.$$

证明 可仿照定理 1 的证明写出. □

定义 设函数 f 在集合 $S\subset\mathbb{R}$ 有定义.

(1) 如果对任何 $x_1,x_2\in S$, $x_1<x_2$,都有
$$f(x_1)\leqslant f(x_2),$$
那么我们就说函数 f 在集合 S 上是**递增**的或者**单调上升**的.

(2) 如果对任何 $x_1,x_2\in S$, $x_1<x_2$,都有
$$f(x_1)\geqslant f(x_2),$$
那么我们就说函数 f 在集合 S 上是**递减**的或者**单调下降**的.

(3) 单调上升函数与单调下降函数统称为**单调函数**.

注记 如果对于任何 $x_1,x_2\in S$, $x_1<x_2$,都有严格的不等式
$$f(x_1)<f(x_2),$$
那么我们就说函数 f 在集合 S 上是**严格递增**的或者**严格单调上升**的. 类似地可以定义什么叫作**严格递减**或者**严格单调下降**.

单调函数的单侧极限总是存在的.

定理 2 (1) 设函数 $f(x)$ 在开区间 $(a-\eta,a)$ 上递增(递减),则
$$\lim_{x\to a-}f(x)=\sup_{x\in(a-\eta,a)}f(x)(\inf_{x\in(a-\eta,a)}f(x)).$$

(2) 设函数 $f(x)$ 在开区间 $(a,a+\eta)$ 上递增(递减),则
$$\lim_{x\to a+}f(x)=\inf_{x\in(a,a+\eta)}f(x)(\sup_{x\in(a,a+\eta)}f(x)).$$

证明 我们仅对函数 $f(x)$ 在开区间 $(a-\eta,a)$ 上递增这一情形给出证明. 其他情形的证明留给读者作为练习.

如果
$$\sup_{x\in(a-\eta,a)}f(x)=+\infty,$$
那么对任意 $E>0$,存在 $x_E\in(a-\eta,a)$,使得

$$f(x_E) > E.$$

设 $\delta = a - x_E$,则对于

$$a > x > a - \delta = x_E$$

就有

$$f(x) \geqslant f(x_E) > E.$$

这就证明了

$$\lim_{x \to a-} f(x) = \sup_{x \in (a-\eta, a)} f(x) = +\infty.$$

如果

$$\sup_{x \in (a-\eta, a)} f(x) = A < +\infty,$$

那么对任何 $\varepsilon > 0$,有 $A - \varepsilon < A$. 根据上确界的定义,存在 $x_\varepsilon \in (a-\eta, a)$,使得

$$A - \varepsilon < f(x_\varepsilon) \leqslant A.$$

记 $\delta = a - x_\varepsilon$,则对于 $x \in (a-\delta, a)$ 有

$$a > x > a - \delta = x_\varepsilon,$$
$$A \geqslant f(x) \geqslant f(x_\varepsilon) > A - \varepsilon.$$

这就证明了

$$\lim_{x \to a-} f(x) = \sup_{x \in (a-\eta, a)} f(x) = A. \quad \square$$

第三章 连续函数

§1 连续与间断

许多物理量都是随着时间而连续变化的,例如自由落体的高度或者冷却中的固体的温度等等. 通常我们说"量 $q(t)$ 随着时间 t 的变化而连续变化",其确切含义是什么呢?那就是说,量 $q(t)$ 在变化过程中不会突然跳跃,只要时间 t 的改变非常小,相应的量 $q(t)$ 的改变也应该非常小. 用极限的语言来表述就是
$$\lim_{t\to t_0} q(t) = q(t_0).$$
一般地,设函数 $f(x)$ 在 x_0 点邻近有定义,如果
$$\lim_{x\to x_0} f(x) = f(x_0),$$
那么我们就说函数 f 在 x_0 点**连续**. 比照极限定义的两种方式,连续性的定义可以分别陈述为以下两种形式:

定义 I 设函数 $f(x)$ 在 x_0 点的邻域 $U(x_0, \eta)$ 上有定义. 如果对任何满足条件 $x_n \to x_0$ 的序列 $\{x_n\} \subset U(x_0, \eta)$,都有
$$\lim f(x_n) = f(x_0),$$
那么我们就说函数 f 在 x_0 点连续,或者说 x_0 点是函数 f 的**连续点**.

定义 II 设函数 f 在 x_0 点的邻域 $U(x_0, \eta)$ 上有定义. 如果对任意 $\varepsilon > 0$,存在 $\delta > 0$,使得只要 $|x - x_0| < \delta$,就有
$$|f(x) - f(x_0)| < \varepsilon,$$
那么我们就说函数 f 在 x_0 点连续,或者说 x_0 点是函数 f 的连续点.

仿照第二章 §5 中的做法,很容易证明以上两种定义方式的等价性.

例 1 常值函数 $f(x) = c$ 在每一点 x_0 处都是连续的. 这是因

为对任何 x 和 x_0 都有
$$|f(x)-f(x_0)|=0.$$

例 2 设 $P(x)$ 和 $Q(x)$ 是多项式. 在第二章 §5 中,我们证明了
$$\lim_{x \to x_0} P(x) = P(x_0),$$
$$\lim_{x \to x_0} \frac{P(x)}{Q(x)} = \frac{P(x_0)}{Q(x_0)} \quad (Q(x_0) \neq 0).$$

因而多项式函数 $P(x)$ 在任意 $x_0 \in \mathbb{R}$ 处连续;有理分式函数 $\dfrac{P(x)}{Q(x)}$ 在任何使得 $Q(x_0) \neq 0$ 的 x_0 点处连续.

例 3 在第二章 §5 中,我们还证明了
$$\lim_{x \to x_0} \sin x = \sin x_0,$$
$$\lim_{x \to x_0} \cos x = \cos x_0.$$

由此容易得到
$$\lim_{x \to x_0} \tan x = \tan x_0 \quad \left(x_0 \neq k\pi + \frac{\pi}{2}\right),$$
$$\lim_{x \to x_0} \cot x = \cot x_0 \quad (x_0 \neq l\pi).$$

因而基本三角函数在它们有定义的地方都是连续的.

以下一些结果很容易从关于极限的相应结果导出.

定理 1 设函数 f 在 x_0 点连续,则存在 $\delta > 0$,使得函数 f 在 $U(x_0, \delta)$ 上有界.

定理 2 设函数 $f(x)$ 和 $g(x)$ 在 x_0 点连续,则

(1) $f(x) \pm g(x)$ 在 x_0 处连续;

(2) $f(x) \cdot g(x)$ 在 x_0 处连续;

(3) $\dfrac{f(x)}{g(x)}$ 在使得 $g(x_0) \neq 0$ 的 x_0 处连续.

注记 因为常值函数 $f(x) \equiv c$ 在任意 x_0 点连续,所以从(2)可以得到:

(4) $cg(x)$ 在 x_0 点连续.

定理 3 设函数 $f(x)$ 在 x_0 点连续,则函数 $|f(x)|$ 也在 x_0 点连续.

证明 我们有
$$||f(x)|-|f(x_0)|| \leqslant |f(x)-f(x_0)|. \quad \Box$$

定理 4 设函数 $f(x)$ 和 $g(x)$ 在 x_0 点连续. 如果 $f(x_0) < g(x_0)$, 那么存在 $\delta > 0$, 使得对于 $x \in U(x_0, \delta)$ 有
$$f(x) < g(x).$$

注记 这定理的以下特殊情形常常遇到:

(1) 设 $f(x) \equiv A$ 是常值函数. 这时定理 4 成为: 如果 $g(x)$ 在 x_0 点连续, $g(x_0) > A$, 那么存在 $\delta > 0$, 使得对于 $x \in U(x_0, \delta)$ 有
$$g(x) > A.$$

(2) 设 $g(x) \equiv B$ 是常值函数. 这时定理 4 成为: 如果 $f(x)$ 在 x_0 点连续, $f(x_0) < B$, 那么存在 $\delta > 0$, 使得对于 $x \in U(x_0, \delta)$ 有
$$f(x) < B.$$

(3) 综合 (1) 和 (2) 的结果, 我们得到: 如果 $h(x)$ 在 x_0 点连续, $A < h(x_0) < B$, 那么存在 $\delta > 0$, 使得对于 $x \in U(x_0, \delta)$ 有
$$A < h(x) < B.$$

以下结果当然也可以从极限的有关定理导出, 但由于它特别重要, 我们再一次写出证明 (这一次用 ε-δ 方式).

定理 5 (复合函数的连续性) 设函数 $f(x)$ 在 x_0 点连续, 函数 $g(y)$ 在 $y_0 = f(x_0)$ 点连续, 那么复合函数 $g \circ f(x) = g(f(x))$ 在 x_0 点连续.

证明 对任意 $\varepsilon > 0$, 存在 $\sigma > 0$, 使得只要 $|y - y_0| < \sigma$, 就有
$$|g(y) - g(y_0)| < \varepsilon.$$
对这 $\sigma > 0$, 又存在 $\delta > 0$, 使得只要 $|x - x_0| < \delta$, 就有
$$|f(x) - y_0| = |f(x) - f(x_0)| < \sigma.$$
于是, 当 $|x - x_0| < \delta$ 时, 就有
$$|g \circ f(x) - g \circ f(x_0)| = |g(f(x)) - g(f(x_0))|$$
$$= |g(f(x)) - g(y_0)| < \varepsilon. \quad \Box$$

有时候, 我们只关心函数 $f(x)$ 在 x_0 点的某一侧 (左侧或右侧) 的变化, 或者需要分别考察函数 $f(x)$ 在 x_0 点各侧的变化. 与这些情形相适应, 有单侧连续性的概念.

定义 设函数 $f(x)$ 在 $(x_0 - \eta, x_0]$ 上有定义. 如果

$$\lim_{x \to x_0-} f(x) = f(x_0),$$

那么我们就说函数 f 在 x_0 点**左侧连续**.

类似地可以定义**右侧连续**.

我们引入记号：

$$f(x_0-) = \lim_{x \to x_0-} f(x), \quad f(x_0+) = \lim_{x \to x_0+} f(x).$$

于是，函数 f 在 x_0 点左侧连续的定义可以写成：

$$f(x_0-) = f(x_0);$$

而函数 f 在 x_0 点右侧连续的定义可以写成：

$$f(x_0+) = f(x_0).$$

我们知道，极限 $\lim_{x \to x_0} f(x)$ 存在的充要条件是两个单侧极限存在并且相等，即

$$f(x_0-) = f(x_0+).$$

当上述条件满足时就有

$$\lim_{x \to x_0} f(x) = f(x_0-) = f(x_0+).$$

因而，函数 f 在 x_0 点连续的定义可以写成

$$f(x_0-) = f(x_0+) = f(x_0).$$

从这些讨论，我们得到：

定理 6 设函数 $f(x)$ 在 $U(x_0, \eta)$ 上有定义，则 $f(x)$ 在 x_0 点连续的充要条件是它在这点左侧连续并且右侧连续.

现在，设函数 $f(x)$ 在 $U(x_0, \eta)$ 有定义但在 x_0 点不连续. 依上面的讨论，这时必出现以下两种情形之一.

情形 1 函数 $f(x)$ 在 x_0 点的两个单侧极限 $f(x_0-)$ 和 $f(x_0+)$ 都存在，但

$$f(x_0-) \neq f(x_0+)$$

或者

$$f(x_0-) = f(x_0+) \neq f(x_0);$$

情形 2 函数 $f(x)$ 在 x_0 点的至少一个单侧极限不存在.

定义 设函数 $f(x)$ 在 $U(x_0, \eta)$ 上有定义，在 x_0 点不连续. 如果出现上述情形 1，那么我们就说 x_0 点是函数 f 的**第一类间断点**；如果出现上述情形 2，那么我们就说 x_0 点是函数 f 的**第二类间断点**.

例 4 考察函数
$$f(x)=\begin{cases} \dfrac{\sin x}{x}, & \text{如果 } x\neq 0, \\ 0, & \text{如果 } x=0. \end{cases}$$

我们看到：任何 $x\in\mathbb{R}\setminus\{0\}$ 都是 f 的连续点，而 $x=0$ 是 f 的第一类间断点. 对此例的情形，因为
$$f(0-)=f(0+)=\lim_{x\to 0}\frac{\sin x}{x}=1,$$

所以只要将函数 f 在 $x=0$ 处的值改变为 1 就能得到一个处处连续的函数
$$\tilde{f}(x)=\begin{cases} \dfrac{\sin x}{x}, & \text{如果 } x\neq 0, \\ 1, & \text{如果 } x=0. \end{cases}$$

因而我们说 $x=0$ 是函数 f 的可去间断点.

例 5 考察函数
$$f(x)=\begin{cases} \sin\dfrac{1}{x}, & \text{如果 } x\neq 0, \\ 0, & \text{如果 } x=0. \end{cases}$$

我们看到：$x=0$ 是函数 f 的第二类间断点，而其他点都是函数 f 的连续点.

例 6 考察狄利克雷函数
$$D(x)=\begin{cases} 1, & \text{如果 } x \text{ 是有理数}, \\ 0, & \text{如果 } x \text{ 是无理数}. \end{cases}$$

我们看到：任何 $x\in\mathbb{R}$ 都是函数 D 的第二类间断点.

例 7 考察黎曼(Riemann)函数
$$R(x)=\begin{cases} 1/q, & \text{如果 } x \text{ 是既约分数 } p/q, q>0, \\ 0, & \text{如果 } x \text{ 是无理数}. \end{cases}$$

我们来证明：对任意 $a\in\mathbb{R}$ 都有
$$R(a-)=R(a+)=0.$$

设 k 是离 a 最近的整数，则 $a\in(k-1,k+1)$. 对任意给定的

$\varepsilon > 0$,可以选取 $N \in \mathbb{N}$,使得
$$1/N < \varepsilon.$$
在区间 $(k-1, k+1)$ 中,满足条件 $0 < q \leqslant N$ 的既约分数 p/q 只有有限多个,设其中离 a 最近而又不等于 a 的一个是 b. 我们记
$$\delta = |b - a|.$$
于是,只要
$$0 < |x - a| < \delta,$$
就有
$$|R(x)| < \frac{1}{N} < \varepsilon.$$
这证明了
$$\lim_{x \to a} R(x) = 0,$$
也就是
$$R(a-) = R(a+) = 0.$$
我们看到:所有的无理点都是黎曼函数 R 的连续点;所有的有理点都是该函数的第一类间断点.

§2 闭区间上连续函数的重要性质

在上一节中,我们讨论了函数 f 在其连续点 x_0 邻近的局部性质. 例如,当 $f(x_0) > 0$ 时,我们能断定在 x_0 点邻近有 $f(x) > 0$. 如果函数 f 在一个闭区间 $[a, b]$ 的每一点都连续(在左端点 a 右侧连续,在右端点 b 左侧连续),那么该函数在整个闭区间上能具有怎样的整体性质呢? 本节将讨论这一重要问题.

定义 如果函数 f 在闭区间 $[a, b]$ 上有定义,在每一点 $x \in (a, b)$ 连续,在 a 点右侧连续,在 b 点左侧连续,那么我们就说函数 f **在闭区间 $[a, b]$ 上连续**.

在以下的讨论中,我们将用到涉及闭区间 $[a, b]$ 的一个简单的事实:

引理 设 $\{x_n\} \subset [a,b]$, $x_n \to x_0$, 则 $x_0 \in [a,b]$.

证明 从 $a \leqslant x_n \leqslant b$, $n=1,2,\cdots$, 可以得到

$$a \leqslant \lim x_n = x_0 \leqslant b. \quad \square$$

2.a 介值定理

考察 OXY 坐标系中的一段连续曲线. 如果这段曲线的一端在 x 轴的下方,另一端在 x 轴的上方,那么它一定在中间的某一点与 x 轴相交. 这一事实既很直观,又非常有用(例如我们可以利用这一事实寻找方程的实根). 下面,我们就来证明这一重要事实.

定理 1 设函数 $f(x)$ 在闭区间 $[a,b]$ 连续. 如果 $f(a)$ 与 $f(b)$ 异号:

$$f(a)f(b) < 0,$$

那么必定存在一点 $c \in (a,b)$, 使得

$$f(c) = 0.$$

证明 不妨设 $f(a) < 0 < f(b)$(相反的情形可类似地讨论). 考察闭区间 $[a,b]$ 的中点 $\dfrac{a+b}{2}$. 若 $f\left(\dfrac{a+b}{2}\right) = 0$, 则可取 $c = \dfrac{a+b}{2}$. 若 $f\left(\dfrac{a+b}{2}\right) \neq 0$, 则它必与 $f(a)$ 或 $f(b)$ 之一异号. 这就是说,在两个闭子区间

$$\left[a, \dfrac{a+b}{2}\right] \quad \text{和} \quad \left[\dfrac{a+b}{2}, b\right]$$

之中, 必定有一个使得 f 在其两端点异号. 记这闭子区间为 $[a_1, b_1]$, 则 $[a_1, b_1]$ 满足条件:

$$[a,b] \supset [a_1, b_1],$$

$$0 < b_1 - a_1 = \dfrac{b-a}{2},$$

$$f(a_1) < 0 < f(b_1).$$

我们可以用 $[a_1, b_1]$ 代替 $[a,b]$, 重复上面的讨论. 一般地,假设已作出一串闭区间 $[a_1, b_1], \cdots, [a_k, b_k]$, 满足条件:

$$[a,b] \supset [a_1, b_1] \supset \cdots \supset [a_k, b_k],$$

$$0 < b_k - a_k = \frac{b-a}{2^k},$$

$$f(a_k) < 0 < f(b_k),$$

我们再来考察闭区间 $[a_k, b_k]$ 的中点 $\frac{a_k + b_k}{2}$. 若 $f\left(\frac{a_k + b_k}{2}\right) = 0$, 则可取 $c = \frac{a_k + b_k}{2}$. 若 $f\left(\frac{a_k + b_k}{2}\right) \neq 0$, 则在两个闭子区间

$$\left[a_k, \frac{a_k + b_k}{2}\right] \quad \text{和} \quad \left[\frac{a_k + b_k}{2}, b_k\right]$$

之中, 必有一个使得 f 在其两端点异号, 我们记这闭子区间为 $[a_{k+1}, b_{k+1}]$.

按照上述程序做下去, 可能出现两种情形: 或者得到一个 $c = \frac{a_m + b_m}{2}$ 使得 $f(c) = 0$; 或者得到一个闭区间序列 $\{[a_n, b_n]\}$, 满足

$$[a, b] \supset [a_1, b_1] \supset \cdots \supset [a_n, b_n] \supset \cdots,$$

$$0 < b_n - a_n = \frac{b-a}{2^n},$$

$$f(a_n) < 0 < f(b_n).$$

闭区间套 $\{[a_n, b_n]\}$ 收缩到唯一的一点

$$c = \lim a_n = \lim b_n \in [a, b],$$

因为函数 f 在闭区间 $[a, b]$ 上连续, 所以

$$f(c) = \lim f(a_n) = \lim f(b_n).$$

从不等式

$$f(a_n) < 0 < f(b_n)$$

可以得到

$$f(c) = \lim f(a_n) \leq 0 \leq \lim f(b_n) = f(c).$$

于是只能有

$$f(c) = 0. \quad \square$$

例1 设函数 f 在闭区间 $[a, b]$ 连续并且满足 $f([a,b]) \subset [a, b]$ (这就是说: $f(x) \in [a, b]$, $\forall x \in [a, b]$). 试证明存在 $c \in [a, b]$, 使得

$$f(c) = c.$$

(这样的点 c 称为 f 的一个不动点. 本例说明: 把 $[a,b]$ 映入 $[a,b]$ 之中的连续函数必定有不动点. 这是著名的布劳威尔(Brouwer)不动点定理的一个特殊情形.)

证明 记 $g(x) = f(x) - x$, 则函数 $g(x)$ 在闭区间 $[a,b]$ 连续. 由条件
$$a \leqslant f(x) \leqslant b, \quad \forall x \in [a,b],$$
可知
$$f(a) \geqslant a, \quad f(b) \leqslant b,$$
即
$$g(a) \geqslant 0, \quad g(b) \leqslant 0.$$
如果 $g(a) = 0$ (或者 $g(b) = 0$), 那么 $c = a$ (或者 $c = b$) 就满足要求:
$$g(c) = 0, \quad f(c) = c.$$
如果 $g(a) > 0 > g(b)$, 那么(根据定理 1)存在 $c \in (a,b)$, 使得
$$g(c) = 0, \quad f(c) = c. \quad \square$$

定理 1 不但在理论上很重要, 而且还为我们提供了求方程的根的一种近似方法——对分区间法.

例 2 考察方程 $x^3 - 2x - 5 = 0$. 我们记
$$f(x) = x^3 - 2x - 5.$$
因为
$$f(2) = -1 < 0 < f(3) = 16,$$
所以方程 $f(x) = 0$ 在 $(2,3)$ 中有一个根. 我们用对分区间法求此根的近似值, 得到如下的结果:

判别 $f(a_k) < 0 < f(b_k)$	确定根的范围 (a_k, b_k)
$f(2) < 0 < f(3)$	$(2, 3)$
$f(2) < 0 < f(2.5)$	$(2, 2.5)$
$f(2) < 0 < f(2.25)$	$(2, 2.25)$
$f(2) < 0 < f(2.125)$	$(2, 2.125)$
$f(2.0625) < 0 < f(2.125)$	$(2.0625, 2.125)$
$f(2.09375) < 0 < f(2.125)$	$(2.09375, 2.125)$
$f(2.09375) < 0 < f(2.109375)$	$(2.09375, 2.109375)$

我们取根的近似值

$$\tilde{c} = \frac{2.09375 + 2.109375}{2} = 2.1015625.$$

误差的界为

$$|\tilde{c} - c| \leqslant \frac{1}{2^7} = \frac{1}{128} = 0.0078125.$$

以下的介值定理是定理 1 的推广.

定理 2（介值定理） 设函数 f 在闭区间 $[a,b]$ 连续. 如果在这闭区间的两端点的函数值 $f(a)=\alpha$ 与 $f(b)=\beta$ 不相等，那么在这两点之间函数 f 能够取得介于 α 与 β 之间的任意值 γ. 这就是说，如果 $f(a)<\gamma<f(b)$（或者 $f(a)>\gamma>f(b)$），那么存在 $c \in (a,b)$，使得
$$f(c) = \gamma.$$

证明 考察函数 $g(x) = f(x) - \gamma$. 显然函数 g 在闭区间 $[a,b]$ 上连续，并且在该闭区间的两端点取异号的值. 由定理 1 可知：存在 $c \in (a,b)$，使得 $g(c) = 0$，即
$$f(c) = \gamma. \quad \square$$

2.b 最大值与最小值定理

如果函数 f 在 x_0 点连续，那么它在该点邻近是有界的. 这是一个局部性质. 对于在闭区间连续的函数，我们来讨论相应的整体性质.

定理 3 设函数 f 在闭区间 $[a,b]$ 上连续，则 f 在 $[a,b]$ 上有界.

证明 用反证法. 假设 f 在 $[a,b]$ 上无界. 考察 $[a,b]$ 的两个闭子区间
$$\left[a, \frac{a+b}{2}\right] \quad \text{和} \quad \left[\frac{a+b}{2}, b\right],$$
可以断定 f 至少在一个闭子区间上无界，我们记这闭子区间为 $[a_1, b_1]$. 然后以 $[a_1, b_1]$ 代替 $[a,b]$，重复上面的讨论，又可得到闭子区间 $[a_2, b_2]$，函数 f 在这闭子区间上无界. 继续这样的手续，我们得到一串闭区间
$$[a,b] \supset [a_1, b_1] \supset \cdots \supset [a_n, b_n] \supset \cdots,$$

满足条件

(1) $0 < b_n - a_n = \dfrac{b-a}{2^n}$;

(2) 函数 f 在 $[a_n, b_n]$ 上无界.

闭区间套 $\{[a_n, b_n]\}$ 收缩于唯一的一点
$$c = \lim a_n = \lim b_n \in [a, b].$$

因为函数 f 在 c 点连续,所以存在 $\eta > 0$ 使得 f 在 $U(c, \eta)$ 上是有界的:
$$|f(x)| \leqslant K, \quad \forall x \in U(c, \eta).$$

又可取 m 充分大,使得
$$|a_m - c| < \eta, \quad |b_m - c| < \eta.$$

这时就有
$$[a_m, b_m] \subset U(c, \eta),$$

因而有
$$|f(x)| \leqslant K, \quad \forall x \in [a_m, b_m].$$

但这与闭子区间 $[a_m, b_m]$ 的选取方式矛盾(按照我们的选取方式,函数 f 应在闭子区间 $[a_m, b_m]$ 上无界). 这一矛盾说明:所做的反证法假设不能成立. 函数 f 在闭区间 $[a, b]$ 上应该是有界的. □

如果函数 f 在开区间 (a, b) 上连续,那么关于 f 在 (a, b) 上是否有界不能得出任何一般性的结论. 请看下面的例子.

例 3 函数 $f(x) = 1/x$ 在开区间 $(0, 1)$ 上连续,但它在该开区间上无界.

例 4 函数 $g(x) = \sin x / x$ 在开区间 $(0, 1)$ 上连续,它在该开区间上是有界的:
$$|g(x)| \leqslant 1, \quad \forall x \in (0, 1).$$

定理 4(最大值与最小值定理) 设函数 f 在闭区间 $[a, b]$ 上连续,记
$$M = \sup_{x \in [a,b]} f(x), \quad m = \inf_{x \in [a,b]} f(x),$$

则存在 $x', x'' \in [a, b]$,使得
$$f(x') = M, \quad f(x'') = m.$$

证明 由定理 3 可知

$$-\infty < m \leqslant M < +\infty.$$

我们根据上确界的定义可以断定：对任意 $n \in \mathbb{N}$，必定存在 $x_n \in [a,b]$，使得

$$M - \frac{1}{n} < f(x_n) \leqslant M.$$

从有界序列 $\{x_n\} \subset [a,b]$ 之中，可以选取收敛的子序列 $\{x_{n_k}\}$，设

$$x_{n_k} \to x' \in [a,b].$$

由函数 f 在 x' 点的连续性可得

$$f(x_{n_k}) \to f(x').$$

但我们有

$$M - \frac{1}{n_k} < f(x_{n_k}) \leqslant M.$$

在上面不等式中让 $k \to +\infty$，取极限即得

$$f(x') = \lim f(x_{n_k}) = M.$$

关于最小值的论断可仿此做出证明. □

2.c 一致连续性

设 $E \subset \mathbb{R}$，函数 f 在 E 的每一点连续，x_0 是 E 的任意一个点. 按照连续性的定义，对任意 $\varepsilon > 0$，存在 $\delta > 0$，使得 $|x - x_0| < \delta$ 时，

$$|f(x) - f(x_0)| < \varepsilon.$$

请注意，对于给定的 $\varepsilon > 0$，在不同的点 x_0 处，相应的 δ 不一定相同. 我们提出这样的问题：对于任意的 $\varepsilon > 0$，是否存在适用于一切 $x_0 \in E$ 的 $\delta > 0$，使得只要

$$x, x_0 \in E, \quad |x - x_0| < \delta,$$

就有

$$|f(x) - f(x_0)| < \varepsilon ?$$

如果不对集合 E 加以限制，这问题的答案是不一定的. 请看下面两个例子：

例 5 考察 $E = \mathbb{R}$，$f(x) = x$ 的情形. 对任意 $x, x_0 \in \mathbb{R}$ 有

$$|f(x) - f(x_0)| = |x - x_0|.$$

因此，对任意 $\varepsilon > 0$，存在适用于一切 $x_0 \in \mathbb{R}$ 的 $\delta = \varepsilon > 0$，使得只要

就有
$$|f(x)-f(x_0)|<\varepsilon.$$

例 6 考察 $E=\mathbb{R}$，$g(x)=x^2$ 的情形. 对于给定的 $\varepsilon>0$，不论 δ 是怎样小的一个正数，总存在这样一点
$$x_0=\frac{2\varepsilon}{\delta}$$
和邻近 x_0 的另一点
$$x_1=\frac{2\varepsilon}{\delta}+\frac{\delta}{2},$$
使得
$$|x_1-x_0|=\delta/2<\delta,$$
$$|g(x_1)-g(x_0)|=(x_1+x_0)(x_1-x_0)$$
$$>\left(\frac{2\varepsilon}{\delta}+\frac{2\varepsilon}{\delta}\right)\frac{\delta}{2}=2\varepsilon.$$

这就是说，不存在适用于所有的 x_0 的 $\delta>0$.

如果 $E=[a,b]$ 是一个闭区间，那么对前述问题的回答就是肯定的了. 本段就来证明这一重要事实. 先介绍必要的术语.

定义 设 E 是 $\mathbb{R}$ 的一个子集，函数 f 在 E 上有定义. 如果对任意 $\varepsilon>0$，存在 $\delta>0$，使得只要
$$x_1,x_2\in E,\quad |x_1-x_2|<\delta,$$
就有
$$|f(x_1)-f(x_2)|<\varepsilon,$$
那么我们就说函数 f 在集合 E 上是**一致连续的**.

定理 5（一致连续性定理） 如果函数 f 在闭区间 $I=[a,b]$ 上连续，那么它在 I 上是一致连续的.

证明 用反证法. 假设函数 f 在闭区间 I 上连续而不一致连续，那么至少存在一个 $\varepsilon>0$，使得不论 $\delta>0$ 怎样小，总有 $x',x''\in I$，满足条件
$$|x'-x''|<\delta,\quad |f(x')-f(x'')|\geqslant\varepsilon.$$
对这样的 ε 和 $\delta=1/n$ ($n=1,2,\cdots$) 存在 $x'_n,x''_n\in I$，满足

$$|x'_n - x''_n| < 1/n, \quad |f(x'_n) - f(x''_n)| \geq \varepsilon.$$

因为 $\{x'_n\} \subset I$ 是有界序列，它具有收敛的子序列 $\{x'_{n_k}\}$：

$$x'_{n_k} \to x_0 \in I.$$

因为

$$|x_0 - x''_{n_k}| \leq |x_0 - x'_{n_k}| + |x'_{n_k} - x''_{n_k}|$$
$$< |x_0 - x'_{n_k}| + 1/n_k,$$

所以又有

$$x''_{n_k} \to x_0.$$

又因为函数 f 在 x_0 点连续，所以

$$\lim f(x'_{n_k}) = \lim f(x''_{n_k}) = f(x_0).$$

但这与

$$|f(x'_{n_k}) - f(x''_{n_k})| \geq \varepsilon$$

相矛盾. 这一矛盾说明函数 f 在 I 上必须是一致连续的. □

附录 一致连续性的序列式描述

为了帮助读者从另一角度认识一致连续性，我们陈述并证明以下定理.

定理 6 设 E 是 $\mathbb{R}$ 的一个子集，函数 f 在 E 上有定义. 则 f 在 E 上一致连续的充要条件是：对任何满足条件

$$\lim(x_n - y_n) = 0$$

的序列 $\{x_n\} \subset E$ 和 $\{y_n\} \subset E$，都有

$$\lim(f(x_n) - f(y_n)) = 0.$$

证明 **必要性** 设 f 在 E 上一致连续. 则对任何 $\varepsilon > 0$，存在 $\delta > 0$，使得只要

$$x, y \in E, \quad |x - y| < \delta,$$

就有

$$|f(x) - f(y)| < \varepsilon.$$

如果 $\{x_n\} \subset E$ 和 $\{y_n\} \subset E$ 满足条件

$$\lim(x_n - y_n) = 0,$$

那么存在 $N \in \mathbb{N}$，使得 $n > N$ 时有

$$|x_n-y_n|<\delta,$$

这时也就有

$$|f(x_n)-f(y_n)|<\varepsilon.$$

我们证明了

$$\lim(f(x_n)-f(y_n))=0.$$

充分性 用反证法. 假设 f 在 E 上不一致连续. 则对某个 $\varepsilon>0$,不论 $\delta=1/n$ 取得怎样小,总存在 $x_n,y_n\in E$,使得

$$|x_n-y_n|<1/n,\quad |f(x_n)-f(y_n)|\geqslant\varepsilon.$$

序列 $\{x_n\}\subset E$ 和 $\{y_n\}\subset E$ 满足条件

$$\lim(x_n-y_n)=0.$$

但序列 $\{f(x_n)-f(y_n)\}$ 却不能收敛于 0. 这与所给的条件矛盾. □

利用定理 6 来揭示某些函数的不一致连续性是很方便的. 请看下面的例子.

例 7 函数 $f(x)=1/x$ 在半开半闭的区间 $(0,1]$ 上是连续的,但却不一致连续. 事实上,存在序列

$$\left\{\frac{1}{2n}\right\},\ \left\{\frac{1}{n}\right\}\subset(0,1],$$

使得

$$\lim\left(\frac{1}{2n}-\frac{1}{n}\right)=0,$$

但却有

$$\lim\left(f\left(\frac{1}{2n}\right)-f\left(\frac{1}{n}\right)\right)=+\infty.$$

例 7 说明:在定理 5 中,闭区间的要求是不可少的.

§3 单调函数,反函数

我们把闭区间 $[a,b]$,开区间 (a,b),$(-\infty,b)$,$(a,+\infty)$,$(-\infty,+\infty)$,半开区间 $[a,b)$,$(a,b]$,$(-\infty,b]$,$[a,+\infty)$,以及退化的闭区间(即单点集 $\{a\}=[a,a]$)等,统称为区间. 以下引理指出所有这些类型的区间的共同特征.

引理 集合 $J \subset \mathbb{R}$ 是一个区间的充要条件为：对于任意两个实数 $\alpha, \beta \in J$，介于 α 和 β 之间的任何实数 γ 也一定属于 J.

证明 条件的必要性是显然的. 我们来证明此条件也是充分的. 记
$$A = \inf J, \quad B = \sup J,$$
则显然有
$$J \subset [A, B].$$
按照确界的定义，对于任意 $\gamma \in (A, B)$，存在 $\alpha \in J$ 和 $\beta \in J$，使得
$$A \leqslant \alpha < \gamma < \beta \leqslant B,$$
因而 $\gamma \in J$. 这证明了
$$(A, B) \subset J.$$
再来考察 A, B 两点. 视 A, B 是否属于 J，必有以下几种情形之一成立：
$$J = [A, B], \quad J = [A, B),$$
$$J = (A, B], \text{ 或者 } J = (A, B). \quad \square$$

利用这一引理，可以给介值定理一个很好的几何式的陈述：

定理 1 如果函数 f 在区间 I 上连续，那么
$$J = f(I) = \{f(x) \mid x \in I\}$$
也是一个区间.

定理 1 的逆命题一般说来并不成立.

例 1 考察函数
$$f(x) = \begin{cases} \sin \dfrac{1}{x}, & \text{如果 } x \neq 0, \\ 0, & \text{如果 } x = 0. \end{cases}$$

我们看到函数 f 把区间 $I = [-\eta, \eta]$ ($\eta > 0$) 映成区间 $J = [-1, 1]$，但 f 并不连续.

但是，对于一类比较特殊的函数——单调函数，定理 1 的逆命题是成立的.

定理 2 设函数 f 在区间 I 上单调. 则 f 在 I 连续的充要条件为：$f(I)$ 也是一个区间.

证明 必要性部分即定理 1. 这里证明条件的充分性. 设 f 在 I

上递增并且 $f(I)$ 是一个区间. 我们来证明 f 在 I 连续(用反证法). 假设 f 在 $x_0 \in I$ 处不连续,那么至少出现以下两种情形之一：或者 $f(x_0-) < f(x_0)$,或者 $f(x_0) < f(x_0+)$. 对这两种情形,我们分别用 (λ, ρ) 表示 $(f(x_0-), f(x_0))$ 或者 $(f(x_0), f(x_0+))$. 于是,在开区间 (λ, ρ) 的两侧都有集合 $f(I)$ 中的点,但由于函数 f 的单调性,任何 $\gamma \in (\lambda, \rho)$ 都不在集合 $f(I)$ 之中,因而 $f(I)$ 不能是一个区间. 这一矛盾说明 f 必须在 I 的每一点连续.   □

设函数 f 在区间 I 连续,则 $J = f(I)$ 也是一个区间. 如果函数 f 在区间 I 上还是严格单调的,那么 f 是从 I 到 $J = f(I)$ 的一一对应. 这时,对任意 $y \in J = f(I)$,恰好只有一个 $x \in I$ 能使得 $f(x) = y$. 我们定义一个函数 g 如下：对任意 $y \in J$,函数值 $g(y)$ 规定为由关系 $f(x) = y$ 所决定的唯一的 $x \in I$. 这样定义的函数 g 称为函数 f 的**反函数**,记为

$$g = f^{-1}.$$

我们看到,函数 f 及其反函数 $g = f^{-1}$ 满足如下关系：

$$g(y) = x \iff f(x) = y.$$

定理 3 设函数 f 在区间 I 上严格单调并且连续,则它的反函数 $g = f^{-1}$ 在区间 $J = f(I)$ 上严格单调并且连续.

证明 我们对函数 f 在区间 I 上严格递增并且连续的情形给出证明(函数 f 在区间 I 上严格递减并且连续的情形可类似地讨论). 对于任意的 $y_1, y_2 \in J, y_1 < y_2$,我们来比较 $x_1 = g(y_1)$ 与 $x_2 = g(y_2)$ 的大小. 首先,不能有 $x_1 = x_2$,否则将有 $y_1 = f(x_1) = f(x_2) = y_2$；其次,也不能有 $x_1 > x_2$,否则将有 $y_1 = f(x_1) > f(x_2) = y_2$. 因而,只能有 $x_1 < x_2$,即 $g(y_1) < g(y_2)$. 这样,我们证明了函数 g 在区间 J 上严格递增. 又因为 $g(J) = I$ 是一个区间,所以 g 在 J 连续.   □

例 2 函数 $f(x) = \sin x$ 在区间 $I = [-\pi/2, \pi/2]$ 上严格递增并且连续, $J = f(I) = [-1, 1]$. 因而反函数 $g(y) = \arcsin y$ (即 $\sin^{-1} y$)在 J 上有定义并且连续. g 的取值范围为 $[-\pi/2, \pi/2]$.

例 3 函数 $\cos x$ 在区间 $[0, \pi]$ 上严格递减并且连续,它把区间 $[0, \pi]$ 映成 $[-1, 1]$. 因而其反函数 $\arccos y$ (即 $\cos^{-1} y$)在区间

$[-1,1]$ 上有定义并且连续. $\arccos y$ 的取值范围为 $[0,\pi]$.

例4 函数 $\tan x$ 在区间 $(-\pi/2, \pi/2)$ 上严格递增并且连续,它把 $(-\pi/2, \pi/2)$ 映成 $(-\infty, +\infty)$. 因而 $\tan x$ 的反函数 $\arctan y$ (即 $\tan^{-1} y$) 在区间 $(-\infty, +\infty)$ 上有定义并且连续. $\arctan y$ 的取值范围为 $(-\pi/2, \pi/2)$.

例5 (算术根的存在唯一性问题) 非负实数 a 的非负的 n 次方根称为**算术根**. 这样的算术根是存在而且唯一的, 我们用记号
$$a^{\frac{1}{n}} = \sqrt[n]{a}$$
表示它. 事实上, 函数 $y = x^n$ 在区间 $[0, +\infty)$ 上严格递增并且连续, 它将区间 $[0, +\infty)$ 映成区间 $[0, +\infty)$. 因而, 对任意 $a \in [0, +\infty)$, 存在唯一的 $\alpha \in [0, +\infty)$ 使得
$$\alpha^n = a.$$
α 即为 a 的 n 次算术根.

从上面的讨论, 我们看到: 对任意的 $n \in \mathbb{N}$, 函数 $y = x^n$ 的反函数 $x = y^{\frac{1}{n}}$ 在区间 $[0, +\infty)$ 上有定义, 严格递增并且连续. 我们还注意到: 如果 $y > 1$, 那么 $y^{\frac{1}{n}} > 1$.

§4 指数函数与对数函数, 初等函数连续性问题小结

有了算术根的定义之后, 就可以进一步定义分数次方幂.

设 $a \in \mathbb{R}, a \geq 0, m, n \in \mathbb{N}$. 我们把 a 的 m/n 次方幂定义为:
$$a^{m/n} = (a^{1/n})^m,$$
这里
$$a^{1/n} = \sqrt[n]{a}.$$
对于 $a > 0$ 的情形, a 的 $-m/n$ 次方幂定义为:
$$a^{-m/n} = \frac{1}{a^{m/n}},$$
而 a 的 0 次方幂定义为:

$$a^0 = 1.$$

这样,当 $a>0$ 时,对任意的有理数 q,方幂 a^q 都有定义.

定理 1 对于 $a \in \mathbb{R}, a>0, p, q \in \mathbb{Q}$,我们有:

(1) $a^{p+q} = a^p \cdot a^q$;

(2) $a>1, p<q \Rightarrow a^p < a^q$,

   $a<1, p<q \Rightarrow a^p > a^q$.

证明 借助于通分手续,我们可以写
$$p = k/n, \quad q = l/n,$$
这里 $n \in \mathbb{N}, k, l \in \mathbb{Z}$.

(1) $a^{p+q} = a^{\frac{k+l}{n}} = (a^{1/n})^{k+l}$
$$= (a^{1/n})^k \cdot (a^{1/n})^l = a^p \cdot a^q.$$

(2) 设 $a>1, p = k/n < q = l/n$,则 $a^{1/n} > 1, k < l$. 于是
$$a^p = (a^{1/n})^k < (a^{1/n})^l = a^q.$$

设 $a<1, p = k/n < q = l/n$,则 $a^{1/n} < 1, k < l$. 于是
$$a^p = (a^{1/n})^k > (a^{1/n})^l = a^q. \quad \square$$

我们将通过极限手续定义正数的无理指数方幂. 为此,需要用到以下两个引理.

引理 1 设 $a \in \mathbb{R}, a>1; p, q \in \mathbb{Q}, |p-q| < 1$. 则有
$$|a^p - a^q| \leqslant a^q (a-1) |p-q|.$$

证明 因为有
$$|a^p - a^q| = a^q |a^{p-q} - 1|,$$
所以只需证明
$$|a^{p-q} - 1| \leqslant (a-1) |p-q|.$$

下面,我们来证明:
$$|a^r - 1| \leqslant (a-1) |r|,$$
$$\forall r \in \mathbb{Q}, \quad |r| < 1.$$

情形 1 $r = 0$. 对此情形结论显然成立.

情形 2 $r = m/n \in (0, 1)$. 对此情形,利用关于几何平均数与算术平均数的不等式可得

$$a^r = (a^m)^{1/n} = (a^m \cdot 1^{n-m})^{1/n}$$
$$\leqslant \frac{ma+n-m}{n} = \frac{m}{n}(a-1)+1$$
$$= (a-1)r+1,$$
$$0 < a^r - 1 \leqslant (a-1)r.$$

情形 3 $r=-s\in(-1,0)$. 对此情形,我们有
$$|a^r-1| = |a^{-s}-1| = 1-a^{-s}$$
$$= \frac{a^s-1}{a^s} < a^s - 1$$
$$\leqslant (a-1)s = (a-1)|r|.$$

综合以上几种情形,我们看到:对任意的 $r\in\mathbb{Q}$, $|r|<1$, 都有
$$|a^r - 1| \leqslant (a-1)|r|. \quad\square$$

引理 2 设 $a\in\mathbb{R}$, $a>0$, $x\in\mathbb{R}$, 则有:

(1) 如果 $\{p_n\}\subset\mathbb{Q}$, $p_n\to x$, 那么 $\{a^{p_n}\}$ 收敛;

(2) 如果 $\{p_n\},\{q_n\}\subset\mathbb{Q}$, $p_n\to x$, $q_n\to x$, 那么
$$\lim a^{p_n} = \lim a^{q_n}.$$

证明 先对 $a>1$ 的情形给出证明.

(1) 收敛序列 $\{p_n\}$ 是有界的,可设对于 $M\in\mathbb{N}$ 有
$$p_n \leqslant M, \quad \forall n\in\mathbb{N}.$$

收敛序列 $\{p_n\}$ 又是基本序列,对于任意的 $\varepsilon\in(0,1)$, 存在 $N\in\mathbb{N}$, 使得 $m,n>N$ 时有
$$|p_m - p_n| < \varepsilon.$$

于是, $m,n>N$ 时就有
$$|a^{p_m} - a^{p_n}| \leqslant a^{p_n}(a-1)|p_m - p_n|$$
$$\leqslant a^M(a-1)\varepsilon.$$

我们证明了 $\{a^{p_n}\}$ 是基本序列,也就证明了该序列的收敛性.

(2) 收敛序列是有界的,可设对于 $M\in\mathbb{N}$ 有
$$q_n \leqslant M, \quad \forall n\in\mathbb{N}.$$

又因为 $\lim(p_n - q_n) = 0$, 可设 $n>N$ 时
$$|p_n - q_n| < \varepsilon < 1.$$

于是, $n>N$ 时就有

$$|a^{p_n}-a^{q_n}|\leqslant a^{q_n}(a-1)|p_n-q_n|$$
$$\leqslant a^M(a-1)\varepsilon.$$

我们证明了
$$\lim(a^{p_n}-a^{q_n})=0.$$

由此得到
$$\lim a^{p_n}=\lim(a^{p_n}-a^{q_n})+\lim a^{q_n}=\lim a^{q_n}.$$

再来考察 $0<a\leqslant 1$ 的情形. 如果 $a=1$，那么 $\{a^{p_n}\}$ 和 $\{a^{q_n}\}$ 都是常数序列 $1,1,1,\cdots$，因而结论(1)和(2)当然成立. 如果 $0<a<1$，那么 $1/a>1$. 因为

$$a^{p_n}=\frac{1}{\left(\dfrac{1}{a}\right)^{p_n}}, \quad a^{q_n}=\frac{1}{\left(\dfrac{1}{a}\right)^{q_n}},$$

所以结论(1)和(2)也仍然成立. □

根据这引理，我们给出以下定义.

定义 设 $a\in\mathbb{R}$，$a>0$，x 是无理数. 我们定义
$$a^x=\lim a^{q_n},$$
这里 $\{q_n\}$ 是收敛于 x 的任意有理数序列.

注记 如果 $x\in\mathbb{Q}$，$\{q_n\}\subset\mathbb{Q}$，$q_n\to x$，那么仍有
$$a^x=\lim a^{q_n}.$$
这是因为我们可以把 x 视为常数序列
$$p_n=x, \quad n=1,2,\cdots,$$
于是由引理 2 可得
$$a^x=\lim a^{p_n}=\lim a^{q_n}.$$

定理 2 对于 $a\in\mathbb{R}$，$a>0$ 和 $x,y\in\mathbb{R}$，我们有

(1) $a^{x+y}=a^x\cdot a^y$；

(2) $a>1, x<y \Rightarrow a^x<a^y$，
$a<1, x<y \Rightarrow a^x>a^y$.

证明 (1) 设 $\{p_n\}$，$\{q_n\}$ 是有理数序列，$p_n\to x$，$q_n\to y$，则 $p_n+q_n\to x+y$. 于是
$$a^{x+y}=\lim a^{p_n+q_n}=\lim(a^{p_n}\cdot a^{q_n})$$
$$=\lim a^{p_n}\cdot\lim a^{q_n}=a^x\cdot a^y.$$

(2) 我们对 $a>1$ 的情形给出证明（$a<1$ 的情形可类似地讨论）. 设 $\{p_n\},\{q_n\}$ 是有理数序列，$p_n\to x$，$q_n\to y$. 因为 $x<y$，所以对充分大的 n 就有
$$p_n<q_n,$$
于是
$$a^{p_n}<a^{q_n},$$
$$a^x=\lim a^{p_n}\leqslant\lim a^{q_n}=a^y.$$
为了得到严格的不等式，我们在 x 与 y 之间插入两个有理数 r 和 s：
$$x<r<s<y, \quad r,s\in\mathbb{Q}.$$
于是
$$a^x\leqslant a^r<a^s\leqslant a^y.$$
这样，我们证明了
$$a>1, x<y \Rightarrow a^x<a^y. \quad \Box$$

引理 3 设 $a\in\mathbb{R}, a>1, x,y\in\mathbb{R}, |x-y|<1$. 则有
$$|a^x-a^y|\leqslant a^y(a-1)|x-y|.$$

证明 设 $\{p_n\},\{q_n\}$ 是有理数序列，$p_n\to x$，$q_n\to y$. 则对充分大的 n 有
$$|p_n-q_n|<1.$$
于是有
$$|a^{p_n}-a^{q_n}|\leqslant a^{q_n}(a-1)|p_n-q_n|.$$
在上式中让 $n\to+\infty$ 取极限就得到
$$|a^x-a^y|\leqslant a^y(a-1)|x-y|. \quad \Box$$

定理 3 设 $a\in\mathbb{R}, a>1$. 则指数函数 a^x 在 $\mathbb{R}=(-\infty,+\infty)$ 上有定义，严格递增并且连续.

证明 只剩下关于连续性的结论尚待证明. 设 $x_0\in\mathbb{R},\{x_n\}\subset\mathbb{R}, x_n\to x_0$. 则对充分大的 n 有
$$|x_n-x_0|<1.$$
于是有
$$|a^{x_n}-a^{x_0}|\leqslant a^{x_0}(a-1)|x_n-x_0|.$$
由此得知函数 a^x 在 x_0 点连续. $\quad \Box$

推论 设 $a \in \mathbb{R}$,$0 < a < 1$. 则指数函数 a^x 在 $\mathbb{R} = (-\infty, +\infty)$ 有定义,严格递减并且连续.

证明 我们有
$$a^x = \frac{1}{\left(\frac{1}{a}\right)^x}, \quad \frac{1}{a} > 1.$$

利用定理 3 就得到该推论. □

引理 4 设 $a \in \mathbb{R}$,$a > 1$. 则有

(1) $\lim\limits_{x \to +\infty} a^x = +\infty$,

(2) $\lim\limits_{x \to -\infty} a^x = 0$.

证明 (1) 我们有不等式
$$a^n = (1+(a-1))^n \geqslant 1 + n(a-1), \quad \forall n \in \mathbb{N}.$$
对任何 $E > 0$,可取 $\Delta = \dfrac{E}{a-1} + 1$,则当 $x > \Delta$ 时,就有
$$a^x \geqslant a^{[x]} \geqslant 1 + [x](a-1)$$
$$> 1 + \frac{E}{a-1}(a-1) > E.$$

(2) $\lim\limits_{x \to -\infty} a^x = \lim\limits_{x \to -\infty} \dfrac{1}{a^{-x}}$
$$= \lim\limits_{u \to +\infty} \frac{1}{a^u} = 0. \quad \square$$

设 $a \in \mathbb{R}$,$a > 1$. 我们看到:严格递增的连续函数 $y = a^x$ 把区间 $(-\infty, +\infty)$ 一对一地映成区间 $(0, +\infty)$. 因而对任意的 $y \in (0, +\infty)$,存在唯一的 $x \in (-\infty, +\infty)$,使得
$$a^x = y.$$
我们把这样由 y 唯一确定的 x 称为**以 a 为底 y 的对数**,记为
$$x = \log_a y.$$

作为指数函数 $y = a^x$ 的反函数,对数函数 $x = \log_a y$ 是连续的. 我们把这一事实写成以下定理:

定理 4 设 $a \in \mathbb{R}$,$a > 1$,则

(1) 对数函数 $x = \log_a y$ 在区间 $(0, +\infty)$ 上有定义,严格递增并

且连续;

(2) $\lim\limits_{y \to +\infty} \log_a y = +\infty$, $\lim\limits_{y \to 0+} \log_a y = -\infty$.

证明 结论(1)可以从关于反函数的一般定理(§3 的定理 3)得出. 结论(2)的证明如下: 对任意 $E > 0$, 可取 $\Delta = a^E > 0$, 于是对于 $y > \Delta$, 就有

$$\log_a y > \log_a \Delta = E.$$

这证明了

$$\lim_{y \to +\infty} \log_a y = +\infty.$$

由此又可得到

$$\lim_{y \to 0+} \log_a y = \lim_{y \to 0+} \left(-\log_a \left(\frac{1}{y} \right) \right)$$
$$= \lim_{z \to +\infty} (-\log_a z)$$
$$= -\infty. \quad \square$$

在数学的理论研究和应用中,常常采用数 e 作为指数函数或者对数函数的底. 这里数 e 定义为

$$e = \lim \left(1 + \frac{1}{n} \right)^n.$$

以 e 为底的对数称为**自然对数**,记为

$$\ln y = \log_e y, \quad \forall\, y > 0.$$

我们已经看到: 多项式函数,有理分式函数,三角函数,反三角函数,指数函数,对数函数等函数在它们有定义的范围内都是连续的. 这些函数称为**基本初等函数**. 由基本初等函数经过有限次四则运算和复合而成的函数称为**初等函数**. 于是,我们有:

定理 5 初等函数在其有定义的范围内都是连续的.

例 1 考察幂函数 $y = x^\mu\,(x > 0, \mu \in \mathbb{R})$ 的连续性. 我们可以把它视为复合函数:

$$y = x^\mu = e^{\mu \ln x}.$$

由指数函数和对数函数的连续性可知: 幂函数在它有定义的范围内是连续的.

例 2 考察函数 $f(x) = u(x)^{v(x)}$, 这里 $u(x)$ 和 $v(x)$ 都是连续

函数，$u(x) > 0$. 我们把这函数改写为：
$$f(x) = e^{v(x)\ln u(x)},$$
由此可看出它的连续性.

§5 无穷小量(无穷大量)的比较，几个重要的极限

定义 1 设函数 $\alpha(x)$ 在 a 点的某个去心邻域 $\mathring{U}(a)$ 上有定义. 如果
$$\lim_{x \to a} \alpha(x) = 0,$$
那么我们就说 $\alpha(x)$ 是 $x \to a$ 时的**无穷小量**.

设 $\alpha(x)$ 和 $\beta(x)$ 都是 $x \to a$ 时的无穷小量，$\alpha(x) \neq 0$. 关于比值
$$\frac{\beta(x)}{\alpha(x)}$$
的极限，可以有各种各样的情形. 请看下面的例子(在这些例子里，我们考察 $x \to 0$ 时的无穷小量).

例 1 $\alpha(x) = x, \beta(x) = x^2$.
$$\lim_{x \to 0} \frac{\beta(x)}{\alpha(x)} = \lim_{x \to 0} x = 0.$$

例 2 $\alpha(x) = x^2, \beta(x) = x$.
$$\lim_{x \to 0} \frac{\beta(x)}{\alpha(x)} = \lim_{x \to 0} \frac{1}{x} = \infty.$$

例 3 $\alpha(x) = x, \beta(x) = \sin x$.
$$\lim_{x \to 0} \frac{\beta(x)}{\alpha(x)} = \lim_{x \to 0} \frac{\sin x}{x} = 1.$$

例 4 $\alpha(x) = x, \beta(x) = x \sin \frac{1}{x}$.
$$\lim_{x \to 0} \frac{\beta(x)}{\alpha(x)} \text{不存在，但} \frac{\beta(x)}{\alpha(x)} \text{有界.}$$

例 5 $\alpha(x) = x^2, \beta(x) = x \sin \frac{1}{x}$.
$$\lim_{x \to 0} \frac{\beta(x)}{\alpha(x)} \text{不存在，并且} \frac{\beta(x)}{\alpha(x)} \text{无界.}$$

定义 2 设函数 $A(x)$ 在 a 点的某个去心邻域 $\mathring{U}(a)$ 上有定义.

如果
$$\lim_{x \to a} A(x) = \infty,$$
那么我们就说 $A(x)$ 是 $x \to a$ 时的**无穷大量**.

设 $A(x)$ 和 $B(x)$ 都是 $x \to a$ 时的无穷大量,$A(x) \neq 0$. 关于比值 $\dfrac{B(x)}{A(x)}$ 的极限,也有各种各样的情形. 读者可以仿照上面的例 1~例 5,作出相应的例子来.

为了便于比较无穷小量(无穷大量),我们引入适当的记号.

定义 3 设函数 $\varphi(x)$ 和 $\psi(x)$ 在 a 点的某个去心邻域 $\mathring{U}(a)$ 上有定义,并设在 $\mathring{U}(a)$ 上 $\varphi(x) \neq 0$. 我们分别用记号 "O","o" 与 "$\sim$" 表示比值 $\dfrac{\psi(x)}{\varphi(x)}$ 在 a 点邻近的几种状况:

(1) $\psi(x) = O(\varphi(x))$ 表示 $\dfrac{\psi(x)}{\varphi(x)}$ 是 $x \to a$ 时的有界变量 $\left(\text{即} \dfrac{\psi(x)}{\varphi(x)} \text{在 } a \text{ 点的某个去心邻域上是有界的}\right)$;

(2) $\psi(x) = o(\varphi(x))$ 表示 $\dfrac{\psi(x)}{\varphi(x)}$ 是 $x \to a$ 时的无穷小量 $\left(\text{即} \lim_{x \to a} \dfrac{\psi(x)}{\varphi(x)} = 0\right)$;

(3) $\psi(x) \sim \varphi(x)$ 表示
$$\lim_{x \to a} \dfrac{\psi(x)}{\varphi(x)} = 1.$$

O, o 和这些记号都是相对于一定的极限过程而言的. 使用时通常要附以记号 $(x \to a)$,以说明所涉及的极限过程. 例如:
$$\sin x = o(x) \quad (x \to \infty),$$
$$\sin x \sim x \quad (x \to 0).$$

我们特别指出:记号
$$\psi(x) = O(1) \quad (x \to a)$$
表示 $\psi(x)$ 在 a 点的某个去心邻域上有界;而记号
$$\omega(x) = o(1) \quad (x \to a)$$

表示

$$\lim_{x \to a} \omega(x) = 0.$$

设 $\varphi(x)$ 和 $\psi(x)$ 都是无穷小量(无穷大量). 如果 $\psi(x) = o(\varphi(x))$, 那么我们就说 $\psi(x)$ 是比 $\varphi(x)$ **更高阶的无穷小(更低阶的无穷大)**. 如果 $\psi(x) \sim \varphi(x)$, 那么我们就说 $\psi(x)$ 是与 $\varphi(x)$ **等价的无穷小(等价的无穷大)**.

例 6 设 $f(x) = (x-a)^m$, $g(x) = (x-a)^n$, 则有

$$\lim_{x \to a} \frac{g(x)}{f(x)} = \begin{cases} 0, & \text{如果 } m < n, \\ 1, & \text{如果 } m = n, \\ \infty, & \text{如果 } m > n. \end{cases}$$

这说明: k 越大时, $(x-a)^k$ 的无穷小的阶就越高.

例 7 设 $f(x) = \dfrac{1}{(x-a)^m}$, $g(x) = \dfrac{1}{(x-a)^n}$, 则有

$$\lim_{x \to a} \frac{g(x)}{f(x)} = \begin{cases} \infty, & \text{如果 } m < n, \\ 1, & \text{如果 } m = n. \\ 0, & \text{如果 } m > n. \end{cases}$$

这说明: k 越大时, $\dfrac{1}{(x-a)^k}$ 的无穷大的阶就越高.

例 8 设 $f(x) = x^m$, $g(x) = x^n$, 则有

$$\lim_{x \to \infty} \frac{g(x)}{f(x)} = \begin{cases} \infty, & \text{如果 } m < n, \\ 1, & \text{如果 } m = n, \\ 0, & \text{如果 } m > n. \end{cases}$$

这说明: 对于极限过程 $x \to \infty$, k 越大时, x^k 的无穷大的阶就越高.

例 9 设 $f(x) = a^x (a > 1)$, $g(x) = x^\mu (\mu > 0)$.
我们指出:

$$\lim_{x \to +\infty} \frac{g(x)}{f(x)} = \lim_{x \to +\infty} \frac{x^\mu}{a^x} = 0.$$

因而指数函数 a^x 的无穷大的阶比任何幂函数 x^μ 都高. 为了说明这一事实, 我们先来看 $\mu = k \in \mathbb{N}$ 的情形. 已经知道(第二章 §1 的例 10)

$$\lim \frac{n^k}{a^n} = 0.$$

由此易得
$$\lim \frac{(n+1)^k}{a^n} = \lim \frac{n^k}{a^n}\left(1+\frac{1}{n}\right)^k = 0.$$
对任意 $\varepsilon > 0$, 存在 $N \in \mathbb{N}$, 使得 $n > N$ 时有
$$0 < \frac{(n+1)^k}{a^n} < \varepsilon.$$
取 $\Delta = N+1$, 则 $x > \Delta$ 时就有
$$0 < \frac{x^k}{a^x} \leqslant \frac{([x]+1)^k}{a^{[x]}} < \varepsilon.$$
这证明了
$$\lim_{x \to +\infty} \frac{x^k}{a^x} = 0.$$
对于一般的 $\mu > 0$, 我们可以取 $k \in \mathbb{N}$, $k \geqslant \mu$. 于是, 对于 $x \geqslant 1$ 有
$$0 < \frac{x^\mu}{a^x} \leqslant \frac{x^k}{a^x}.$$
因而
$$\lim_{x \to +\infty} \frac{x^\mu}{a^x} = 0.$$

例 10 设 $f(x) = x^\nu (\nu > 0)$, $g(x) = \log_a x (a > 1)$. 我们指出
$$\lim_{x \to +\infty} \frac{\log_a x}{x^\nu} = 0.$$
这说明对数函数 $\log_a x$ 是比任何幂函数 x^ν 更低阶的无穷大量. 事实上, 令 $y = \log_a x$, 则有
$$\lim_{x \to +\infty} \frac{\log_a x}{x^\nu} = \lim_{y \to +\infty} \frac{y}{(a^\nu)^y} = 0.$$

我们对符号 O, o 的用法做一点说明. 记号 $O(\varphi(x))$ (或者 $o(\varphi(x))$) 不是表示一个具体的量, 而是表示量的一种类型. 式子 $\psi(x) = O(\varphi(x))$ 表示 $\psi(x)$ 是属于 $O(\varphi(x))$ 这种类型的一个量. 式中的等号 "=" 应该当作属于符号 "∈" 来理解. 而式子 $O(\varphi(x)) = \psi(x)$ 就没有明确的意义. 因此, 涉及符号 O 或 o 的 "等式", 不能像通常的等式那样将其左右两边交换.

定理 1 设 $\varphi(x)$ 和 $\psi(x)$ 在 a 点的某个去心邻域 $\mathring{U}(a)$ 上有定

义，$\varphi(x) \neq 0$. 则有
$$\psi(x) \sim \varphi(x) \Longleftrightarrow \psi(x) = \varphi(x) + o(\varphi(x)).$$

证明 我们有：
$$\lim_{x \to a} \frac{\psi(x)}{\varphi(x)} = 1 \Longleftrightarrow \lim_{x \to a} \left(\frac{\psi(x)}{\varphi(x)} - 1\right) = 0$$
$$\Longleftrightarrow \lim_{x \to a} \frac{\psi(x) - \varphi(x)}{\varphi(x)} = 0$$
$$\Longleftrightarrow \psi(x) - \varphi(x) = o(\varphi(x))$$
$$\Longleftrightarrow \psi(x) = \varphi(x) + o(\varphi(x)). \quad \square$$

关于 O 和 o，有以下关系：

定理 2 设 $\varphi(x)$ 在 a 点的某一去心邻域上有定义并且不等于 0，则有

(1) $o(\varphi(x)) = O(\varphi(x))$；

(2) $O(\varphi(x)) + O(\varphi(x)) = O(\varphi(x))$；

(3) $o(\varphi(x)) + o(\varphi(x)) = o(\varphi(x))$；

(4) $o(\varphi(x))O(1) = o(\varphi(x))$，

$o(1)O(\varphi(x)) = o(\varphi(x))$.

证明 只要弄清楚各式的含义，证明就是显然的了。

结论(1)说：一个 $o(\varphi(x))$ 型的量必定也是 $O(\varphi(x))$ 型的量，即如果 $\psi(x) = o(\varphi(x))$，那么 $\psi(x) = O(\varphi(x))$. 这是因为：如果 $\dfrac{\psi(x)}{\varphi(x)}$ 是无穷小量，那么它也必定是有界变量。

结论(2)说：如果 $f(x) = O(\varphi(x))$，$g(x) = O(\varphi(x))$，那么 $f(x) + g(x) = O(\varphi(x))$. 这就是说：如果 $\dfrac{f(x)}{\varphi(x)}$ 和 $\dfrac{g(x)}{\varphi(x)}$ 都是有界变量，那么 $\dfrac{f(x) + g(x)}{\varphi(x)}$ 也是有界变量。

结论(3)的说明与结论(2)类似。

结论(4)依据的是这样的事实：无穷小量与有界变量的乘积是无穷小量。 $\square$

以下几个极限是分析中经常遇到的，希望读者熟记。

I.
$$\lim_{x\to 0}\frac{\sin x}{x}=1$$

这一事实的证明已见于第二章 §5 的例 7.

II.
$$\lim_{x\to\infty}\left(1+\frac{1}{x}\right)^x=\mathrm{e}.$$

我们来证明 II. 首先,根据定义有
$$\lim\left(1+\frac{1}{n}\right)^n=\mathrm{e}.$$

由此可得
$$\lim\left(1+\frac{1}{n}\right)^{n+1}=\lim\left(1+\frac{1}{n}\right)^n\cdot\lim\left(1+\frac{1}{n}\right)=\mathrm{e},$$

$$\lim\left(1+\frac{1}{n+1}\right)^n=\frac{\lim\left(1+\frac{1}{n+1}\right)^{n+1}}{\lim\left(1+\frac{1}{n+1}\right)}=\mathrm{e}.$$

于是,对任意 $\varepsilon>0$,存在 $N\in\mathbb{N}$,使得 $n>N$ 时有
$$\mathrm{e}-\varepsilon<\left(1+\frac{1}{n+1}\right)^n<\left(1+\frac{1}{n}\right)^{n+1}<\mathrm{e}+\varepsilon.$$

取 $\Delta=N+1$,则当 $x>\Delta$ 时就有 $[x]>N$,因而有
$$\mathrm{e}-\varepsilon<\left(1+\frac{1}{[x]+1}\right)^{[x]}<\left(1+\frac{1}{x}\right)^x$$
$$<\left(1+\frac{1}{[x]}\right)^{[x]+1}<\mathrm{e}+\varepsilon.$$

这证明了
$$\lim_{x\to+\infty}\left(1+\frac{1}{x}\right)^x=\mathrm{e}.$$

由此又可得到
$$\lim_{x\to-\infty}\left(1+\frac{1}{x}\right)^x=\lim_{y\to+\infty}\left(1-\frac{1}{y}\right)^{-y}=\lim_{y\to+\infty}\left(\frac{y}{y-1}\right)^y$$
$$=\lim_{y\to+\infty}\left(1+\frac{1}{y-1}\right)^y$$
$$=\lim_{y\to+\infty}\left(1+\frac{1}{y-1}\right)^{y-1}\left(1+\frac{1}{y-1}\right)=\mathrm{e}.$$

我们证明了
$$\lim_{x\to+\infty}\left(1+\frac{1}{x}\right)^x = \lim_{x\to-\infty}\left(1+\frac{1}{x}\right)^x = e.$$
因而有
$$\lim_{x\to\infty}\left(1+\frac{1}{x}\right)^x = e.$$
Ⅱ 的另一种表述为：

Ⅱ′.
$$\boxed{\lim_{\alpha\to 0}(1+\alpha)^{1/\alpha} = e.}$$

利用对数函数的连续性，我们得到
$$\lim_{\alpha\to 0}\frac{\ln(1+\alpha)}{\alpha} = \lim_{\alpha\to 0}\ln(1+\alpha)^{1/\alpha} = \ln e = 1.$$
类似地有
$$\lim_{\alpha\to 0}\frac{\log_b(1+\alpha)}{\alpha} = \log_b e = \frac{1}{\ln b}.$$
这样，我们证明了：

Ⅲ.
$$\boxed{\begin{aligned}\lim_{\alpha\to 0}\frac{\ln(1+\alpha)}{\alpha} &= 1,\\ \lim_{\alpha\to 0}\frac{\log_b(1+\alpha)}{\alpha} &= \frac{1}{\ln b}.\end{aligned}}$$

由此又可得到

Ⅳ.
$$\boxed{\lim_{\alpha\to 0}\frac{e^\alpha - 1}{\alpha} = 1.}$$

事实上，令 $\beta = e^\alpha - 1$，我们得到
$$\lim_{\alpha\to 0}\frac{e^\alpha - 1}{\alpha} = \lim_{\beta\to 0}\frac{\beta}{\ln(1+\beta)} = 1.$$
类似地有
$$\boxed{\lim_{\alpha\to 0}\frac{b^\alpha - 1}{\alpha} = \ln b.}$$

最后，我们有

Ⅴ.
$$\boxed{\lim_{\alpha\to 0}\frac{(1+\alpha)^\mu - 1}{\alpha} = \mu.}$$

事实上

$$\lim_{\alpha \to 0} \frac{(1+\alpha)^\mu - 1}{\alpha} = \lim_{\alpha \to 0} \frac{e^{\mu \ln(1+\alpha)} - 1}{\alpha}$$
$$= \lim_{\alpha \to 0} \frac{e^{\mu \ln(1+\alpha)} - 1}{\mu \ln(1+\alpha)} \cdot \frac{\mu \ln(1+\alpha)}{\alpha}$$
$$= \mu.$$

从上面的讨论,我们得到涉及某些初等函数的量阶的一些公式. 这些公式在求某些极限时很有用处.

定理 3 对于极限过程 $x \to 0$,我们有：

(1) $\sin x = x + o(x)$, $\tan x = x + o(x)$;

(2) $\cos x = 1 - \frac{1}{2} x^2 + o(x^2)$;

(3) $e^x = 1 + x + o(x)$;

(4) $\ln(1+x) = x + o(x)$;

(5) $(1+x)^\mu = 1 + \mu x + o(x)$.

证明 (1) 我们有

$$\lim_{x \to 0} \frac{\sin x}{x} = 1,$$

$$\lim_{x \to 0} \frac{\tan x}{x} = \lim_{x \to 0} \frac{\sin x}{x} \cdot \frac{1}{\cos x} = 1.$$

(2) 从关系式

$$\frac{\cos x - 1}{-\frac{1}{2} x^2} = \frac{-2 \sin^2 \left(\frac{x}{2}\right)}{-\frac{1}{2} x^2} = \left(\frac{\sin \frac{x}{2}}{\frac{x}{2}} \right)^2$$

可得

$$\lim_{x \to 0} \frac{\cos x - 1}{-\frac{1}{2} x^2} = 1.$$

(3) $\lim_{x \to 0} \frac{e^x - 1}{x} = 1.$

(4) $\lim_{x \to 0} \frac{\ln(1+x)}{x} = 1.$

(5) $\lim\limits_{x\to 0}\dfrac{(1+x)^{\mu}-1}{\mu x}=1.$ □

下面的定理说明,在求乘积或商的极限的时候,可以将任何一个因式用它的等价因式来替换.

定理 4 如果 $x\to a$ 时 $\psi(x)\sim\varphi(x)$,那么就有:

(1) $\lim\limits_{x\to a}\psi(x)f(x)=\lim\limits_{x\to a}\varphi(x)f(x)$;

(2) $\lim\limits_{x\to a}\dfrac{\psi(x)f(x)}{g(x)}=\lim\limits_{x\to a}\dfrac{\varphi(x)f(x)}{g(x)}$;

(3) $\lim\limits_{x\to a}\dfrac{f(x)}{\psi(x)g(x)}=\lim\limits_{x\to a}\dfrac{f(x)}{\varphi(x)g(x)}.$

这里,我们设所有的函数在 a 点的某个去心邻域上有定义,作为分母的函数在这个去心邻域上不为 0,并设各式右端的极限存在.

证明 结论(1)的证明是这样的:

$$\lim_{x\to a}\psi(x)f(x)=\lim_{x\to a}\left[\left(\dfrac{\psi(x)}{\varphi(x)}\right)\cdot(\varphi(x)f(x))\right]$$
$$=\lim_{x\to a}\varphi(x)f(x).$$

结论(2)与结论(3)的证明可仿此作出. □

我们知道: $x\to 0$ 时有

$$\sin x\sim x,\quad \tan x\sim x,\quad 1-\cos x\sim\dfrac{x^2}{2},$$
$$\ln(1+x)\sim x,\quad (1+x)^{\mu}-1\sim\mu x.$$

利用这些结果与定理 4,我们很容易求出以下各例中的极限.

例 11 $\lim\limits_{x\to 0}\dfrac{\sin\beta x}{\sin\alpha x}=\lim\limits_{x\to 0}\dfrac{\beta x}{\alpha x}=\dfrac{\beta}{\alpha}.$

例 12 $\lim\limits_{x\to 0}\dfrac{\tan(\tan x)}{x}=\lim\limits_{x\to 0}\dfrac{\tan x}{x}=1.$

例 13 $\lim\limits_{x\to 0}\dfrac{\sqrt{1+x^2}-1}{1-\cos x}=\lim\limits_{x\to 0}\dfrac{\dfrac{1}{2}x^2}{\dfrac{1}{2}x^2}=1.$

例 14 $\lim\limits_{x\to 0}\dfrac{\ln^2(1+x)}{1-\cos x}=\lim\limits_{x\to 0}\dfrac{x^2}{\dfrac{1}{2}x^2}=2.$

第 二 篇

微积分的基本概念及其应用

第四章 导　　数

在预篇中,我们已经看到,切线和速度等问题的讨论,都归结到以下形式的极限

$$\lim_{x \to x_0} \frac{f(x)-f(x_0)}{x-x_0}.$$

本章就来系统地研究这样的极限.

§1　导数与微分的概念

1.a　导数的定义

定义　设函数 $f(x)$ 在 x_0 点邻近有定义. 如果存在有穷极限

$$\lim_{x \to x_0} \frac{f(x)-f(x_0)}{x-x_0},$$

那么我们就说函数 $f(x)$ 在 x_0 点**可导**(derivable),并且把上述极限值称为函数 $f(x)$ 在 x_0 点的**导数**(derivative),记为 $f'(x_0)$.

几何解释　在预篇里,我们已经看到:曲线 $y=f(x)$ 在点 $(x_0, f(x_0))$ 处的切线的斜率应该等于极限

$$\lim_{x \to x_0} \frac{f(x)-f(x_0)}{x-x_0}.$$

这就是导数的几何意义.

注记　因为讨论的是当 $x \to x_0$ 时的极限,所以引入记号 $h=x-x_0$ 比较方便. 于是 $x=x_0+h$,我们可以把导数的定义写成:

$$f'(x_0)=\lim_{h \to 0} \frac{f(x_0+h)-f(x_0)}{h},$$

这里的 h 称为自变量的**增量**. 请注意,增量 $h=x-x_0$ 可正可负,负的增量即减少的量. 也许把 h 叫作"改变量"更为合适. 相应于自变

量的增量 h，我们把 $f(x_0+h)-f(x_0)$ 称为函数 f 的**增量**（或**差分**）. 人们还习惯于用符号 Δx 表示自变量 x 的增量：$\Delta x=x-x_0$，用符号 $\Delta y=\Delta f(x_0)=f(x_0+\Delta x)-f(x_0)$ 表示函数 $y=f(x)$ 的相应增量. 采用这样的记号，导数的定义又可写成

$$f'(x_0)=\lim_{\Delta x\to 0}\frac{f(x_0+\Delta x)-f(x_0)}{\Delta x}$$

$$=\lim_{\Delta x\to 0}\frac{\Delta f(x_0)}{\Delta x}=\lim_{\Delta x\to 0}\frac{\Delta y}{\Delta x}.$$

与此相应，关于函数 $y=f(x)$ 在 x_0 点的导数，除了采用上面介绍的拉格朗日（Lagrange）的记号 $f'(x_0)$ 而外，还常常采用莱布尼茨的记号

$$\frac{\mathrm{d}f(x_0)}{\mathrm{d}x} \quad \left(\text{或}\frac{\mathrm{d}y}{\mathrm{d}x}\right).$$

后一记号提示我们导数是差商 $\frac{\Delta f(x_0)}{\Delta x}$（或 $\frac{\Delta y}{\Delta x}$）的极限. 也正是由于这一原因，人们还把导数叫作**微商**.

讨论导数的时候，先要确定一个"基点"x_0，然后考察自变量与函数在这点邻近的变化（考察从 x_0 点起始的增量）. 在许多问题中，一定范围内的每一点都可当作基点来考虑. 这时人们往往直接用记号 x 表示基点（以这样的记号代替不怎么方便的记号 x_0）. 对这种情形，用增量方式来写导数的定义更显得方便：

$$f'(x)=\lim_{h\to 0}\frac{f(x+h)-f(x)}{h}$$

$$=\lim_{\Delta x\to 0}\frac{f(x+\Delta x)-f(x)}{\Delta x}.$$

对这一情形，如果采取直接的形式，那么导数的定义就要写成

$$f'(x)=\lim_{x_1\to x}\frac{f(x_1)-f(x)}{x_1-x}.$$

1.b 求导数的例子

例 1 试求常值函数 $f(x)\equiv C$ 的导数.

解 我们有
$$\frac{f(x+h)-f(x)}{h}=\frac{C-C}{h}=0,$$
因而
$$f'(x)=\lim_{h\to 0}\frac{f(x+h)-f(x)}{h}=0.$$

例 2 设 $m\in\mathbb{N}$，试求函数 $f(x)=x^m$ 的导数.

解 我们有
$$\frac{f(x+h)-f(x)}{h}=\frac{(x+h)^m-x^m}{h}$$
$$=mx^{m-1}+\frac{m(m-1)}{2}x^{m-2}h+\cdots+h^{m-1},$$
因而
$$f'(x)=\lim_{h\to 0}\frac{f(x+h)-f(x)}{h}=mx^{m-1}.$$

例 3 设 $m\in\mathbb{N}$，试求函数 $f(x)=x^{-m}(x\neq 0)$ 的导数.

解 我们有
$$\frac{f(x+h)-f(x)}{h}=\frac{1}{h}\left[\frac{1}{(x+h)^m}-\frac{1}{x^m}\right]$$
$$=\frac{1}{h}\left(\frac{1}{x+h}-\frac{1}{x}\right)\left[\frac{1}{(x+h)^{m-1}}+\frac{1}{(x+h)^{m-2}x}+\cdots+\frac{1}{x^{m-1}}\right]$$
$$=-\frac{1}{(x+h)x}\left[\frac{1}{(x+h)^{m-1}}+\frac{1}{(x+h)^{m-2}x}+\cdots+\frac{1}{x^{m-1}}\right],$$
因而
$$f'(x)=\lim_{h\to 0}\frac{f(x+h)-f(x)}{h}$$
$$=-\frac{m}{x^{m+1}}=-mx^{-m-1}.$$

例 4 求幂函数 $f(x)=x^\mu(x>0)$ 的导数 ($\mu\in\mathbb{Z}$ 的情形已见于例 1,2,3. 这里讨论 $\mu\in\mathbb{R}$ 的一般的情形).

解 我们有
$$\frac{f(x+h)-f(x)}{h}=\frac{(x+h)^\mu-x^\mu}{h}$$

$$= x^\mu \frac{(1+h/x)^\mu - 1}{h} = x^{\mu-1} \frac{(1+h/x)^\mu - 1}{h/x},$$

因而

$$f'(x) = \lim_{h \to 0} \frac{f(x+h) - f(x)}{h}$$

$$= x^{\mu-1} \lim_{h \to 0} \frac{(1+h/x)^\mu - 1}{h/x} = \mu x^{\mu-1}.$$

特别地,对于 $\mu = 1/2$ 和 $\mu = -1/2$,我们有

$$(\sqrt{x})' = (x^{1/2})' = \frac{1}{2} x^{-1/2} = \frac{1}{2\sqrt{x}},$$

$$\left(\frac{1}{\sqrt{x}}\right)' = (x^{-1/2})' = -\frac{1}{2} x^{-3/2} = -\frac{1}{2\sqrt{x^3}}.$$

例 5 求函数 $f(x) = \sin x$ 的导数.

解 我们有

$$\frac{f(x+h) - f(x)}{h} = \frac{\sin(x+h) - \sin x}{h}$$

$$= \frac{2\cos\left(x + \frac{h}{2}\right)\sin\frac{h}{2}}{h} = \cos\left(x + \frac{h}{2}\right)\frac{\sin\frac{h}{2}}{\frac{h}{2}},$$

因而

$$f'(x) = \lim_{h \to 0} \frac{f(x+h) - f(x)}{h} = \cos x.$$

例 6 求函数 $f(x) = \cos x$ 的导数.

解 我们有

$$\frac{f(x+h) - f(x)}{h} = \frac{\cos(x+h) - \cos x}{h}$$

$$= \frac{-2\sin\left(x + \frac{h}{2}\right)\sin\frac{h}{2}}{h},$$

因而

$$f'(x) = \lim_{h \to 0} \frac{f(x+h) - f(x)}{h} = -\sin x.$$

例7 求函数 $f(x)=e^x$ 和 $g(x)=a^x(a>0)$ 的导数.

解 我们有
$$\frac{f(x+h)-f(x)}{h}=\frac{e^{x+h}-e^x}{h}=e^x\frac{e^h-1}{h},$$

因而
$$f'(x)=\lim_{h\to 0}\frac{f(x+h)-f(x)}{h}=e^x.$$

类似地可以证明
$$g'(x)=a^x\ln a.$$

以 e 为底的指数函数 $f(x)=e^x$ 具有一个极好的性质:
$$f'(x)=f(x).$$
这一事实在数学理论和自然科学的研究中有极其重要的应用.

例8 求函数 $f(x)=\ln x$ 和 $g(x)=\log_a x$ 的导数 $(x>0)$.

解 我们有
$$\frac{f(x+h)-f(x)}{h}=\frac{\ln(x+h)-\ln x}{h}$$
$$=\frac{\ln(1+h/x)}{h}$$
$$=\frac{1}{x}\frac{\ln(1+h/x)}{h/x},$$

因而
$$f'(x)=\lim_{h\to 0}\frac{f(x+h)-f(x)}{h}$$
$$=\frac{1}{x}.$$

同样可证
$$g'(x)=\frac{1}{x\ln a}$$
$$=\frac{1}{x}\log_a e.$$

通过以上各例,我们求出一些重要的初等函数的导数. 所得结果列表如下:

导 数 表

函　数	导　数	备　注
C	0	
x^m	mx^{m-1}	m 是自然数
x^{-m}	$-mx^{-m-1}$	m 是自然数，$x \neq 0$
x^μ	$\mu x^{\mu-1}$	μ 是实数，$x>0$
$\sin x$	$\cos x$	
$\cos x$	$-\sin x$	
e^x	e^x	
a^x	$a^x \ln a$	$a>0, a \neq 1$
$\ln x$	$1/x$	$x>0$
$\log_a x$	$\dfrac{1}{x}\log_a e$	$a>0,\ x>0, a \neq 1$

利用关于极限运算已有的结果，立即可得以下简单的法则．

定理 1 设函数 f 和 g 在 x 点可导，$c \in \mathbb{R}$，则 $f+g$ 和 cf 也在 x 点可导，并且
$$(f(x)+g(x))' = f'(x)+g'(x);$$
$$(cf(x))' = cf'(x).$$

这样，对于上表中各函数经过有限次相加或乘以常数的运算所得的一切函数，我们也能求出其导数．例如，对于多项式函数
$$f(x) = a_0 x^m + a_1 x^{m-1} + \cdots + a_m,$$
我们求得：
$$f'(x) = m a_0 x^{m-1} + (m-1) a_1 x^{m-2} + \cdots + a_{m-1}.$$
在下一节中，利用那里证明的更多的求导法则，我们能够求出更多的函数的导数．

例 9 应用导数的概念，我们来证明旋转抛物面的光学性质．抛物线 $y = \dfrac{1}{2p}x^2$ 绕它的对称轴 $x=0$ 旋转所成的曲面就是**旋转抛物面**．放在焦点 $F(0, p/2)$ 处的光源所发出的光，经过旋转抛物面各点反射之后就成为平行光束．人们利用这一性质制造需要发射平行光的灯具，例如：探照灯、汽车的前灯等（见图 4-1）．

我们来证明上述性质．设 $Q(x_0, y_0)$ 是抛物线 $y = \dfrac{1}{2p}x^2$ 上的任

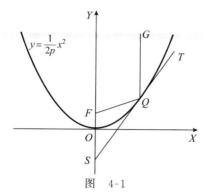

图 4-1

意一点 $\left(因而 y_0 = \dfrac{1}{2p} x_0^2 \right)$. 抛物线在这点的切线为

$$y = y_0 + \dfrac{x_0}{p}(x - x_0),$$

这切线与对称轴 $x = 0$ 相交于点 $S(x_1, y_1)$：

$$x_1 = 0, \quad y_1 = y_0 - \dfrac{x_0^2}{p} = -\dfrac{x_0^2}{2p}.$$

为了证明从光源 F 发出的光线，经过旋转抛物面反射之后，反射光线 QG 平行于对称轴 $x = 0$，只需指出

$$\angle FQS = \angle FSQ = \angle GQT.$$

事实上，我们有

$$FS = \dfrac{p}{2} + \dfrac{x_0^2}{2p},$$

$$\begin{aligned} FQ &= \sqrt{(x_0 - 0)^2 + \left(\dfrac{x_0^2}{2p} - \dfrac{p}{2}\right)^2} \\ &= \sqrt{\dfrac{x_0^4}{4p^2} + \dfrac{x_0^2}{2} + \dfrac{p^2}{4}} \\ &= \dfrac{x_0^2}{2p} + \dfrac{p}{2}, \end{aligned}$$

所以

$$FS = FQ.$$

这就完成了证明.

1.c 单侧导数,不可导的例子

定义(单侧导数) 设函数 f 在 $(x-\eta, x]$ 有定义. 如果存在有穷的左侧极限

$$\lim_{h \to 0-} \frac{f(x+h)-f(x)}{h},$$

那么我们就说函数 f 在 x 点**左侧可导**,并且把上述左侧极限称为函数 f 在 x 点的**左导数**,记为

$$f'_-(x) = \lim_{h \to 0-} \frac{f(x+h)-f(x)}{h}.$$

类似地可以定义函数 f 在 x 点的右侧可导性以及右导数

$$f'_+(x) = \lim_{h \to 0+} \frac{f(x+h)-f(x)}{h}.$$

我们知道,极限

$$\lim_{h \to 0} \frac{f(x+h)-f(x)}{h}$$

存在的充要条件是两个单侧极限都存在并且相等. 由此得出以下定理:

定理 2 设函数 f 在 x 点邻近有定义. 则 f 在 x 点可导的充要条件是它在这点的两个单侧导数都存在并且相等:

$$f'_-(x) = f'_+(x).$$

当这条件满足时就有

$$f'(x) = f'_-(x) = f'_+(x).$$

我们来看两个导数不存在的例子.

例 10 考察函数 $f(x) = |x|$ 在 $x=0$ 处是否可导(见图 4-2).

解 我们看到

$$\frac{f(0+h)-f(0)}{h} = \frac{|h|}{h} = \begin{cases} 1, & \text{如果 } h > 0, \\ -1, & \text{如果 } h < 0, \end{cases}$$

于是

$$f'_-(0) = -1, \quad f'_+(0) = +1.$$

因而函数 f 在 $x=0$ 处的导数不存在. 容易看出, 在 $x\neq 0$ 的地方, 函数 f 的导数总是存在的:

$$f'(x) = \begin{cases} 1, & \text{如果 } x > 0, \\ -1, & \text{如果 } x < 0. \end{cases}$$

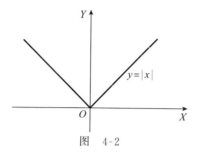

图 4-2

例 11 考察函数 $g(x)$ 在 $x=0$ 处是否可导, 这里

$$g(x) = \begin{cases} x\sin\dfrac{1}{x}, & \text{如果 } x \neq 0, \\ 0, & \text{如果 } x = 0. \end{cases}$$

解 我们有

$$\frac{g(0+h)-g(0)}{h} = \sin\frac{1}{h}.$$

因为当 $h \to 0$ 时上式没有极限, 所以函数 g 在 $x=0$ 处不可导. 还可以证明函数 g 在 $x=0$ 处没有任何一个单侧导数.

1. d 可微性, 微分

与函数在一点的**可导性**紧密联系着的一个概念是**可微性**. 本段就来解释这一概念.

在例 2 中, 为了考察函数 $p(x)=x^m$ 在 x 点的可导性, 我们将函数的增量

$$p(x+h) - p(x)$$

按 h 的方幂展开:

$$p(x+h) - p(x)$$
$$= mx^{m-1}h + \frac{m(m-1)}{2}x^{m-2}h^2 + \cdots + h^m.$$

其实,为了考察可导性,并不需要了解 h 的高次项的具体的形式,仅仅需要这样的信息:它们是一些高于一次的项,即
$$p(x+h)-p(x)=mx^{m-1}h+o(h).$$
由此可得
$$\frac{p(x+h)-p(x)}{h}=mx^{m-1}+\frac{o(h)}{h},$$
让 $h\to 0$ 即得到
$$p'(x)=mx^{m-1}.$$

定义 设函数 $f(x)$ 在 x 点邻近有定义,如果
$$f(x+h)-f(x)=Ah+o(h),$$
其中 A 与 h 无关(可以依赖于 x),那么我们就说函数 f 在 x 点**可微**.

定理 3 函数 f 在 x 点可导的充要条件是它在这点可微.

证明 充分性 如果
$$f(x+h)-f(x)=Ah+o(h),$$
那么
$$\frac{f(x+h)-f(x)}{h}=A+\frac{o(h)}{h},$$
因而 $f(x)$ 在 x 点可导:
$$f'(x)=\lim_{h\to 0}\frac{f(x+h)-f(x)}{h}=A.$$

必要性 如果存在极限
$$\lim_{h\to 0}\frac{f(x+h)-f(x)}{h}=f'(x),$$
那么当 $h\to 0$ 时
$$\alpha(h)=\frac{f(x+h)-f(x)}{h}-f'(x)\to 0,$$
并且有
$$f(x+h)-f(x)=f'(x)h+\alpha(h)h.$$
这就是说
$$f(x+h)-f(x)=f'(x)h+o(h). \quad \square$$

注记 (1) 由于这定理的缘故,人们把**可导**和**可微**这两个术语当作同义词来使用.求导数的方法又称为**微分法**.

（2）在定理的证明过程中，我们看到：从表示式
$$f(x+h)-f(x)=Ah+o(h),$$
可以断定
$$A=f'(x).$$
由此可知：上述表示式中 h 的系数 A 是唯一确定的.

定理 4　设函数 $f(x)$ 在 x_0 点可微（可导），那么它在这点连续.

证明　我们有
$$f(x_0+h)-f(x_0)=Ah+o(h),$$
因而
$$\lim_{x\to x_0}f(x)=\lim_{h\to 0}f(x_0+h)=f(x_0). \quad \square$$

注记　定理 4 之逆并不成立. 如例 10 和例 11 中的函数都在 $x=0$ 处连续，但在该点不可导.

设函数 f 在 x_0 点可导（可微），则有
$$f(x_0+h)-f(x_0)=f'(x_0)h+o(h).$$
采用记号 $\Delta x=h$，$\Delta y=f(x_0+\Delta x)-f(x_0)$，又可将上式写成
$$\Delta y=f'(x_0)\Delta x+o(\Delta x).$$
这样，我们把函数的增量 Δy 表示为两项之和，前一项是自变量增量 Δx 的一次式（线性式），后一项是比 Δx 高阶的无穷小量. 在 OXY 坐标系中，作出曲线 $y=f(x)$ 以及这曲线在 x_0 点的切线（其斜率为 $f'(x_0)$）. 我们看到，对于给定的自变量增量 Δx，量 $f'(x_0)\Delta x$ 正好是切线函数的增量（见图 4-3）.

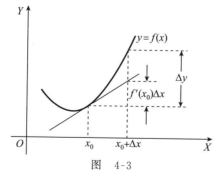

图 4-3

当我们用式子定义一个量的时候，采用记号"$:=$"是很方便的.

例如
$$f(x) := x^2 + 2$$
表示 $f(x)$ 用式子 x^2+2 来定义. 记号 ":=" 读作 "定义为".

定义 设函数 $y=f(x)$ 在 x_0 点可微. 我们引入记号
$$\mathrm{d}x := \Delta x,$$
$$\mathrm{d}y := f'(x_0)\mathrm{d}x = f'(x_0)\Delta x,$$
并把 $\mathrm{d}y$ 叫作函数 $y=f(x)$ 在 x_0 点的**微分**.

注记 关于微分的意义,从上面的讨论我们已经得知:

(1) 从几何的角度来看,微分 $\mathrm{d}y = f'(x_0)\mathrm{d}x$ 正好是切线函数的增量.

(2) 从代数的角度来看,微分 $\mathrm{d}y = f'(x_0)\mathrm{d}x$ 是增量 $\Delta y = f(x_0+\Delta x) - f(x_0)$ 的线性主部,$\mathrm{d}y$ 与 Δy 仅仅相差一个高阶的无穷小量 $o(\Delta x)$,因而当 Δx 充分小时,可以用 $\mathrm{d}y$ 作为 Δy 的近似值. 这一事实是微分的许多实际应用的基础.

(3) 原来,我们引入 $\dfrac{\mathrm{d}y}{\mathrm{d}x}$ 作为导数的记号. 有了微分的概念之后,又可以把记号 $\dfrac{\mathrm{d}y}{\mathrm{d}x}$ 解释为 $\mathrm{d}y$ 与 $\mathrm{d}x$ 之商:
$$\frac{\mathrm{d}y}{\mathrm{d}x} = f'(x_0).$$

§2 求导法则,高阶导数

本节的重点是求导数的方法.

按照定义,导数表示为一个极限. 但直接根据定义去求这一极限,并不总是一件容易的事,有时候甚至很难办到. 好在人们已经发展了一整套行之有效的求导法则. 利用这些法则,我们能轻而易举地求出许多函数的导数——包括所有的初等函数的导数.

2.a 和、差、积、商的求导法则

定理 1 设函数 u 和 v 在 x_0 点可导,则以下各式在 $x=x_0$ 处

成立：

(1) $(u(x) \pm v(x))' = u'(x) \pm v'(x)$；

(2) $(u(x)v(x))' = u'(x)v(x) + u(x)v'(x)$；

(3) $\left(\dfrac{u(x)}{v(x)}\right)' = \dfrac{u'(x)v(x) - u(x)v'(x)}{(v(x))^2}$

（这里要求 $v(x) \neq 0$）.

证明 结论(1)已见于上一节中，其证明是显然的. 这里只验证结论(2)和(3).

(2) 记 $f(x) = u(x)v(x)$，则有

$$f(x+h) - f(x) = u(x+h)v(x+h) - u(x)v(x)$$
$$= (u(x+h) - u(x))v(x+h)$$
$$+ u(x)(v(x+h) - v(x)),$$

$$\frac{f(x+h) - f(x)}{h} = \frac{u(x+h) - u(x)}{h} v(x+h)$$
$$+ u(x) \frac{v(x+h) - v(x)}{h},$$

因而有

$$f'(x) = \lim_{h \to 0} \frac{f(x+h) - f(x)}{h}$$
$$= u'(x)v(x) + u(x)v'(x).$$

(3) 记 $g(x) = \dfrac{u(x)}{v(x)}$，则有

$$g(x+h) - g(x) = \frac{u(x+h)}{v(x+h)} - \frac{u(x)}{v(x)}$$
$$= \frac{u(x+h)v(x) - u(x)v(x+h)}{v(x+h)v(x)}$$
$$= \frac{(u(x+h) - u(x))v(x)}{v(x+h)v(x)}$$
$$- \frac{u(x)(v(x+h) - v(x))}{v(x+h)v(x)},$$

$$\frac{g(x+h)-g(x)}{h} = \frac{\dfrac{u(x+h)-u(x)}{h}v(x)}{v(x+h)v(x)}$$

$$-\frac{u(x)\dfrac{v(x+h)-v(x)}{h}}{v(x+h)v(x)},$$

因而有

$$g'(x) = \lim_{h\to 0}\frac{g(x+h)-g(x)}{h}$$

$$= \frac{u'(x)v(x)-u(x)v'(x)}{(v(x))^2}. \quad \square$$

注记 在(3)中取 $u(x)\equiv 1$ 就得到

$$\left(\frac{1}{v(x)}\right)' = -\frac{v'(x)}{(v(x))^2}.$$

公式(3)的这一情形经常被用到,所以我们特别提出来,请读者加以注意.

定理 1' 设函数 u 和 v 都在 x 点可微,则有

(1) $\mathrm{d}(u(x)\pm v(x)) = \mathrm{d}u(x)\pm \mathrm{d}v(x)$;

(2) $\mathrm{d}(u(x)v(x)) = v(x)\mathrm{d}u(x)+u(x)\mathrm{d}v(x)$;

(3) $\mathrm{d}\left(\dfrac{u(x)}{v(x)}\right) = \dfrac{v(x)\mathrm{d}u(x)-u(x)\mathrm{d}v(x)}{(v(x))^2}$

(这里要求 $v(x)\neq 0$).

证明 将定理1中各式两边都乘以 $\mathrm{d}x$,就得到本定理中相应的式子. $\square$

例 1 求函数 $f(x)=\mathrm{e}^x\sin x$ 的导数.

解 我们有

$$f'(x) = (\mathrm{e}^x)'\sin x + \mathrm{e}^x(\sin x)'$$
$$= \mathrm{e}^x\sin x + \mathrm{e}^x\cos x$$
$$= \mathrm{e}^x(\sin x + \cos x).$$

例 2 求函数 $\tan x$ 和 $\cot x$ 的导数.

解 我们有

$$(\tan x)' = \left(\frac{\sin x}{\cos x}\right)'$$

$$= \frac{(\sin x)' \cos x - \sin x (\cos x)'}{(\cos x)^2}$$

$$= \frac{\cos^2 x + \sin^2 x}{\cos^2 x}$$

$$= \frac{1}{\cos^2 x} \left(x \neq k\pi + \frac{\pi}{2}\right);$$

$$(\cot x)' = \left(\frac{\cos x}{\sin x}\right)'$$

$$= -\frac{1}{\sin^2 x} \quad (x \neq k\pi).$$

例 3 求函数 e^{-x} 的导数.

解 我们有

$$(e^{-x})' = \left(\frac{1}{e^x}\right)' = -\frac{e^x}{(e^x)^2} = -e^{-x}.$$

例 4 函数 $\mathrm{ch}\, x = \dfrac{e^x + e^{-x}}{2}$ 和 $\mathrm{sh}\, x = \dfrac{e^x - e^{-x}}{2}$ 分别被称为**双曲余弦**和**双曲正弦**. 它们有许多性质在形式上与三角函数很相似,例如:

$$\mathrm{ch}(-x) = \mathrm{ch}\, x, \quad \mathrm{sh}(-x) = -\mathrm{sh}\, x,$$
$$\mathrm{ch}(x+y) = \mathrm{ch}\, x\, \mathrm{ch}\, y + \mathrm{sh}\, x\, \mathrm{sh}\, y,$$
$$\mathrm{sh}(x+y) = \mathrm{sh}\, x\, \mathrm{ch}\, y + \mathrm{ch}\, x\, \mathrm{sh}\, y,$$
$$\mathrm{ch}^2 x - \mathrm{sh}^2 x = 1,$$
$$\mathrm{ch}\, 2x = \mathrm{ch}^2 x + \mathrm{sh}^2 x, \quad \mathrm{sh}\, 2x = 2\, \mathrm{sh}\, x\, \mathrm{ch}\, x.$$

这些性质都可以用定义直接验证. 容易求出双曲余弦与双曲正弦的导数:

$$(\mathrm{ch}\, x)' = \mathrm{sh}\, x, \quad (\mathrm{sh}\, x)' = \mathrm{ch}\, x.$$

2. b 复合函数的求导. 微分表示的不变性

很多函数可以看作是由更简单的函数复合而成的. 例如函数 $\sin x^2$ 可以看作是由函数 $y = x^2$ 和函数 $u = \sin y$ 复合而成的,而函数 $e^{\cos x}$ 可以看作是由函数 $y = \cos x$ 和函数 $u = e^y$ 复合而成的. 本小节就来讨论复合函数的求导法则.

设函数 $y=f(x)$ 在 x_0 点可导,函数 $u=g(y)$ 在 $y_0=f(x_0)$ 点可导. 那么,关于复合函数 $u=g\circ f(x)$ 在 x_0 点的可导性,我们能得出怎样的结论呢? 分析该问题的途径自然是考察该复合函数的差商. 记 $\varphi(x)=g\circ f(x)$,我们有

$$\begin{aligned}\frac{\varphi(x)-\varphi(x_0)}{x-x_0} &= \frac{g(f(x))-g(f(x_0))}{x-x_0} \\ &= \frac{g(f(x))-g(f(x_0))}{f(x)-f(x_0)} \\ &\quad \cdot \frac{f(x)-f(x_0)}{x-x_0}.\end{aligned} \qquad (2.1)$$

由此似乎就能得出这样的结论:函数 $\varphi(x)=g\circ f(x)$ 在 x_0 点可导,并且 $\varphi'(x_0)=g'(f(x_0))f'(x_0)$. 该分析的基本思路是对的,但有一个漏洞,那就是:在 $x\to x_0$ 的过程中,虽然 $x\neq x_0$,也仍可能对某些 x 有 $f(x)=f(x_0)$. 请看下面的例子.

例 5 考察函数

$$f(x)=\begin{cases} x^2\sin\dfrac{1}{x}, & \text{如果 } x\neq 0, \\ 0, & \text{如果 } x=0.\end{cases}$$

我们看到,函数 $f(x)$ 在 $x=0$ 处可导,

$$\begin{aligned}f'(0) &= \lim_{h\to 0}\frac{f(0+h)-f(0)}{h} \\ &= \lim_{h\to 0} h\sin\frac{1}{h}=0.\end{aligned}$$

但在 0 点的任意邻近,仍有 $x=\dfrac{1}{n\pi}$(n 是绝对值充分大的整数)使得 $f(x)=f(0)$.

虽说如此,上面的分析仍给我们有益的启发. 其实只要把上面的表示方式稍做改变,就能得到正确的证明.

定理 2 设函数 $f(x)$ 在 x_0 点可导,函数 $g(y)$ 在 $y_0=f(x_0)$ 点可导,则复合函数 $\varphi(x)=g\circ f(x)$ 也在 x_0 点可导,并且

$$\varphi'(x_0)=g'(f(x_0))f'(x_0).$$

证明 考察辅助函数

$$\psi(y) = \begin{cases} \dfrac{g(y) - g(f(x_0))}{y - f(x_0)}, & \text{如果 } y \neq f(x_0), \\ g'(f(x_0)), & \text{如果 } y = f(x_0). \end{cases}$$

显然这函数在 $f(x_0)$ 点连续. 另外,我们有

$$\frac{\varphi(x) - \varphi(x_0)}{x - x_0} = \psi(f(x)) \frac{f(x) - f(x_0)}{x - x_0}. \tag{2.2}$$

事实上,对于 $f(x) \neq f(x_0)$ 的情形,(2.2)式就成为前面讨论中的 (2.1)式. 如果 $f(x) = f(x_0)$,那么(2.2)式就是

$$\frac{g(f(x)) - g(f(x_0))}{x - x_0} = 0 = g'(f(x_0)) \frac{f(x) - f(x_0)}{x - x_0}.$$

在(2.2)式中让 $x \to x_0$ 就得到

$$\lim_{x \to x_0} \frac{\varphi(x) - \varphi(x_0)}{x - x_0} = \psi(f(x_0)) f'(x_0)$$
$$= g'(f(x_0)) f'(x_0).$$

这证明了定理的结论. □

下面,我们来介绍复合函数求导法则的另一表示方式. 将复合函数 $f(\varphi(t))$ 对 t 求导得:

$$(f(\varphi(t)))' = f'(\varphi(t)) \varphi'(t).$$

上式两边都乘以 dt 就得到

$$d(f(\varphi(t))) = f'(\varphi(t)) d\varphi(t).$$

这就是说:不论 x 是自变量,或者 $x = \varphi(t)$ 是另一变量 t 的函数,函数 $f(x)$ 的微分表示式都具有相同的形式

$$df(x) = f'(x) dx.$$

这一结论叫作**微分表示式的不变性**. 它虽然只是复合函数求导公式的另一表述,应用起来却极为便利. 这在以后学习不定积分时会看得更清楚.

定理 2 中所述的复合函数求导法则又称为**链式法则**. 对于函数 $z = g(y)$ 与 $y = f(x)$ 的复合,这一法则可以形式地写成

$$\frac{dz}{dx} = \frac{dz}{dy} \cdot \frac{dy}{dx},$$

并可陈述如下：

欲求复合函数对自变量的导数，可以先求它对中间变量的导数，再乘以中间变量对自变量的导数.

在实际解题时，并不一定每次用新的记号表示中间变量，只要在心中默记住我们当作中间变量的式子 $f(x)$ 就可以了. 熟练地掌握这一方法就能大大加快计算速度. 书写的格式通常是

$$(g(f(x)))' = g'(f(x))(f(x))'.$$

请看下面的例子.

例 6 求 $(\sin ax)', (\tan bx)'$ 和 $(e^{cx})'$.

解 为了求 $(\sin ax)'$，我们在心目中把 $y=ax$ 当作中间变量，先对中间变量求导，再乘以这中间变量对 x 的导数. 具体的书写格式如下：

$$(\sin ax)' = (\cos ax) \cdot (ax)' = a\cos ax.$$

类似地可求得

$$(\tan bx)' = \frac{1}{\cos^2 bx} \cdot (bx)' = \frac{b}{\cos^2 bx}.$$

$$(e^{cx})' = (e^{cx}) \cdot (cx)' = c e^{cx}.$$

例 7 求 $(\cos(x+b))'$ 和 $(\ln(x+c))'$.

解 利用复合函数求导法则可得

$$(\cos(x+b))' = (-\sin(x+b))(x+b)'$$
$$= -\sin(x+b),$$

$$(\ln(x+c))' = \frac{1}{x+c}(x+c)' = \frac{1}{x+c}.$$

例 8 求 $(\sin x^2)'$ 和 $(e^{x^2})'$.

解 我们有

$$(\sin x^2)' = (\cos x^2) \cdot (x^2)' = 2x\cos x^2,$$
$$(e^{x^2})' = (e^{x^2}) \cdot (x^2)' = 2x e^{x^2}.$$

例 9 试求函数 $\ln|x| \, (x \neq 0)$ 和函数 $\ln|x+c| \, (x \neq -c)$ 的导数.

解 对于 $x>0$，我们已经知道

$$(\ln|x|)' = (\ln x)' = \frac{1}{x}.$$

设 $x<0$，则 $|x|=-x$. 对该情形我们有

$$(\ln|x|)' = (\ln(-x))'$$
$$= \frac{1}{-x} \cdot (-x)' = \frac{1}{x}.$$

对于 $x>0$ 和 $x<0$ 这两种情形,我们都得到
$$(\ln|x|)' = 1/x.$$

由此又可得到
$$(\ln|x+c|)' = \frac{1}{x+c}(x+c)' = \frac{1}{x+c}.$$

例 10 求 $\left(\ln\left|\dfrac{x-a}{x+a}\right|\right)'$.

解 我们有
$$\left(\ln\left|\frac{x-a}{x+a}\right|\right)' = (\ln|x-a| - \ln|x+a|)'$$
$$= \frac{1}{x-a} - \frac{1}{x+a}$$
$$= \frac{2a}{x^2-a^2}.$$

为了求得某些更复杂的函数的导数,可以接连运用复合函数求导的法则若干次.

例 11 求 $(e^{\sin(x^2+c)})'$.

解 我们有
$$(e^{\sin(x^2+c)})' = e^{\sin(x^2+c)}(\sin(x^2+c))'$$
$$= e^{\sin(x^2+c)}\cos(x^2+c)(x^2+c)'$$
$$= 2x\cos(x^2+c)e^{\sin(x^2+c)}.$$

例 12 求 $(\ln|\sin x^2|)'$.

解 我们有
$$(\ln|\sin x^2|)' = \frac{1}{\sin x^2}(\sin x^2)'$$
$$= \frac{1}{\sin x^2}\cos x^2 (x^2)'$$
$$= 2x\cot x^2 \quad (x \neq \sqrt{k\pi}).$$

例 13 求 $(\sqrt{x^2 \pm a^2})'$.

解 我们有
$$(\sqrt{x^2 \pm a^2})' = \frac{1}{2\sqrt{x^2 \pm a^2}}(x^2 \pm a^2)'$$
$$= \frac{x}{\sqrt{x^2 \pm a^2}}.$$

例 14 求 $(\ln(x + \sqrt{x^2 \pm a^2}))'$.

解 我们有
$$(\ln(x + \sqrt{x^2 \pm a^2}))' = \frac{1}{x + \sqrt{x^2 \pm a^2}}(x + \sqrt{x^2 \pm a^2})'$$
$$= \frac{1}{x + \sqrt{x^2 \pm a^2}}\left(1 + \frac{x}{\sqrt{x^2 \pm a^2}}\right)$$
$$= \frac{1}{\sqrt{x^2 \pm a^2}}.$$

例 15 试求幂-指数式 $(u(x))^{v(x)}$ 的导数,这里 $u(x) > 0$,函数 u 和 v 在 x 点可导.

解 我们有
$$u(x)^{v(x)} = e^{v(x)\ln u(x)},$$
因而
$$(u(x)^{v(x)})' = (e^{v(x)\ln u(x)})'$$
$$= e^{v(x)\ln u(x)}(v(x)\ln u(x))'$$
$$= e^{v(x)\ln u(x)}\left(v'(x)\ln u(x) + v(x)\frac{u'(x)}{u(x)}\right)$$
$$= u(x)^{v(x)}\left(v'(x)\ln u(x) + v(x)\frac{u'(x)}{u(x)}\right)$$
$$= u(x)^{v(x)}(\ln u(x))v'(x) + v(x)u(x)^{v(x)-1}u'(x).$$

我们看到:幂-指数式的导数为两项之和,这两项分别相当于把该式当作指数函数和幂函数求导所得的结果.

2.c 反函数的求导法则

设函数 $y = \varphi(x)$ 在包含 x_0 点的一个开区间 I 上严格单调并且

连续,在 x_0 点可导并且 $\varphi'(x_0)\neq 0$. 根据第三章 §3 的定理 3,函数 $y=\varphi(x)$ 的反函数 $x=\psi(y)$ 在开区间 $J=\varphi(I)$ 上有定义. 我们来考察反函数 $x=\psi(y)$ 在 $y_0=\varphi(x_0)$ 点的可导性. 几何直观告诉我们,这一问题的答案应该是肯定的. 因为在 OXY 坐标系中,函数 $y=\varphi(x)$ 的图像与其反函数 $x=\psi(y)$ 的图像应该是同一条曲线,而函数 $y=\varphi(x)$ 在 x_0 点的可导性与函数 $x=\psi(y)$ 在 $y_0=\varphi(x_0)$ 点的可导性都表示该曲线在点 (x_0,y_0) 具有切线. 设该切线与 OX 轴的夹角为 α,与 OY 轴的夹角为 β,则 $\beta=\dfrac{\pi}{2}-\alpha$. 于是

$$\tan\beta=\frac{1}{\tan\alpha},$$

即

$$\psi'(y_0)=\frac{1}{\varphi'(x_0)}.$$

下面我们用分析的方式证明上述结果.

定理 3 设函数 $y=\varphi(x)$ 在包含 x_0 点的开区间 I 上严格单调并且连续. 如果该函数在 x_0 点可导并且导数 $\varphi'(x_0)\neq 0$,那么反函数 $x=\psi(y)$ 在点 $y_0=\varphi(x_0)$ 可导,并且

$$\psi'(y_0)=\frac{1}{\varphi'(x_0)}=\frac{1}{\varphi'(\psi(y_0))}.$$

证明 在所给的条件下,函数 $x=\psi(y)$ 也严格单调并且连续. 于是,当 $y\neq y_0, y\to y_0$ 时,应有 $\psi(y)\neq\psi(y_0), \psi(y)\to\psi(y_0)$. 因而

$$\lim_{y\to y_0}\frac{\psi(y)-\psi(y_0)}{y-y_0}=\lim_{y\to y_0}\frac{1}{\dfrac{y-y_0}{\psi(y)-\psi(y_0)}}$$

$$=\lim_{x\to x_0}\frac{1}{\dfrac{\varphi(x)-\varphi(x_0)}{x-x_0}}$$

$$=\frac{1}{\varphi'(x_0)}=\frac{1}{\varphi'(\psi(y_0))}. \quad\square$$

注记 如果函数 $y=\varphi(x)$ 在开区间 I 上严格单调,在这区间的每一点 x 都可导并且有 $\varphi'(x)\neq 0$,那么反函数 $x=\psi(y)$ 在开区间

$J=\varphi(I)$ 上的每一点 y 处都可导,并且
$$\psi'(y)=\frac{1}{\varphi'(\psi(y))}.$$
上式可以形式地写为
$$\frac{\mathrm{d}y}{\mathrm{d}x}=\frac{1}{\dfrac{\mathrm{d}x}{\mathrm{d}y}}.$$

例 16 设 $\varphi(x)=\mathrm{e}^x$,$\psi(y)=\ln y$. 我们知道这两个函数互为反函数,并且也已经知道
$$\varphi'(x)=\mathrm{e}^x, \quad \psi'(y)=\frac{1}{y}.$$
其实,只要知道其中任何一个函数的导数,利用反函数求导法则就能得到另一个函数的导数. 如果已知 $\varphi'(x)=\mathrm{e}^x$,那么由反函数求导法则可以得到
$$\psi'(y)=\frac{1}{\varphi'(\psi(y))}=\frac{1}{\mathrm{e}^{\ln y}}=\frac{1}{y}.$$
又,如果已知 $\psi'(y)=1/y$,那么由反函数求导法则可得
$$\varphi'(x)=\frac{1}{\psi'(\varphi(x))}=\frac{1}{\dfrac{1}{\mathrm{e}^x}}=\mathrm{e}^x.$$

例 17 求 $\psi(y)=\arcsin y$ 的导数.

解 函数 $\psi(y)=\arcsin y$ 是函数 $\varphi(x)=\sin x$ 的反函数,因而
$$\psi'(y)=\frac{1}{\varphi'(\psi(y))}=\frac{1}{\cos(\arcsin y)}=\frac{1}{\sqrt{1-y^2}}.$$

例 18 求 $\psi(y)=\arccos y$ 的导数.

解 函数 $\psi(y)=\arccos y$ 是函数 $\varphi(x)=\cos x$ 的反函数,因而
$$\psi'(y)=\frac{1}{\varphi'(\psi(y))}=\frac{1}{-\sin(\arccos y)}$$
$$=-\frac{1}{\sqrt{1-y^2}}.$$

例 19 求 $\psi(y)=\arctan y$ 的导数.

解 函数 $\psi(y)=\arctan y$ 是函数 $\varphi(x)=\tan x$ 的反函数,因而

$$\psi'(y) = \frac{1}{\varphi'(\psi(y))} = \frac{1}{\dfrac{1}{\cos^2(\arctan y)}} = \cos^2(\arctan y)$$
$$= \frac{1}{1+\tan^2(\arctan y)} = \frac{1}{1+y^2}.$$

通过一系列例题，我们已经求出了所有基本初等函数的导数. 现将所得的结果列表做一小结.

初等函数的导数表

函数 $f(x)$	导数 $f'(x)$	备注
C	0	C 是常数
x^m	mx^{m-1}	m 是自然数
x^{-m}	$-mx^{-m-1}$	m 是自然数，$x \neq 0$
x^μ	$\mu x^{\mu-1}$	μ 是实数，$x > 0$
$\sin x$	$\cos x$	
$\cos x$	$-\sin x$	
$\tan x$	$\dfrac{1}{\cos^2 x}$	$x \neq k\pi + \dfrac{\pi}{2}$
$\cot x$	$-\dfrac{1}{\sin^2 x}$	$x \neq k\pi$
$\arcsin x$	$\dfrac{1}{\sqrt{1-x^2}}$	$|x| < 1$
$\arccos x$	$-\dfrac{1}{\sqrt{1-x^2}}$	$|x| < 1$
$\arctan x$	$\dfrac{1}{1+x^2}$	
$\text{arccot } x$	$-\dfrac{1}{1+x^2}$	
e^x	e^x	
a^x	$a^x \ln a$	$a > 0, a \neq 1$
$\ln |x|$	$\dfrac{1}{x}$	$x \neq 0$
$\log_a |x|$	$\dfrac{1}{x} \log_a e$	$a > 0, a \neq 1, x \neq 0$
$\ln(x + \sqrt{x^2 + a^2})$	$\dfrac{1}{\sqrt{x^2 + a^2}}$	
$\ln(x + \sqrt{x^2 - a^2})$	$\dfrac{1}{\sqrt{x^2 - a^2}}$	$|x| > |a|$

2.d 参数式或隐式表示的函数的求导

有时候,人们用参数形式表示变量 y 对变量 x 的函数关系. 例如,函数关系
$$y=\sqrt{a^2-x^2},\quad -a\leqslant x\leqslant a,$$
可以用参数表示为
$$x=a\cos t,\quad y=a\sin t,\quad 0\leqslant t\leqslant \pi.$$
一般地,设有参数表示式
$$x=\varphi(t),\quad y=\psi(t),\quad t\in J,$$
其中函数 φ 在区间 J 上严格单调并且连续,函数 ψ 在区间 J 连续. 我们可以把 t 表示为 x 的连续函数
$$t=\varphi^{-1}(x),\quad x\in I=\varphi(J),$$
于是 y 表示为 x 的连续函数
$$y=\psi(\varphi^{-1}(x)),\quad x\in I.$$
如果函数 φ 和 ψ 都在区间 J 的内点 t_0 处可导,并且 $\varphi'(t_0)\neq 0$,那么由反函数与复合函数的求导法则可知函数 $\psi\circ\varphi^{-1}$ 在 $x_0=\varphi(t_0)$ 处可导,并且有
$$\begin{aligned}(\psi\circ\varphi^{-1})'(x_0)&=\psi'(\varphi^{-1}(x_0))(\varphi^{-1})'(x_0)\\&=\psi'(\varphi^{-1}(x_0))\frac{1}{\varphi'(\varphi^{-1}(x_0))}\\&=\frac{\psi'(t_0)}{\varphi'(t_0)}.\end{aligned}$$
我们得到了如下法则:对于参数表示的函数
$$x=\varphi(t),\quad y=\psi(t),$$
可以按下式求导:
$$\frac{\mathrm{d}y}{\mathrm{d}x}=\frac{\psi'(t)}{\varphi'(t)}$$
(这里要求 $\varphi'(t)\neq 0$).

由此可知,参数曲线
$$x=\varphi(t),\quad y=\psi(t),$$
在 $x_0=\varphi(t_0)$,$y_0=\psi(t_0)$ 处的切线的斜率为

$$\frac{\psi'(t_0)}{\varphi'(t_0)}.$$

切线的方程可以写成

$$\frac{X-\varphi(t_0)}{\varphi'(t_0)}=\frac{Y-\psi(t_0)}{\psi'(t_0)}.$$

从几何的角度来观察,过曲线上两点

$$(\varphi(t_0),\psi(t_0)) \text{ 和 } (\varphi(t),\psi(t))$$

的割线的方向系数应该是

$$(\varphi(t)-\varphi(t_0),\quad \psi(t)-\psi(t_0))$$

或者

$$\left(\frac{\varphi(t)-\varphi(t_0)}{t-t_0},\frac{\psi(t)-\psi(t_0)}{t-t_0}\right).$$

让 $t\to t_0$ 取极限就得到了切线的方向系数:

$$(\varphi'(t_0),\psi'(t_0)).$$

例 20 考察由极坐标方程给出的曲线

$$r=r(\theta).$$

试求这曲线在某点 (r,θ) 的切线.

解 由极坐标方程可得曲线的参数方程

$$x=r(\theta)\cos\theta,\quad y=r(\theta)\sin\theta.$$

于是

$$\frac{\mathrm{d}y}{\mathrm{d}x}=\frac{\dfrac{\mathrm{d}y}{\mathrm{d}\theta}}{\dfrac{\mathrm{d}x}{\mathrm{d}\theta}}=\frac{r'(\theta)\sin\theta+r(\theta)\cos\theta}{r'(\theta)\cos\theta-r(\theta)\sin\theta}$$

$$=\frac{\tan\theta+\dfrac{r(\theta)}{r'(\theta)}}{1-\tan\theta\dfrac{r(\theta)}{r'(\theta)}}.$$

以 α 记切线与极轴(也就是 OX 轴)的夹角(见图 4-4),则有

$$\tan\alpha=\frac{\tan\theta+\dfrac{r(\theta)}{r'(\theta)}}{1-\tan\theta\dfrac{r(\theta)}{r'(\theta)}}.$$

由这式子又可得到

$$\frac{r(\theta)}{r'(\theta)} = \frac{\tan\alpha - \tan\theta}{1 + \tan\alpha\tan\theta}$$
$$= \tan(\alpha - \theta) = \tan\beta.$$

这里 $\beta = \alpha - \theta$ 恰好就是切线与极径的夹角.

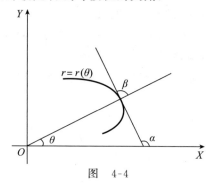

图 4-4

于是,我们得知:对于由极坐标方程 $r = r(\theta)$ 表示的曲线,其切线与极径的夹角的正切应为

$$\frac{r(\theta)}{r'(\theta)}.$$

有时候,变量 y 对变量 x 的函数关系通过一个方程来给出. 例如,按照方程

$$x^2 + y^2 = 1,$$

对每一个 $x \in [-1, 1]$,有唯一的 $y \in [0, +\infty)$ 与之对应(容易看出 $y = \sqrt{1-x^2}$). 于是,方程 $x^2 + y^2 = 1$ 确定了从集合 $D = [-1, 1]$ 到集合 $E = [0, +\infty)$ 的一个函数. 对一般情形,设 $D \subset \mathbb{R}$,$E \subset \mathbb{R}$. 如果按照方程

$$F(x, y) = 0,$$

对每一个 $x \in D$ 恰好有唯一的 $y \in E$ 与之对应,那么我们就说:由条件

$$F(x, y) = 0, \quad x \in D, y \in E$$

确定了一个隐函数. 有时候,隐函数可以用显式解出. 例如由关系

$$x^2 + y^2 = 1, \quad -1 \leqslant x \leqslant 1, \quad y \geqslant 0$$

确定的隐函数,可以用显式表示为
$$y = \sqrt{1-x^2}, \quad -1 \leqslant x \leqslant 1;$$
而由关系
$$x^2 + y^2 = 1, \quad -1 \leqslant x \leqslant 1, \quad y \leqslant 0$$
确定的隐函数,可以用显式表示为
$$y = -\sqrt{1-x^2}, \quad -1 \leqslant x \leqslant 1.$$
从上述例子可以看出,要由方程确定一个隐函数,仅仅指出 x 的变化范围是不够的,还需要指出 y 的变化范围. 至于由方程确定隐函数的一般条件以及所确定的隐函数的分析性质,这些都是十分重要的课题. 本书将在多元函数部分予以讨论. 这里仅仅指出:对于隐函数存在并且可导的情形,并不一定需要先解出显式表示再求导,直接对隐函数所满足的方程求导往往更为便利. 请看下面的例子.

例 21 求由以下条件确定的隐函数 $y = y(x)$ 的导数:
$$x^2 + y^2 = 1, \quad -1 < x < 1, y > 0.$$

解 以 $y = y(x)$ 代入方程 $x^2 + y^2 = 1$ 应该得到一个恒等式. 对这恒等式两边求导得
$$2x + 2yy' = 0$$
$$y' = -x/y.$$
用显式表示来验算,我们得到
$$y' = (\sqrt{1-x^2})' = \frac{1}{2\sqrt{1-x^2}}(1-x^2)'$$
$$= -\frac{x}{\sqrt{1-x^2}} = -\frac{x}{y}.$$

有时候,从函数的直接表示式求导数比较复杂,改用(人为的)隐式表示来求这函数的导数也许还要简便一些. 所谓**对数求导法**(适用于幂-指数表示式及其他一些情形)就是一个很好的例子.

例 22(**对数求导法**) 为了求幂-指数式 $y = u(x)^{v(x)}$ $(u(x) > 0)$ 的导数,将其两边取对数而得到
$$\ln y = v(x) \ln u(x).$$
按照隐函数求导的办法,对上式两边求导得

$$\frac{y'}{y} = v'(x)\ln u(x) + v(x)\frac{u'(x)}{u(x)}.$$

由此得到

$$y' = y\left(v'(x)\ln u(x) + v(x)\frac{u'(x)}{u(x)}\right).$$

2. e 高阶导数

设函数 f 在开区间 I 的每一点可导,则以下对应关系定义了一个函数

$$x \mapsto f'(x), \quad \forall\, x \in I.$$

这函数称为函数 f 的**导函数**,记为 f'. 对于导函数 f',我们又可以讨论它的可导性和导数. 导函数 f' 在 x 点的导数 $(f')'(x)$,称为函数 f 在 x 点的**二阶导数**,记为

$$f''(x), \quad f^{(2)}(x) \quad \text{或者} \quad \frac{\mathrm{d}^2 y}{\mathrm{d}x^2}.$$

我们用归纳的方式来定义 n **阶导数** $f^{(n)}(x)$. 首先约定:$f^{(0)}(x) = f(x)$. 如果 $f^{(n-1)}(x)$ 对一切 $x \in I$ 都有定义,那么由对应关系

$$x \mapsto f^{(n-1)}(x)$$

定义了函数 f 的 $n-1$ 阶导函数 $f^{(n-1)}$. 如果导函数 $f^{(n-1)}$ 在 x 点具有导数 $(f^{(n-1)})'(x)$,那么我们就把这导数称为是函数 f 在 x 点的 n 阶导数,记为

$$f^{(n)}(x) \quad \text{或者} \quad \frac{\mathrm{d}^n y}{\mathrm{d}x^n}.$$

高阶导数在实际问题中也有广泛的应用. 例如在力学中,如果以 $x(t)$ 表示沿直线运动的质点的坐标,那么一阶导数 $x'(t)$ 表示运动的速度,二阶导数 $x''(t)$ 就表示质点运动的加速度. 于是,牛顿第二定律的数学表示就应该是

$$mx'' = F \quad \text{或者} \quad m\frac{\mathrm{d}^2 x}{\mathrm{d}t^2} = F.$$

高阶导数的计算,原则上只是各求导法则的反复使用. 但在有些情况下,为了求出表示任意阶导数的公式,往往需要采用一些技巧

性的手段,对每次求导的结果加以整理,以便于"猜出"结果的一般形式.

例 23 设 $y=x^\alpha$,求 $y^{(n)}$.

解
$$y'=\alpha x^{\alpha-1},$$
$$y''=\alpha(\alpha-1)x^{\alpha-2},$$
$$\cdots\cdots\cdots\cdots\cdots\cdots\cdots\cdots$$
$$y^{(n)}=\alpha(\alpha-1)\cdots(\alpha-n+1)x^{\alpha-n}.$$

如果 $\alpha=m\in\mathbb{N}$,那么 $n>m$ 时就有 $y^{(n)}=0$.

例 24 设 $y=\mathrm{e}^{\beta x}$,求 $y^{(n)}$.

解 $y'=\beta\mathrm{e}^{\beta x}, y''=\beta^2\mathrm{e}^{\beta x},\cdots,y^{(n)}=\beta^n\mathrm{e}^{\beta x}$.

例 25 设 $y=\ln(1+x)$,求 $y^{(n)}$.

解
$$y'=(1+x)^{-1}=\frac{1}{1+x}.$$
$$\begin{aligned}y^{(n)}&=((1+x)^{-1})^{(n-1)}\\&=(-1)(-2)\cdots(-(n-1))(1+x)^{-n}\\&=(-1)^{n-1}\frac{(n-1)!}{(1+x)^n}.\end{aligned}$$

例 26 设 $y=\sin x$,求 $y^{(n)}$.

解
$$y'=\cos x, \quad y''=-\sin x,$$
$$y'''=-\cos x, \quad y^{(4)}=\sin x,$$
$$\cdots\cdots\cdots\cdots\cdots\cdots\cdots\cdots$$
$$y^{(2k-1)}=(-1)^{k-1}\cos x,$$
$$y^{(2k)}=(-1)^k\sin x.$$

为了用统一的公式写出求导结果,可采用以下办法:
$$y'=\cos x=\sin(x+\pi/2),$$
$$y''=\cos(x+\pi/2)=\sin(x+2\cdot\pi/2),$$
$$\cdots\cdots\cdots\cdots$$
$$y^{(n)}=\sin\left(x+\frac{n\pi}{2}\right).$$

对于 $z=\cos x$,同样可得
$$z^{(n)}=\cos\left(x+\frac{n\pi}{2}\right).$$

作为乘积求导公式
$$(uv)' = u'v + uv'$$
的推广,我们有以下的莱布尼茨公式.

定理 4 设函数 u 和 v 都在 x_0 点 n 次可导,则这两函数的乘积 uv 也在 x_0 点 n 次可导,并且在该点有

$$(uv)^{(n)} = \sum_{k=0}^{n} \binom{n}{k} u^{(n-k)} v^{(k)},$$

这里 $\binom{n}{k} = C_n^k$ 是二项式系数,即

$$\binom{n}{0} = 1,$$

$$\binom{n}{k} = \frac{n(n-1)\cdots(n-k+1)}{k!}$$

$$(k = 1, 2, \cdots, n).$$

证明 我们用归纳法证明莱布尼茨公式. 证明中关键的一步将用到以下恒等式:

$$\binom{n}{k} + \binom{n}{k-1} = \binom{n+1}{k}.$$

这关系可以直接用定义加以验证.

对于 $n=1$ 的情形,莱布尼茨公式即熟知的乘积求导公式. 假设对于 $n \in \mathbb{N}$ 已经证明了莱布尼茨公式. 我们来考察 $n+1$ 的情形.

$$(uv)^{(n+1)} = ((uv)^{(n)})'$$
$$= \left(\sum_{k=0}^{n} \binom{n}{k} u^{(n-k)} v^{(k)} \right)'$$
$$= \sum_{k=0}^{n} \binom{n}{k} (u^{(n-k+1)} v^{(k)} + u^{(n-k)} v^{(k+1)})$$
$$= \sigma_1 + \sigma_2,$$

这里

$$\sigma_1 = \sum_{k=0}^{n} \binom{n}{k} u^{(n+1-k)} v^{(k)},$$

$$\sigma_2 = \sum_{j=0}^{n} \binom{n}{j} u^{(n-j)} v^{(j+1)}.$$

在 σ_2 的表示式中,令 $j=k-1$ 可得
$$\sigma_2 = \sum_{k=1}^{n+1} \binom{n}{k-1} u^{(n+1-k)} v^{(k)}.$$

于是,我们得到
$$\begin{aligned}(uv)^{(n+1)} &= \sigma_1 + \sigma_2 \\ &= \sum_{k=0}^{n} \binom{n}{k} u^{(n+1-k)} v^{(k)} + \sum_{k=1}^{n+1} \binom{n}{k-1} u^{(n+1-k)} v^{(k)} \\ &= u^{(n+1)} v + \sum_{k=1}^{n} \left(\binom{n}{k} + \binom{n}{k-1} \right) u^{(n+1-k)} v^{(k)} \\ &\quad + uv^{(n+1)} \\ &= \sum_{k=0}^{n+1} \binom{n+1}{k} u^{(n+1-k)} v^{(k)}. \quad \square\end{aligned}$$

在结束本节之前,我们对复合函数、反函数以及参数式表示的函数的高阶导数的求法,做简单的说明. 本来,这些情形下高阶导数的计算,都只是相应情形下求一阶导数手续的重复使用,但对高阶导数的计算,初学者容易犯错误,所以仍有必要特别提请注意.

设函数 f 和 g 都至少是二阶可导的,并且 g 与 f 可复合,这时复合函数 $h=g\circ f$ 也至少是二阶可导的,其二阶导数可按以下办法计算:
$$\begin{aligned}h'(x) &= g'(f(x))f'(x), \\ h''(x) &= (h'(x))' \\ &= (g'(f(x))f'(x))' \\ &= (g'(f(x)))'f'(x) + g'(f(x))(f'(x))' \\ &= g''(f(x))(f'(x))^2 + g'(f(x))f''(x).\end{aligned}$$

更高阶的导数也可用类似的办法计算.

设在开区间 I 上,函数 $y=F(x)$ 严格单调,至少二阶可导,并且满足条件 $F'(x)\neq 0$. 则 F 的反函数 $x=G(y)$ 在 I 也至少是二阶可导的. 我们已经知道
$$G'(y) = \frac{1}{F'(G(y))}.$$

对这式再求导就得到

$$G''(y) = -\frac{(F'(G(y)))'}{(F'(G(y)))^2}$$
$$= -\frac{F''(G(y))G'(y)}{(F'(G(y)))^2}$$
$$= -\frac{F''(G(y))}{(F'(G(y)))^3}.$$

更高阶的导数也可用类似的办法求得.

设函数 $\varphi(t)$ 和 $\psi(t)$ 在开区间 J 至少二阶可导;函数 $\varphi(t)$ 在 J 严格单调并且满足条件 $\varphi'(t) \neq 0$. 我们来考察由参数式

$$x = \varphi(t), \quad y = \psi(t), \quad t \in J$$

所定义的函数

$$y = f(x) = \psi(\varphi^{-1}(x)).$$

已经知道,该函数的一阶导数可以表示为

$$\frac{dy}{dx} = f'(x) = \frac{\psi'(t)}{\varphi'(t)}.$$

为了求二阶导数,我们把一阶导数 $\dfrac{dy}{dx}$ 看成参数式表示的函数

$$x = \varphi(t), \quad \frac{dy}{dx} = \frac{\psi'(t)}{\varphi'(t)}, \quad t \in J.$$

对该函数又可应用参数表示函数的求导公式,

$$\frac{d^2y}{dx^2} = \frac{\left(\dfrac{\psi'(t)}{\varphi'(t)}\right)'}{\varphi'(t)}.$$

这样,我们求得

$$\frac{d^2y}{dx^2} = f''(x) = \frac{\psi''(t)\varphi'(t) - \psi'(t)\varphi''(t)}{(\varphi'(t))^3}.$$

更高阶的导数也可用类似的办法求出.

对于参数式表示的函数的二阶导数,有的初学者误以为

$$\frac{d^2y}{dx^2} = \frac{\psi''(t)}{\varphi''(t)}.$$

我们特别指出这一错误,希望读者引以为戒.

§3 无穷小增量公式与有限增量公式

函数的导数为我们了解函数的变化提供了相当有用的信息. 无穷小增量公式与有限增量公式是我们利用导数研究函数的重要工具.

3.a 无穷小增量公式

我们已经知道：如果函数 f 在 x_0 点可导，那么就有
$$f(x)=f(x_0)+f'(x_0)(x-x_0)+o(x-x_0).$$
这式又可写成
$$f(x_0+h)=f(x_0)+f'(x_0)h+o(h),$$
或者
$$f(x_0+\Delta x)=f(x_0)+f'(x_0)\Delta x+o(\Delta x).$$
以上这些公式称为**无穷小增量公式**，它们反映了当 $\Delta x=h=x-x_0\to 0$ 时函数的变化状况.

作为上述公式的应用，我们来讨论函数的极值问题.

定义 设 I 是一个区间，$x_0\in I$. 如果存在 $\eta>0$，使得 $U(x_0,\eta)\subset I$，那么我们就说 x_0 是区间 I 的一个**内点**.

区间 I 除去端点外的所有的点都是内点. 它的全体内点的集合是一个开区间，记为 I^0.

定义 设函数 f 在区间 I 有定义，$x_0\in I^0$. 如果存在 x_0 的一个邻域 $U(x_0,\delta)\subset I$，使得对任何 $x\in U(x_0,\delta)$ 都有
$$f(x)\leqslant f(x_0) \quad (f(x)\geqslant f(x_0)),$$
那么我们就说函数 f 在 x_0 点取得**极大值（极小值）** $f(x_0)$. 这时，如果对任何 $x\in \mathring{U}(x_0,\delta)$ 都有
$$f(x)<f(x_0) \quad (f(x)>f(x_0)),$$
那么我们就说函数 f 在 x_0 点取得**严格的极大值（严格的极小值）**.

函数的极大值和极小值统称**极值**. 使函数取得极值的点 x_0 称为**极值点**.

注记 极值是一个局部的概念. 所谓函数 f 在一点 x_0 取得极

大值(极小值),仅仅意味着:与邻近各点的函数值相比较,这点的函数值 $f(x_0)$ 是较大的(较小的). 函数 f 在区间 I 上的最大值(最小值)则是一个整体的概念.

引理 设 $A \subset \mathbb{R}, A \neq 0$. 如果
$$\varphi(h) = Ah + o(h) \quad (h \to 0),$$
那么可以断定:对于充分小的 $h \neq 0$, $\varphi(h)$ 与 Ah 同号(即同时大于 0 或者同时小于 0).

证明 因为
$$\lim_{h \to 0} \frac{\varphi(h)}{Ah} = 1 > 0,$$
所以 $|h|$ 充分小时也有
$$\frac{\varphi(h)}{Ah} > 0. \quad \square$$

关于可微函数在区间的内点取得极值的必要条件,有以下的费马(Fermat)定理.

定理 1 (极值的必要条件) 设函数 f 在区间 I 有定义,在这区间的内点 x_0 处取得极值. 如果 f 在 x_0 点可导,那么必有
$$f'(x_0) = 0.$$

证明 用反证法. 我们写出无穷小增量公式
$$f(x) - f(x_0) = A(x - x_0) + o(x - x_0),$$
这里
$$A = f'(x_0).$$
假设 $A \neq 0$,那么按照上面的引理,当 $h = x - x_0$ 充分小时, $f(x) - f(x_0)$ 与 $A(x - x_0)$ 同号. 如果 $A > 0$,那么
$$f(x) - f(x_0) \begin{cases} < 0, & \text{对于 } x \in (x_0 - \delta, x_0), \\ > 0, & \text{对于 } x \in (x_0, x_0 + \delta), \end{cases}$$
这里 δ 是充分小的正数. 我们看到,如果 $A > 0$,那么 f 在 x_0 点不可能取得极值. 类似地可以证明,如果 $A < 0$,那么 f 在 x_0 点也不可能取得极值. 因此,只要函数 f 在区间的内点 x_0 处可导,它在该点取得极值的**必要条件就是** $f'(x_0) = 0$. $\square$

定义 我们把使得 $f'(x_0) = 0$ 的点 x_0 叫作函数 f 的**临界点**.

注记 函数 f 在极值点处可以没有导数. 例如函数 $f_1(x)=|x|$ 在 $x=0$ 处取得极小值但在这点不可导(见图 4-5). 如果函数 f 在极值点 x_0 可导,那么由费马定理可知 x_0 是 f 的临界点. 但即使对于可导的情形,临界点也只是取得极值的**必要条件**而不是充分条件. 例如函数 $f_2(x)=x^3$ 以 $x=0$ 为临界点,但在该点并不取得极值(见图 4-6).

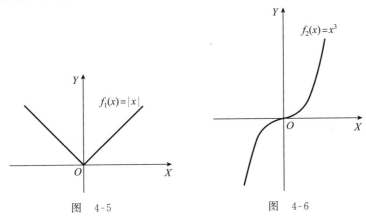

图 4-5　　　　　　　　图 4-6

费马定理帮助我们缩小了搜寻极值点的范围. 特别是对于 $f'(x)=0$ 只有有限个根的情形,我们只需对这些根逐个进行检查,从中找出极值点来. 对于许多实际问题来说,需要寻找的是函数取得最大值或者最小值的点. 这样的点如果是区间的内点也就必定是极值点,所以也可按照上面说的办法搜寻. 于是,我们得到以下定理.

定理 2 设函数 f 在 $[a,b]$ 连续,在 (a,b) 可导. 如果方程 $f'(x)=0$ 在 (a,b) 中只有有限个根 $x_1,x_2,\cdots,x_k$,那么函数 f 在区间 $[a,b]$ 上的最大值 M 和最小值 m 分别为

$$M=\max\{f(a),f(x_1),\cdots,f(x_k),f(b)\}$$

和

$$m=\min\{f(a),f(x_1),\cdots,f(x_k),f(b)\}.$$

证明 在闭区间 $[a,b]$ 上连续的函数 f 必定取到它的最大值 M(最小值 m). 最大值 M(最小值 m)可能在区间的端点取得,也可能在区间的内点取得. 如果在内点 x_0 取得最大值(最小值),那么 x_0

必定是函数 f 的一个临界点. □

注记 上面定理对 f 在 (a,b) 中无临界点的情形也适用. 这时应有：
$$M = \max\{f(a), f(b)\}$$
和
$$m = \min\{f(a), f(b)\}.$$
在本节 3.c 中，我们将要对极值的充分条件做一些讨论.

3. b 有限增量公式

无穷小增量公式反映了当 $x \to x_0$ 时函数 f 的渐近性态. 它只适合于研究函数的局部状况. 为了考察函数在较大范围中的状况，我们需要考察对"有限增量"成立的相应的公式.

以下的罗尔(Rolle)定理是费马定理的推论. 它虽然简单却很有用处.

定理 3 (罗尔定理) 设函数 f 在闭区间 $[a,b]$ 连续，在开区间 (a,b) 可导，并且满足
$$f(a) = f(b).$$
则存在 $c \in (a,b)$，使得
$$f'(c) = 0.$$

证明 在闭区间 $[a,b]$ 连续的函数 f 必定能取到它的最大值 M 和最小值 m. 如果 $M = m$，那么 f 是常值函数，当然对任何一点 $c \in (a,b)$ 都有 $f'(c) = 0$. 如果 $M > m$，那么至少有其中一个值在内点 $c \in (a,b)$ 取得（因为 $f(a) = f(b)$）. 根据费马定理，在这点就有 $f'(c) = 0$. □

罗尔定理的几何解释如下：如果联结光滑曲线段两端点的弦是水平的，那么在这曲线段上（两端点之间）必定有一点的切线也是水平的（见图 4-7）. 从这一几何解释出发，很容易联想到以下推广：不论联结光滑曲线段两端点的弦是否水平，在这曲线段上（两端点之间）必定有一点的切线平行于这弦（见图 4-8）. 这一推广的确切陈述，就是以下的拉格朗日定理.

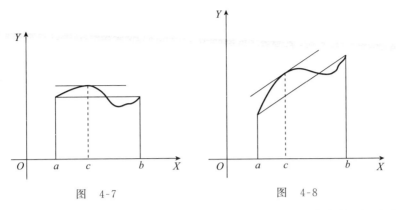

图 4-7　　　　　　　　图 4-8

定理 4(拉格朗日定理)　设函数 f 在闭区间 $[a,b]$ 连续,在开区间 (a,b) 可导,则至少存在一点 $c\in(a,b)$,使得
$$f'(c)=\frac{f(b)-f(a)}{b-a}.$$

证明　做辅助函数
$$F(x)=f(x)-f(a)-\frac{f(b)-f(a)}{b-a}(x-a).$$
容易看到:函数 F 在 $[a,b]$ 连续,在 (a,b) 可导,并且满足条件
$$F(a)=F(b)=0.$$
根据罗尔定理,存在 $c\in(a,b)$,使得
$$F'(c)=0,$$
即
$$f'(c)=\frac{f(b)-f(a)}{b-a}. \quad \square$$

拉格朗日定理又称为**中值定理**、**均值定理**等. 定理的结论可以改写成:存在 $c\in(a,b)$,使得
$$f(b)=f(a)+f'(c)(b-a).$$
这一式子又可写成
$$f(a)=f(b)+f'(c)(a-b).$$
现在,设 I 是任意一个区间(不一定是闭区间),并设函数 f 在 I 连续,在 I° 可导. 则对任意 $x_0,x\in I$(不论是 $x_0<x$ 或者是 $x<x_0$),

都存在介于 x_0 和 x 之间的 ξ(或者 $x_0<\xi<x$,或者 $x<\xi<x_0$),使得
$$f(x)=f(x_0)+f'(\xi)(x-x_0). \qquad (3.1)$$
这只需对闭区间 $[x_0,x]$ 或者 $[x,x_0]$ 用拉格朗日定理就可得证。如果记
$$\frac{\xi-x_0}{x-x_0}=\theta,$$
$$x-x_0=h=\Delta x,$$
则有
$$0<\theta=\frac{\xi-x_0}{x-x_0}<1,$$
$$\xi=x_0+\theta(x-x_0)=x_0+\theta h=x_0+\theta\Delta x.$$
于是公式(3.1)可以改写成
$$f(x)=f(x_0)+f'(x_0+\theta(x-x_0))(x-x_0),$$
$$f(x_0+h)=f(x_0)+f'(x_0+\theta h)h,$$
或者
$$f(x_0+\Delta x)=f(x_0)+f'(x_0+\theta\Delta x)\Delta x.$$

(3.1)式和以上三式都称为**有限增量公式**. 在这些公式中,增量 $\Delta x=h=x-x_0$ 不再限定是"无穷小量",它可以是任何能够使得 $x=x_0+h=x_0+\Delta x\in I$ 的"有限量".

虽然在这些公式中含有不知其确切位置只知其范围的 ξ 或者 θ(只知道 ξ 介于 x_0 与 x 之间,θ 介于 0 与 1 之间),但这并不妨碍我们利用这些公式对函数的状况作定性的研究.

定理 5 设函数 f 在区间 I 连续,在 I° 可导,则
$$f\equiv 常数 \iff f'(x)=0, \quad \forall x\in I^\circ.$$

证明 "$\Rightarrow$"部分是显然的. 这里来证明"$\Leftarrow$"部分. 设
$$f'(x)=0, \quad \forall x\in I^\circ.$$
对于任意 $x_1,x_2\in I$,存在介于 x_1 和 x_2 之间的 ξ,使得
$$f(x_2)=f(x_1)+f'(\xi)(x_2-x_1).$$
因为 $f'(\xi)=0$,所以有
$$f(x_2)=f(x_1).$$

因为上式对任意的 $x_1, x_2 \in I$ 都成立,所以 f 是常值函数. □

推论 设 f 和 g 在区间 I 连续,在 I° 可导. 如果
$$g'(x) = f'(x), \quad \forall x \in I^\circ,$$
那么存在常数 C,使得
$$g(x) = f(x) + C, \quad \forall x \in I.$$

例 1 设函数 f 在 $\mathbb{R}$ 上有二阶导数. 如果
$$f''(x) = 0, \quad \forall x \in \mathbb{R},$$
那么
$$f(x) \equiv C_0 x + C_1.$$

证明 因为
$$(f')'(x) = f''(x) = 0, \quad \forall x \in \mathbb{R},$$
所以
$$f'(x) \equiv C_0 (\text{常数}).$$
记
$$\varphi(x) = f(x) - C_0 x,$$
则有
$$\varphi'(x) = f'(x) - C_0 = 0, \quad \forall x \in \mathbb{R},$$
因而
$$\varphi(x) \equiv C_1 (\text{常数}).$$
即
$$f(x) - C_0 x \equiv C_1.$$
由此得到
$$f(x) \equiv C_0 x + C_1. \quad \square$$

例 2 设函数 f 在 $\mathbb{R}$ 上有 $n+1$ 阶导数. 如果
$$f^{(n+1)}(x) = 0, \quad \forall x \in \mathbb{R},$$
那么
$$f(x) \equiv C_0 x^n + C_1 x^{n-1} + \cdots + C_n.$$

证明 用归纳法. $n=1$ 的情形已见于上一例子中. 假设对于 $n=k$ 的情形结论成立. 我们来考察 $n=k+1$ 的情形. 这时 f' 在 $\mathbb{R}$ 上有 $k+1$ 阶导数,并且
$$(f')^{(k+1)}(x) = f^{(k+2)}(x) = 0, \quad \forall x \in \mathbb{R},$$

因而(根据归纳的假设)有
$$f'(x) \equiv C_0' x^k + C_1' x^{k-1} + \cdots + C_k',$$
这里 $C_0', C_1', \cdots, C_k'$ 是常数. 记
$$\varphi(x) = f(x) - \frac{C_0'}{k+1} x^{k+1} - \frac{C_1'}{k} x^k - \cdots - C_k' x,$$
则有
$$\varphi'(x) = f'(x) - C_0' x^k - C_1' x^{k-1} - \cdots - C_k'$$
$$= 0, \quad \forall x \in \mathbb{R},$$
因而
$$\varphi(x) \equiv C_{k+1} (\text{常数}).$$
我们证明了
$$f(x) \equiv C_0 x^{k+1} + C_1 x^k + \cdots + C_k x + C_{k+1},$$
这里
$$C_0 = \frac{C_0'}{k+1}, \ C_1 = \frac{C_1'}{k}, \cdots, C_k = C_k'. \quad \square$$

3. c 函数的升降与极值

我们常采用"升"与"降"这类形象的说法描述函数的单调性质."上升"意味着"递增",即只要 $x_1 < x_2$ 就有 $f(x_1) \leqslant f(x_2)$;"下降"意味着"递减",即只要 $x_1 < x_2$ 就有 $f(x_1) \geqslant f(x_2)$.

定理 6 设函数 f 在区间 I 连续,在 I^0 可导,则有

(1) f 在 I 递增 $\Longleftrightarrow f'(x) \geqslant 0, \ \forall x \in I^0$;

(2) f 在 I 递减 $\Longleftrightarrow f'(x) \leqslant 0, \ \forall x \in I^0$.

证明 先证论断(1)的"$\Rightarrow$"部分. 如果 f 在 I 递增, $x \in I^0$, 那么对充分小的 $h \neq 0$, 不论是 $h > 0$ 或者是 $h < 0$, 都一定有
$$\frac{f(x+h) - f(x)}{h} \geqslant 0.$$
由此得到
$$f'(x) = \lim_{h \to 0} \frac{f(x+h) - f(x)}{h} \geqslant 0.$$
再来证明论断(1)的"$\Leftarrow$"部分. 如果

$$f'(x) \geqslant 0, \quad \forall x \in I^0,$$
那么对任意的 $x_1, x_2 \in I$, $x_1 < x_2$, 都有
$$f(x_2) = f(x_1) + f'(\xi)(x_2 - x_1) \geqslant f(x_1).$$
我们完成了论断(1)的证明. 论断(2)的证明可仿此做出. □

定理 7 设函数 f 在区间 I 连续, 在 I^0 可导, 则有

(1) f 在 I 上严格递增的充要条件是: $f'(x) \geqslant 0$, $\forall x \in I^0$, 并且 $f'(x)$ 不在 I 的任何一个开子区间上恒等于 0;

(2) f 在 I 上严格递减的充要条件是: $f'(x) \leqslant 0$, $\forall x \in I^0$, 并且 $f'(x)$ 不在 I 的任何一个开子区间上恒等于 0.

证明 我们只对论断(1)写出证明. 条件的必要性是显然的. 下面证明条件的充分性. 假设论断(1)中的条件得到满足. 由定理 6 可知函数 f 在区间 I 上是递增的. 如果存在 $x_1, x_2 \in I$, $x_1 < x_2$, 使得 $f(x_1) = f(x_2)$, 那么对于 $x \in (x_1, x_2)$ 就有
$$f(x_1) = f(x) = f(x_2),$$
因而在开区间 (x_1, x_2) 上就有
$$f'(x) = 0.$$
但这与条件矛盾. 这一矛盾说明 f 在 I 上只能是严格递增的. □

函数 f 升降性改变之处, 应该是这函数的极值点. 从这一简单的观察出发, 可以得到一些判别极值点的充分条件. 在以下的讨论中, 我们设函数 f 在区间 I 上有定义, x_0 是 I 的一个内点.

首先, 我们注意到, 如果在 x_0 点的两侧导函数 $f'(x)$ 有相反的符号, 那么函数 f 在 x_0 点应该取得严格的极值. 更具体地说, 就是:

(1) 如果从 x_0 左侧到 x_0 右侧, 导函数 $f'(x)$ 从负变到正, 那么函数 $f(x)$ 在 x_0 点取得严格的极小值;

(2) 如果从 x_0 左侧到 x_0 右侧, 导函数 $f'(x)$ 从正变到负, 那么函数 $f(x)$ 在 x_0 点取得严格的极大值.

我们把这结果写成定理的形式:

定理 8 (极值的第一充分条件) 设函数 f 在区间 I 有定义, 在 $U(x_0, \eta) \subset I$ 连续, 在 $\breve{U}(x_0, \eta)$ 可导.

(1) 如果

$$f'(x)(x-x_0)>0, \quad \forall x\in \check{U}(x_0,\eta),$$

那么函数 f 在 x_0 点取得严格的极小值;

(2) 如果

$$f'(x)(x-x_0)<0, \quad \forall x\in \check{U}(x_0,\eta),$$

那么函数 f 在 x_0 点取得严格的极大值.

请注意,上面的定理甚至没有要求函数 f 在 x_0 点可导,因而能应用于这样的函数:

$$f(x)=|x|, \quad x\in[-1,1].$$

对于在 x_0 点二阶可导的函数,我们有以下的更为方便的判别法则. 说到函数 f 在 x_0 点二阶可导的时候,自然先要假定 f 在 x_0 的某个邻域上一阶可导. 我们做这样的约定以免除每次给予说明的麻烦.

定理 9 (极值的第二充分条件) 设函数 f 在区间 I 有定义,在 $x_0\in I^0$ 处二阶可导,并设 $f'(x_0)=0$,则有:

(1) 如果 $f''(x_0)>0$,那么函数 f 在 x_0 点取得严格的极小值;

(2) 如果 $f''(x_0)<0$,那么函数 f 在 x_0 点取得严格的极大值.

证明 我们证明论断(1):因为

$$\lim_{x\to x_0}\frac{f'(x)}{x-x_0}=\lim_{x\to x_0}\frac{f'(x)-f'(x_0)}{x-x_0}=f''(x_0)>0,$$

所以存在 $\eta>0$,使得 $x\in \check{U}(x_0,\eta)$ 时有

$$\frac{f'(x)}{x-x_0}>0.$$

在 $\check{U}(x_0,\eta)$ 中,当 $x<x_0$ 时,$f'(x)<0$;而当 $x>x_0$ 时,$f'(x)>0$. 因而函数 f 在 x_0 点取得严格的极小值.

对论断(2)的证明可仿此做出. □

定理 10 设函数 f 在区间 I 连续,在 I^0 二阶可导,而 x_0 是 f 在 I^0 中的唯一的临界点,则:

(1) 如果 $f''(x_0)>0$,那么 $f(x_0)$ 是函数 f 在区间 I 上的最小值;

(2) 如果 $f''(x_0)<0$,那么 $f(x_0)$ 是函数 f 在区间 I 上的最大值.

证明 (1) 因为 $f'(x)$ 在 I^0 连续并且只有唯一的零点 x_0，所以在 x_0 的左边 $f'(x)$ 保持同一符号. 在定理 9 的证明中我们已经看到: 在 x_0 左侧邻近处有 $f'(x)<0$. 因而对于 I^0 中 x_0 点左边所有的 x 都应有 $f'(x)<0$. 同样可证: 对于 I^0 中 x_0 点右边所有的 x 都有 $f'(x)>0$. 这样, 我们证明了 $f(x_0)$ 是函数 f 在区间 I 的最小值.

(2) 可仿照(1)给出证明. □

光学中的费马原理说: 在任意两点间, 光通过的路线是耗时最少的路线. 在下面的例题中, 我们从费马原理出发推证光的折射定律.

例 3 设有两种均匀介质 I 和 II, 光在介质 I 中的速度是 c_1, 光在介质 II 中的速度是 c_2, 两种介质的分界面是平面. 如果有一束光从介质 I 中的 A_1 点到介质 II 中的 A_2 点, 那么这束光走怎样的路线?

解 容易看出, 在同一介质中, 耗时最省的路线是直线. 假设光在介质 I 中的路线是直线段 A_1P, 在介质 II 中的路线是直线段 PA_2. 采用图 4-9 中的记号表示, 我们有

$$A_1P = \sqrt{h_1^2 + x^2},$$
$$PA_2 = \sqrt{h_2^2 + (l-x)^2}.$$

光从 A_1 经 P 到 A_2 所耗费的时间 T 是 x 的函数:

$$T(x) = \frac{1}{c_1}\sqrt{h_1^2 + x^2} + \frac{1}{c_2}\sqrt{h_2^2 + (l-x)^2}.$$

我们来求这函数的最小值. 求导得

$$T'(x) = \frac{1}{c_1}\frac{x}{\sqrt{h_1^2 + x^2}} - \frac{1}{c_2}\frac{l-x}{\sqrt{h_2^2 + (l-x)^2}},$$

$$T''(x) = \frac{1}{c_1}\frac{h_1^2}{(h_1^2 + x^2)^{3/2}} + \frac{1}{c_2}\frac{h_2^2}{(h_2^2 + (l-x)^2)^{3/2}}.$$

因为 $T'(0)<0$, $T'(l)>0$, 所以在 0 和 l 之间有 x_0 使得 $T'(x_0)=0$. 又因为 $T''(x)>0$, 所以只有唯一的 x_0 能使得 $T'(x_0)=0$. 在 x_0 点函数 $T(x)$ 取得最小值. 这点满足的方程为

$$\frac{1}{c_1}\frac{x_0}{\sqrt{h_1^2 + x_0^2}} = \frac{1}{c_2}\frac{l-x_0}{\sqrt{h_2^2 + (l-x_0)^2}},$$

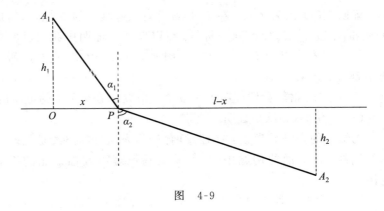

图 4-9

即
$$\frac{1}{c_1}\sin\alpha_1 = \frac{1}{c_2}\sin\alpha_2,$$

或者
$$\frac{\sin\alpha_1}{\sin\alpha_2} = \frac{c_1}{c_2}.$$

这就是著名的折射定律.

第五章 原函数与不定积分

§1 原函数与不定积分的概念

定义 设函数 f 在区间 I 上有定义. 如果函数 F 在 I 上连续, 在 I^0 上可导, 并且满足条件
$$F'(x) = f(x), \quad \forall x \in I^0,$$
或者
$$\mathrm{d}F(x) = f(x)\mathrm{d}x, \quad \forall x \in I^0,$$
那么我们就说 F 是函数 f 的一个**原函数**, 或者说 F 是微分形式 $f(x)\mathrm{d}x$ 的一个**原函数**.

定理 1 设函数 f 在区间 I 有定义. 如果函数 $F(x)$ 是函数 f 的一个原函数, 那么对任何 $C \in \mathbb{R}$, 函数
$$F(x) + C$$
也是函数 f 的原函数. 并且 f 的任何原函数也都可以表示成这种形式.

证明 首先, 对任何 $C \in \mathbb{R}$, 显然有
$$(F(x) + C)' = F'(x) = f(x), \quad \forall x \in I^0,$$
因而函数 $F(x) + C$ 是 f 的原函数. 其次, 设 G 是 f 的任何一个原函数, 那么
$$(G(x) - F(x))' = 0, \quad \forall x \in I^0,$$
因而
$$G(x) - F(x) = C, \quad \forall x \in I.$$
这证明了
$$G(x) = F(x) + C. \quad \square$$

定义 设函数 f 在区间 I 上有定义, 函数 F 是 f 的一个原函数, 则函数族
$$F(x) + C \quad (C \in \mathbb{R})$$

表示 f 的一切原函数. 我们把这函数簇叫作函数 $f(x)$ 的**不定积分**,或者叫作微分形式 $f(x)\mathrm{d}x$ 的**不定积分**,记为

$$\int f(x)\mathrm{d}x = F(x) + C.$$

在这里,$f(x)$ 称为**被积函数**,$f(x)\mathrm{d}x$ 称为**被积表示式**,而 $\int$ 是表示不定积分的符号.

根据定义有

$$\left(\int f(x)\mathrm{d}x\right)' = f(x),$$

$$\mathrm{d}\left(\int f(x)\mathrm{d}x\right) = f(x)\mathrm{d}x$$

和

$$\int F'(x)\mathrm{d}x = F(x) + C,$$

$$\int \mathrm{d}F(x) = F(x) + C.$$

因此,在允许相差一个任意常数的意义之下,求不定积分这一运算恰好是求导或者求微分的逆运算.

根据定义很容易验证以下的运算法则.

定理 2 如果 $F(x)$ 和 $G(x)$ 分别是函数 $f(x)$ 和 $g(x)$ 的原函数,λ 是一个非零实数,那么 $F(x)+G(x)$ 是函数 $f(x)+g(x)$ 的原函数,$\lambda F(x)$ 是函数 $\lambda f(x)$ 的原函数. 换句话说,我们有以下运算法则:

$$\int (f(x)+g(x))\mathrm{d}x = \int f(x)\mathrm{d}x + \int g(x)\mathrm{d}x;$$

$$\int (\lambda f(x))\mathrm{d}x = \lambda \int f(x)\mathrm{d}x.$$

既然不定积分是求导运算的逆运算,从已有的导数表就可以翻出一个不定积分表来(见下页).

表中的每一个不定积分都可以这样来验算:将等式右端的函数微分,应该得到左端的被积表示式.

不定积分表应该熟记,以作为进一步计算不定积分的基础——正像熟记九九表作为乘除法的基础那样.

不 定 积 分 表

$\int 0 \mathrm{d}x = C,$

$\int 1 \mathrm{d}x = x + C,$

$\int x^\mu \mathrm{d}x = \dfrac{1}{\mu+1} x^{\mu+1} + C \, (\mu \neq -1),$

$\int x^{-1} \mathrm{d}x = \int \dfrac{\mathrm{d}x}{x} = \ln|x| + C,$

$\int \dfrac{\mathrm{d}x}{x-a} = \ln|x-a| + C,$

$\int \mathrm{e}^x \mathrm{d}x = \mathrm{e}^x + C,$

$\int a^x \mathrm{d}x = \dfrac{a^x}{\ln a} + C \, (a > 0, \, a \neq 1),$

$\int \cos x \, \mathrm{d}x = \sin x + C,$

$\int \sin x \, \mathrm{d}x = -\cos x + C,$

$\int \dfrac{\mathrm{d}x}{\cos^2 x} = \tan x + C,$

$\int \dfrac{\mathrm{d}x}{\sin^2 x} = -\cot x + C,$

$\int \dfrac{\mathrm{d}x}{1+x^2} = \arctan x + C,$

$\int \dfrac{\mathrm{d}x}{\sqrt{1-x^2}} = \arcsin x + C,$

$\int \mathrm{ch}\, x \, \mathrm{d}x = \mathrm{sh}\, x + C,$

$\int \mathrm{sh}\, x \, \mathrm{d}x = \mathrm{ch}\, x + C,$

$\int \dfrac{\mathrm{d}x}{\sqrt{x^2 \pm a^2}} = \ln|x + \sqrt{x^2 \pm a^2}| + C.$

例 1 求 $\int \tan^2 x \, \mathrm{d}x$.

解 我们有

$$\int \tan^2 x \, \mathrm{d}x = \int \dfrac{1-\cos^2 x}{\cos^2 x} \mathrm{d}x$$

$$= \int \frac{\mathrm{d}x}{\cos^2 x} - \int 1 \mathrm{d}x$$
$$= \tan x - x + C.$$

例 2 求 $\int \frac{\mathrm{d}x}{\sin^2 2x}$.

解
$$\int \frac{\mathrm{d}x}{\sin^2 2x} = \frac{1}{4} \int \frac{\mathrm{d}x}{\sin^2 x \cdot \cos^2 x}$$
$$= \frac{1}{4} \int \frac{\sin^2 x + \cos^2 x}{\sin^2 x \cdot \cos^2 x} \mathrm{d}x$$
$$= \frac{1}{4} \left(\int \frac{\mathrm{d}x}{\cos^2 x} + \int \frac{\mathrm{d}x}{\sin^2 x} \right)$$
$$= \frac{1}{4} (\tan x - \cot x) + C.$$

上式右端可以改写为
$$\frac{\sin^2 x - \cos^2 x}{4 \cos x \sin x} + C = -\frac{1}{2} \cot 2x + C.$$

在下一节中,我们将用更简单的办法求得这一结果.

例 3 求 $\int \frac{\mathrm{d}x}{(x-\alpha)(x-\beta)}$.

解 我们有
$$\int \frac{\mathrm{d}x}{(x-\alpha)(x-\beta)} = \frac{1}{\alpha-\beta} \left(\int \frac{\mathrm{d}x}{x-\alpha} - \int \frac{\mathrm{d}x}{x-\beta} \right)$$
$$= \frac{1}{\alpha-\beta} (\ln|x-\alpha| - \ln|x-\beta|) + C$$
$$= \frac{1}{\alpha-\beta} \ln \left| \frac{x-\alpha}{x-\beta} \right| + C.$$

例 4 求 $\int \frac{\mathrm{d}x}{x^2 - a^2}$.

解
$$\int \frac{\mathrm{d}x}{x^2 - a^2} = \int \frac{\mathrm{d}x}{(x-a)(x+a)}$$
$$= \frac{1}{2a} \ln \left| \frac{x-a}{x+a} \right| + C.$$

例 5 求 $\int \frac{x^2}{x^2 + 1} \mathrm{d}x$.

解 $\int \dfrac{x^2}{x^2+1} dx = \int \dfrac{x^2+1-1}{x^2+1} dx$

$\qquad = \int \left(1 - \dfrac{1}{1+x^2}\right) dx$

$\qquad = x - \arctan x + C.$

例 6 求 $\int \dfrac{dx}{x^4-1}$.

解 $\int \dfrac{dx}{x^4-1} = \int \dfrac{dx}{(x^2-1)(x^2+1)}$

$\qquad = \dfrac{1}{2} \left(\int \dfrac{dx}{x^2-1} - \int \dfrac{dx}{x^2+1} \right)$

$\qquad = \dfrac{1}{4} \ln \left| \dfrac{x-1}{x+1} \right| - \dfrac{1}{2} \arctan x + C.$

例 7 求 $\int \dfrac{x^2+x-1}{x^3-2x^2+x-2} dx$.

解 $\int \dfrac{x^2+x-1}{x^3-2x^2+x-2} dx = \int \dfrac{(x^2+1)+(x-2)}{(x^2+1)(x-2)} dx$

$\qquad = \int \dfrac{dx}{x-2} + \int \dfrac{dx}{x^2+1}$

$\qquad = \ln|x-2| + \arctan x + C.$

§2 换元积分法

换元积分法是求不定积分时非常有用的一种方法. 这种方法的依据是微分表示的不变性. 我们把该依据陈述为以下引理:

引理 如果
$$dG(u) = g(u) du,$$
那么把 u 换成可微函数 $u = u(v)$ 仍有
$$dG(u(v)) = g(u(v)) du(v).$$

这就是说, 从
$$\int g(u) du = G(u) + C$$
可以得到

$$\int g(u(v))\,\mathrm{d}u(v) = G(u(v)) + C.$$

上面的引理说明:在不定积分的表示式中可以做变数替换.这一结果以两种形式应用于求不定积分,这就是下面将要介绍的第一换元法和第二换元法.

2.a 第一换元法

采用这一方法计算 $\int f(x)\,\mathrm{d}x$,就要把被积表示式 $f(x)\,\mathrm{d}x$ 写成两因式的乘积,前一因式形状如 $g(u(x))$,后一因式形状如 $\mathrm{d}u(x)$. 如果我们求得

$$\int g(u)\,\mathrm{d}u = G(u) + C,$$

那么

$$\int f(x)\,\mathrm{d}x = \int g(u(x))\,\mathrm{d}u(x)$$
$$= G(u(x)) + C.$$

在具体解题的时候,我们不必每次写出代表中间变量的符号 u,只要在心目中把 $u(x)$ 当作一个整体来看待就可以了.

例1 (出现文字 a 的地方都假定 $a \neq 0$)

$$\int e^{3x}\,\mathrm{d}x = \frac{1}{3}\int e^{3x}\,\mathrm{d}(3x) = \frac{1}{3}e^{3x} + C.$$

$$\int e^{ax}\,\mathrm{d}x = \frac{1}{a}\int e^{ax}\,\mathrm{d}(ax) = \frac{1}{a}e^{ax} + C.$$

$$\int \frac{\mathrm{d}x}{\sin^2 2x} = \frac{1}{2}\int \frac{\mathrm{d}(2x)}{\sin^2 2x} = -\frac{1}{2}\cot 2x + C.$$

$$\int \frac{\mathrm{d}x}{\sin^2 ax} = \frac{1}{a}\int \frac{\mathrm{d}(ax)}{\sin^2 ax} = -\frac{1}{a}\cot ax + C.$$

$$\int \cos(ax+b)\,\mathrm{d}x = \frac{1}{a}\int \cos(ax+b)\,\mathrm{d}(ax+b)$$
$$= \frac{1}{a}\sin(ax+b) + C.$$

更一般地,我们有公式:

$$\int g(ax+b)\,\mathrm{d}x = \frac{1}{a}\int g(ax+b)\,\mathrm{d}(ax+b)$$

例 2 求 $\int x\,\mathrm{e}^{x^2}\,\mathrm{d}x$, $\int \dfrac{x}{1+x^4}\,\mathrm{d}x$, $\int \dfrac{x^2}{\cos^2 x^3}\,\mathrm{d}x$.

解 $\int x\,\mathrm{e}^{x^2}\,\mathrm{d}x = \dfrac{1}{2}\int \mathrm{e}^{x^2}\,\mathrm{d}(x^2) = \dfrac{1}{2}\mathrm{e}^{x^2} + C.$

$\int \dfrac{x}{1+x^4}\,\mathrm{d}x = \dfrac{1}{2}\int \dfrac{\mathrm{d}(x^2)}{1+(x^2)^2} = \dfrac{1}{2}\arctan x^2 + C.$

$\int \dfrac{x^2}{\cos^2 x^3}\,\mathrm{d}x = \dfrac{1}{3}\int \dfrac{\mathrm{d}(x^3)}{\cos^2 x^3} = \dfrac{1}{3}\tan x^3 + C.$

更一般地,我们有公式:
$$\int g(x^k) x^{k-1}\,\mathrm{d}x = \frac{1}{k}\int g(x^k)\,\mathrm{d}(x^k).$$

例 3 求 $\int \dfrac{(\ln x)^k}{x}\,\mathrm{d}x$.

解 $\int \dfrac{(\ln x)^k}{x}\,\mathrm{d}x = \int (\ln x)^k\,\mathrm{d}(\ln x)$

$\qquad\qquad = \dfrac{1}{k+1}(\ln x)^{k+1} + C.$

更一般地,我们有公式:
$$\int \frac{g(\ln x)}{x}\,\mathrm{d}x = \int g(\ln x)\,\mathrm{d}(\ln x).$$

例 4 求 $\int \dfrac{\mathrm{e}^x}{1+\mathrm{e}^{2x}}\,\mathrm{d}x$.

解 $\int \dfrac{\mathrm{e}^x}{1+\mathrm{e}^{2x}}\,\mathrm{d}x = \int \dfrac{\mathrm{d}\mathrm{e}^x}{1+(\mathrm{e}^x)^2} = \arctan \mathrm{e}^x + C.$

例 5 求 $\int \sin^2 x\,\mathrm{d}x$, $\int \cos^2 x\,\mathrm{d}x$.

解 $\int \sin^2 x\,\mathrm{d}x = \int \dfrac{1-\cos 2x}{2}\,\mathrm{d}x = \dfrac{1}{2}x - \dfrac{1}{4}\sin 2x + C.$

$\int \cos^2 x\,\mathrm{d}x = \int \dfrac{1+\cos 2x}{2}\,\mathrm{d}x = \dfrac{1}{2}x + \dfrac{1}{4}\sin 2x + C.$

例 6 求 $\int \tan x\,\mathrm{d}x$, $\int \cot x\,\mathrm{d}x$.

解 $\int \tan x \, dx = -\int \dfrac{d(\cos x)}{\cos x} = -\ln|\cos x| + C.$

$\int \cot x \, dx = \int \dfrac{d(\sin x)}{\sin x} = \ln|\sin x| + C.$

例 7 求 $\int \cos^3 x \, dx$, $\int \sin^3 x \, dx$.

解 $\int \cos^3 x \, dx = \int \cos^2 x \, d(\sin x)$

$\qquad = \int (1 - \sin^2 x) \, d(\sin x)$

$\qquad = \sin x - \dfrac{1}{3} \sin^3 x + C.$

$\int \sin^3 x \, dx = -\int (1 - \cos^2 x) \, d(\cos x)$

$\qquad = -\cos x + \dfrac{1}{3} \cos^3 x + C.$

例 8 求 $\int \dfrac{dx}{\cos x}$.

解 $\int \dfrac{dx}{\cos x} = \int \dfrac{\cos x \, dx}{\cos^2 x}$

$\qquad = \int \dfrac{d(\sin x)}{1 - \sin^2 x}$

$\qquad = \dfrac{1}{2} \ln \left| \dfrac{1 + \sin x}{1 - \sin x} \right| + C$

$\qquad = \dfrac{1}{2} \ln \left| \dfrac{1 + \sin x}{\cos x} \right|^2 + C$

$\qquad = \ln \left| \dfrac{1}{\cos x} + \dfrac{\sin x}{\cos x} \right| + C$

$\qquad = \ln |\sec x + \tan x| + C,$

在计算过程中,我们用到以下事实:

$$\int \dfrac{du}{u^2 - 1} = \dfrac{1}{2} \ln \left| \dfrac{u-1}{u+1} \right| + C.$$

例 9 求 $\int \dfrac{dx}{\sqrt{a^2 - x^2}}$, $\int \dfrac{dx}{a^2 + x^2}$, 这里 $a > 0$.

解 $$\int \frac{\mathrm{d}x}{\sqrt{a^2-x^2}} = \int \frac{\mathrm{d}\left(\frac{x}{a}\right)}{\sqrt{1-\left(\frac{x}{a}\right)^2}} = \arcsin \frac{x}{a} + C.$$

$$\int \frac{\mathrm{d}x}{a^2+x^2} = \frac{1}{a}\int \frac{\mathrm{d}\left(\frac{x}{a}\right)}{1+\left(\frac{x}{a}\right)^2} = \frac{1}{a}\arctan \frac{x}{a} + C.$$

例 10 求 $\int \dfrac{\mathrm{d}x}{x^2+px+q}$.

解 分几种情形讨论.

情形 1　设二次三项式 x^2+px+q 有两个不相等的实根 α 和 β,即
$$x^2+px+q=(x-\alpha)(x-\beta),\quad \alpha\neq\beta,$$
则有
$$\int \frac{\mathrm{d}x}{x^2+px+q} = \int \frac{\mathrm{d}x}{(x-\alpha)(x-\beta)}$$
$$= \frac{1}{\alpha-\beta}\left(\int \frac{\mathrm{d}x}{x-\alpha} - \int \frac{\mathrm{d}x}{x-\beta}\right)$$
$$= \frac{1}{\alpha-\beta}\ln\left|\frac{x-\alpha}{x-\beta}\right| + C.$$

情形 2　设 x^2+px+q 有重实根 γ,即
$$x^2+px+q=(x-\gamma)^2.$$
这时有
$$\int \frac{\mathrm{d}x}{x^2+px+q} = \int \frac{\mathrm{d}x}{(x-\gamma)^2}$$
$$= -\frac{1}{x-\gamma} + C.$$

情形 3　设 x^2+px+q 有一对共轭复根 $\lambda\pm\mathrm{i}\mu$,这时
$$x^2+px+q = \left(x+\frac{p}{2}\right)^2 + q - \frac{p^2}{4} = (x-\lambda)^2+\mu^2,$$
其中 $\lambda=-\dfrac{p}{2}$, $\mu=\sqrt{q-\dfrac{p^2}{4}}$. 对这一情形有

$$\int \frac{\mathrm{d}x}{x^2+px+q} = \int \frac{\mathrm{d}x}{(x-\lambda)^2+\mu^2}$$

$$= \frac{1}{\mu}\arctan\frac{x-\lambda}{\mu} + C$$

$$= \frac{1}{\sqrt{q-\frac{p^2}{4}}}\arctan\frac{x+\frac{p}{2}}{\sqrt{q-\frac{p^2}{4}}} + C.$$

2.b 第二换元法

采用这种方法计算不定积分 $\int f(x)\mathrm{d}x$ 的时候,我们做适当的变数替换 $x = \varphi(t)$,这里的函数 $\varphi(t)$ 在区间 J 上严格单调并且连续,在这区间的内部可导,并且满足条件 $\varphi'(t) \neq 0$. 如果我们求得

$$\int f(\varphi(t))\mathrm{d}\varphi(t) = G(t) + C,$$

那么在这式中做变数替换 $t = \varphi^{-1}(x)$ 就得到

$$\int f(x)\mathrm{d}x = G(\varphi^{-1}(x)) + C.$$

例 11 求 $\int \sqrt{a^2-x^2}\,\mathrm{d}x \ (a>0)$.

解 令 $x = a\sin t \ (-\pi/2 \leqslant t \leqslant \pi/2)$,我们得到

$$\int \sqrt{a^2-x^2}\,\mathrm{d}x = a^2\int \cos^2 t\,\mathrm{d}t$$

$$= a^2\left(\frac{t}{2} + \frac{\sin 2t}{4}\right) + C$$

$$= \frac{1}{2}(a^2 t + a^2 \sin t \cos t) + C$$

$$= \frac{1}{2}\left(a^2\arcsin\frac{x}{a} + x\sqrt{a^2-x^2}\right) + C.$$

例 12 求 $\int \frac{\mathrm{d}x}{(x^2+a^2)^2}$.

解 令 $x = a\tan t$,则 $\mathrm{d}x = \frac{a\,\mathrm{d}t}{\cos^2 t}$,我们得到

$$\int \frac{\mathrm{d}x}{(x^2+a^2)^2} = \frac{1}{a^3}\int \cos^2 t\, \mathrm{d}t$$
$$= \frac{1}{2a^3}(t + \sin t \cos t) + C$$
$$= \frac{1}{2a^3}\left(t + \frac{\tan t}{\tan^2 t + 1}\right) + C$$
$$= \frac{1}{2a^3}\arctan\frac{x}{a} + \frac{1}{2a^2}\frac{x}{x^2+a^2} + C.$$

在以下两个例子里，我们用换元积分法计算上节不定积分表最后一行中的两个积分.

例 13　求 $\int \dfrac{\mathrm{d}x}{\sqrt{x^2+a^2}}$，这里 $a>0$.

解　令 $x = a\tan t$，则 $\mathrm{d}x = \dfrac{a\,\mathrm{d}t}{\cos^2 t}$. 于是
$$\int \frac{\mathrm{d}x}{\sqrt{x^2+a^2}} = \int \frac{\mathrm{d}t}{\cos t}$$
$$= \ln|\sec t + \tan t| + C_0$$
$$= \ln\left|\frac{\sqrt{x^2+a^2}}{a} + \frac{x}{a}\right| + C_0$$
$$= \ln|x + \sqrt{x^2+a^2}| + C,$$
这里 $C = C_0 - \ln a$ 仍是任意常数.

例 14　求 $\int \dfrac{\mathrm{d}x}{\sqrt{x^2-a^2}}$，这里 $|x|>a>0$.

解　令 $x = a\sec t$（对于 $x>a$ 的情形 $0<t<\pi/2$；对于 $x<-a$ 的情形 $-\pi/2<t<0$），则 $\mathrm{d}x = a\sec t\cdot\tan t\,\mathrm{d}t$，于是
$$\int \frac{\mathrm{d}x}{\sqrt{x^2-a^2}} = \int \frac{\mathrm{d}t}{\cos t}$$
$$= \ln|\sec t + \tan t| + C_0$$
$$= \ln\left|\frac{x}{a} + \sqrt{\left(\frac{x}{a}\right)^2 - 1}\right| + C_0$$
$$= \ln|x + \sqrt{x^2-a^2}| + C,$$

这里 $C=C_0-\ln a$ 仍为任意常数.

注记 从上面的例题中,我们看到:对于涉及 $\sqrt{a^2-x^2}$ 或 $\sqrt{x^2\pm a^2}$ 的被积函数,有时可以引入一个辅助的"角变量" t 作为参数.

(1) 对于涉及 $\sqrt{a^2-x^2}$ 的被积函数,可以令 $x=a\cos t$ 或者 $x=a\sin t$ (见图 5-1).

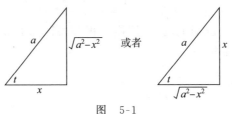

图 5-1

(2) 对于涉及 $\sqrt{x^2+a^2}$ 的被积函数,可以令 $x=a\tan t$ 或者 $x=a\cot t$ (图 5-2).

图 5-2

(3) 对于涉及 $\sqrt{x^2-a^2}$ 的被积函数,可以令 $x=a\sec t=\dfrac{a}{\cos t}$ 或者 $x=a\csc t=\dfrac{a}{\sin t}$ (图 5-3).

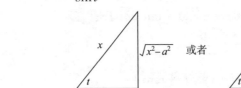

图 5-3

§3 分部积分法

求不定积分的另一重要方法是分部积分法. 这种方法的依据是乘积微分公式

$$d(u(x)v(x)) = v(x)du(x) + u(x)dv(x).$$

我们把该公式改写为

$$u(x)dv(x) = d(u(x)v(x)) - v(x)du(x),$$

由此得到

$$\int u(x)dv(x) = u(x)v(x) - \int v(x)du(x).$$

这就是**分部积分法**的公式. 在应用时, 可以不必引入新的记号 u 和 v, 只需在心中默记住把哪一个式子当作 $u(x)$, 把哪一个式子当作 $v(x)$.

例1 求 $\int x\cos x\,dx$, $\int x\sin x\,dx$ 和 $\int xe^x\,dx$.

解
$$\int x\cos x\,dx = \int x\,d\sin x$$
$$= x\sin x - \int \sin x\,dx$$
$$= x\sin x + \cos x + C.$$
$$\int x\sin x\,dx = -\int x\,d\cos x$$
$$= -x\cos x + \int \cos x\,dx$$
$$= -x\cos x + \sin x + C.$$
$$\int xe^x\,dx = \int x\,de^x$$
$$= xe^x - \int e^x\,dx$$
$$= xe^x - e^x + C$$
$$= (x-1)e^x + C.$$

例2 求 $\int x^k \ln x\,dx$.

解 先设 $k \neq -1$, 则有

$$\int x^k \ln x \, dx = \frac{1}{k+1} \int \ln x \, d(x^{k+1})$$
$$= \frac{1}{k+1} x^{k+1} \ln x - \frac{1}{k+1} \int x^{k+1} d(\ln x)$$
$$= \frac{1}{k+1} x^{k+1} \ln x - \frac{1}{k+1} \int x^k \, dx$$
$$= \frac{1}{k+1} x^{k+1} \ln x - \frac{1}{(k+1)^2} x^{k+1} + C.$$

对于 $k=-1$ 的情形,我们有
$$\int \frac{\ln x}{x} dx = \int \ln x \, d(\ln x) = \frac{1}{2} (\ln x)^2 + C.$$

例 3 求 $\int x \arctan x \, dx$.

解
$$\int x \arctan x \, dx = \frac{1}{2} \int \arctan x \, d(x^2)$$
$$= \frac{1}{2} x^2 \arctan x - \frac{1}{2} \int x^2 \, d(\arctan x)$$
$$= \frac{1}{2} x^2 \arctan x - \frac{1}{2} \int \frac{x^2}{1+x^2} dx$$
$$= \frac{1}{2} x^2 \arctan x - \frac{1}{2} \int \left(1 - \frac{1}{1+x^2}\right) dx$$
$$= \frac{1}{2} x^2 \arctan x - \frac{1}{2} x + \frac{1}{2} \arctan x + C$$
$$= \frac{1}{2} (x^2+1) \arctan x - \frac{1}{2} x + C.$$

例 4 求 $\int x^2 \cos x \, dx$.

解
$$\int x^2 \cos x \, dx = \int x^2 \, d\sin x$$
$$= x^2 \sin x - \int \sin x \, d(x^2)$$
$$= x^2 \sin x - 2 \int x \sin x \, dx$$
$$= x^2 \sin x + 2 \int x \, d\cos x$$

$$= x^2 \sin x + 2x \cos x - 2\int \cos x \, \mathrm{d}x$$
$$= x^2 \sin x + 2x \cos x - 2\sin x + C.$$

在上面的例子中，我们接连两次运用分部积分的手续. 一般说来，多次运用分部积分手续，我们可以求出以下形式的一些不定积分：

$$\int x^k \sin bx \, \mathrm{d}x, \quad \int x^k \cos bx \, \mathrm{d}x,$$
$$\int x^k \mathrm{e}^{ax} \, \mathrm{d}x, \quad \int x^k \ln^m x \, \mathrm{d}x,$$

这里 $k, m \in \mathbb{N}$.

我们再来看另外一些类型的例子.

例 5 求 $\int \sqrt{x^2 - a^2} \, \mathrm{d}x$ 和 $\int \sqrt{x^2 + a^2} \, \mathrm{d}x$.

解 利用分部积分法得

$$\int \sqrt{x^2 - a^2} \, \mathrm{d}x = x\sqrt{x^2 - a^2} - \int x \, \mathrm{d}\sqrt{x^2 - a^2}$$
$$= x\sqrt{x^2 - a^2} - \int \frac{x^2}{\sqrt{x^2 - a^2}} \, \mathrm{d}x$$
$$= x\sqrt{x^2 - a^2} - \int \frac{a^2 + x^2 - a^2}{\sqrt{x^2 - a^2}} \, \mathrm{d}x$$
$$= x\sqrt{x^2 - a^2} - a^2 \int \frac{\mathrm{d}x}{\sqrt{x^2 - a^2}} - \int \sqrt{x^2 - a^2} \, \mathrm{d}x.$$

由此得到

$$\int \sqrt{x^2 - a^2} \, \mathrm{d}x = \frac{x}{2}\sqrt{x^2 - a^2} - \frac{a^2}{2} \int \frac{\mathrm{d}x}{\sqrt{x^2 - a^2}}$$
$$= \frac{x}{2}\sqrt{x^2 - a^2} - \frac{a^2}{2} \ln|x + \sqrt{x^2 - a^2}| + C.$$

用类似的办法可以求得

$$\int \sqrt{x^2 + a^2} \, \mathrm{d}x = \frac{x}{2}\sqrt{x^2 + a^2} + \frac{a^2}{2} \ln|x + \sqrt{x^2 + a^2}| + C.$$

例 6 求 $\int e^{ax}\cos bx\, dx$ 和 $\int e^{ax}\sin bx\, dx$，这里 $a, b \neq 0$。

解 利用分部积分法可得

$$\int e^{ax}\cos bx\, dx = \frac{1}{a}e^{ax}\cos bx + \frac{b}{a}\int e^{ax}\sin bx\, dx,$$

$$\int e^{ax}\sin bx\, dx = \frac{1}{a}e^{ax}\sin bx - \frac{b}{a}\int e^{ax}\cos bx\, dx.$$

解这方程组，我们求得

$$\int e^{ax}\cos bx\, dx = e^{ax}\frac{a\cos bx + b\sin bx}{a^2 + b^2} + C,$$

$$\int e^{ax}\sin bx\, dx = e^{ax}\frac{a\sin bx - b\cos bx}{a^2 + b^2} + C.$$

例 7 求 $J_n = \int \frac{dx}{(x^2 + a^2)^n}$。

解 利用分部积分法得

$$J_n = \frac{x}{(x^2+a^2)^n} - \int x\, d\frac{1}{(x^2+a^2)^n}$$

$$= \frac{x}{(x^2+a^2)^n} + 2n\int \frac{x^2}{(x^2+a^2)^{n+1}}dx$$

$$= \frac{x}{(x^2+a^2)^n} + 2n\int \frac{x^2+a^2-a^2}{(x^2+a^2)^{n+1}}dx$$

$$= \frac{x}{(x^2+a^2)^n} + 2nJ_n - 2na^2 J_{n+1}.$$

由此得到递推公式

$$J_{n+1} = \frac{1}{2na^2}\frac{x}{(x^2+a^2)^n} + \frac{2n-1}{2na^2}J_n.$$

因为我们已经知道

$$J_1 = \int \frac{dx}{x^2+a^2} = \frac{1}{a}\arctan\frac{x}{a} + C,$$

所以利用上面的递推公式可以求得任何 J_n。

§4 有理函数的积分

在数学中,常常有这样的情形:虽然某个运算在一定范围内有定义并且结果也在这个范围内,但它的逆运算的结果却可能跑出这个范围之外. 例如,有理数的平方总是有理数,但有理数的平方根却可能是无理数或者复数. 我们知道,初等函数的导数仍是初等函数. 但作为求导的逆运算的不定积分,却不具有这样的性质. 有不少初等函数的原函数不再是初等函数. 例如,以下这些不定积分就不能表示成初等函数的形式:

$$\int e^{-x^2}dx, \quad \int \sin x^2 dx, \quad \int \cos x^2 dx,$$

$$\int \frac{\sin x}{x}dx, \quad \int \frac{\cos x}{x}dx, \quad \int \frac{x}{\ln x}dx.$$

请读者注意:一个不定积分不能用初等函数来表示,绝不意味着这不定积分不存在. 相反地,在下一篇中我们将证明:任何连续函数 $f(x)$ 都具有原函数. 换句话说,任何连续函数的不定积分总是存在的,只是这不定积分并不一定能表示为初等函数.

有一些类型的函数,它们的不定积分总能够表示为初等函数. 对这种情形,我们说这些类型的函数能积分为有限形式. 本节和下一节将讨论某几类可积分为有限形式的函数.

首先考察有理分式函数

$$f(x) = P(x)/Q(x),$$

这里 $P(x)$ 和 $Q(x)$ 都是实系数的多项式. 利用多项式的带余除法,我们总可以把这有理分式写成以下形式

$$P(x)/Q(x) = P_0(x) + P_1(x)/Q(x),$$

这里 $P_0(x)$ 和 $P_1(x)$ 也是实系数的多项式,其中 $P_1(x)$ 的次数低于 $Q(x)$ 的次数. 多项式的不定积分是已经知道的. 所以我们只需讨论真分式 $P_1(x)/Q(x)$ 的不定积分. 为记号简单起见,不妨设 $f(x) = P(x)/Q(x)$ 就已经是既约的真分式,即假设 $P(x)$ 和 $Q(x)$ 是互素的实系数多项式,$P(x)$ 的次数低于 $Q(x)$ 的次数.

在实数范围内，一个多项式的不可约因式只可能是一次的或者二次的. 设 $Q(x)$ 的不可约因式分解如下：
$$Q(x) = (x-a_1)^{h_1}\cdots(x-a_r)^{h_r}$$
$$\cdot (x^2+p_1x+q_1)^{k_1}\cdots(x^2+p_sx+q_s)^{k_s},$$
这里的 $a_i(i=1,\cdots,r)$ 是实数，$x^2+p_jx+q_j(j=1,\cdots,s)$ 是不可约的（即无实根的）实系数二次三项式. 代数学中有这样的定理：

定理 1 如上所述的真分式 $\dfrac{P(x)}{Q(x)}$，可以唯一地表示为以下形状的简单分式之和：
$$\sum_{i=1}^r \left(\frac{A_i}{x-a_i} + \frac{A_i'}{(x-a_i)^2} + \cdots + \frac{A_i^{(h_i-1)}}{(x-a_i)^{h_i}} \right)$$
$$+ \sum_{j=1}^s \left(\frac{M_jx+N_j}{x^2+p_jx+q_j} + \frac{M_j'x+N_j'}{(x^2+p_jx+q_j)^2} \right.$$
$$\left. + \cdots + \frac{M_j^{(k_j-1)}x+N_j^{(k_j-1)}}{(x^2+p_jx+q_j)^{k_j}} \right),$$

这里的 $A_i, A_i', \cdots, A_i^{(h_i-1)}$；$M_j, M_j', \cdots, M_j^{(k_j-1)}$；$N_j, N_j', \cdots, N_j^{(k_j-1)}$ 等都是实常数 $(i=1,\cdots,r, j=1,\cdots,s)$.

定理 1 中的分解式，通常就叫作真分式 $\dfrac{P(x)}{Q(x)}$ 的**简单分式分解**或者**部分分式分解**.

定理 1 的证明可在一般的高等代数教科书中查到，这里就不转述了. 为了帮助理解，我们以一种特殊情形为例做简单的说明. 如果 $Q(x)=(x-a)^h$，那么真分式的分子 $P(x)$ 至多是 $h-1$ 次的. 借助于带余除法（逐次除以 $x-a$），我们可以把 $P(x)$ 表示为
$$P(x) = A(x-a)^{h-1} + A'(x-a)^{h-2} + \cdots$$
$$+ A^{(h-2)}(x-a) + A^{(h-1)}.$$
用 $Q(x)=(x-a)^h$ 除上式两边就得到了 $\dfrac{P(x)}{Q(x)}$ 的部分分式展开：
$$\frac{P(x)}{Q(x)} = \frac{A}{x-a} + \frac{A'}{(x-a)^2} + \cdots$$
$$+ \frac{A^{(h-2)}}{(x-a)^{h-1}} + \frac{A^{(h-1)}}{(x-a)^h}.$$

§4 有理函数的积分

以定理 1 为依据,在实际解题的时候,可以用待定系数法来求真分式的部分分式分解. 具体步骤如下:

第一步 先写出含有待定系数 $A_i, \cdots, A_i^{(h_i-1)}, M_j, \cdots, M_j^{(k_j-1)}, N_j, \cdots, N_j^{(k_j-1)}$ 的分解式

$$\frac{P(x)}{Q(x)} = \sum_{i=1}^{r}\left(\frac{A_i}{x-a_i} + \cdots + \frac{A_i^{(h_i-1)}}{(x-a_i)^{h_i}}\right)$$
$$+ \sum_{j=1}^{s}\left(\frac{M_j x + N_j}{x^2 + p_j x + q_j} + \cdots + \frac{M_j^{(k_j-1)} x + N_j^{(k_j-1)}}{(x^2 + p_j x + q_j)^{k_j}}\right);$$

第二步 用 $Q(x)$ 乘上式两边以消去分母;

第三步 比较所得式子两边同次项的系数,得到关于待定系数的线性方程组;

第四步 解这个方程组就可确定部分分式分解的各个系数.

例 1 试求 $\dfrac{1}{(x-1)^2(x-2)}$ 的部分分式分解.

解 设

$$\frac{1}{(x-1)^2(x-2)} = \frac{A}{x-1} + \frac{A'}{(x-1)^2} + \frac{B}{x-2}.$$

消去分母得

$$1 = A(x^2 - 3x + 2) + A'(x-2) + B(x^2 - 2x + 1).$$

比较上式两边同次项系数得

x^2	$A\qquad\qquad +B$	$=0,$
x	$-3A\ +A'\ -2B$	$=0,$
1	$2A\ -2A'\ +B$	$=1.$

解这方程组得到: $A = -1, A' = -1, B = 1$. 于是,我们得到

$$\frac{1}{(x-1)^2(x-2)} = \frac{-1}{x-1} + \frac{-1}{(x-1)^2} + \frac{1}{x-2}.$$

例 2 试求

$$\frac{3x^4 + 2x^3 + 3x^2 - 1}{(x-2)(x^2+1)^2}$$

的部分分式分解.

解 设
$$\frac{3x^4+2x^3+3x^2-1}{(x-2)(x^2+1)^2}=\frac{A}{x-2}+\frac{Mx+N}{x^2+1}+\frac{M'x+N'}{(x^2+1)^2}.$$
消去分母得
$$3x^4+2x^3+3x^2-1$$
$$=A(x^4+2x^2+1)+(Mx+N)(x^3-2x^2+x-2)$$
$$+(M'x+N')(x-2).$$
比较上式两边同次项的系数得

x^4	A	$+M$			$=3,$
x^3		$-2M$	$+N$		$=2,$
x^2	$2A$	$+M$	$-2N$	$+M'$	$=3,$
x		$-2M$	$+N$	$-2M'$ $+N'$	$=0,$
1	A		$-2N$	$-2N'$	$=-1.$

解该方程组得
$$A=3, \quad M=0, \quad N=2, \quad M'=1, \quad N'=0.$$
于是,我们得到
$$\frac{3x^4+2x^3+3x^2-1}{(x-2)(x^2+1)^2}=\frac{3}{x-2}+\frac{2}{x^2+1}+\frac{x}{(x^2+1)^2}.$$

通过部分分式分解,求有理分式的不定积分的问题归结为计算以下两种类型积分:

I. $\int \frac{dx}{(x-a)^n}$;

II. $\int \frac{Mx+N}{(x^2+px+q)^n}dx.$

我们已经会计算 I 型积分:
$$\int \frac{dx}{(x-a)^n}=\begin{cases}\frac{-1}{(n-1)(x-a)^{n-1}}+C, & n\neq 1, \\ \ln|x-a|+C, & n=1.\end{cases}$$

为了计算 II 型积分,我们将 x^2+px+q 写成
$$x^2+px+q=(x+p/2)^2+q-p^2/4=t^2+b^2,$$

这里 $t=x+p/2$, $b=\sqrt{q-p^2/4}$. 通过变数替换 $x=t-p/2$, 求 II 型积分的问题又归结为计算以下两种类型的不定积分:

II'. $\int \dfrac{t}{(t^2+b^2)^n}\mathrm{d}t$;

II". $\int \dfrac{\mathrm{d}t}{(t^2+b^2)^n}$.

其中 II' 型积分很容易计算:

$$\int \dfrac{t\,\mathrm{d}t}{(t^2+b^2)^n} = \begin{cases} \dfrac{-1}{2(n-1)(t^2+b^2)^{n-1}}+C, & n\neq 1, \\ \dfrac{1}{2}\ln(t^2+b^2)+C, & n=1. \end{cases}$$

为了计算 II" 型积分 J_n, 可以利用已知的递推公式

$$J_n = \dfrac{1}{2(n-1)b^2}\cdot\dfrac{t}{(t^2+b^2)^{n-1}}+\dfrac{2n-3}{2(n-1)b^2}J_{n-1}$$

和已知的结果

$$J_1 = \dfrac{1}{b}\arctan\dfrac{t}{b}+C.$$

这样,我们完全解决了求有理分式函数的不定积分的问题.

例 3 求 $\int \dfrac{\mathrm{d}x}{(x-1)^2(x-2)}$.

解 利用例 1 中展开部分分式的结果,我们得到

$$\int \dfrac{\mathrm{d}x}{(x-1)^2(x-2)} = -\int \dfrac{\mathrm{d}x}{x-1} - \int \dfrac{\mathrm{d}x}{(x-1)^2} + \int \dfrac{\mathrm{d}x}{x-2}$$

$$= \dfrac{1}{x-1} + \ln\left|\dfrac{x-2}{x-1}\right| + C.$$

例 4 求不定积分

$$I = \int \dfrac{3x^4+2x^3+3x^2-1}{(x-2)(x^2+1)^2}\mathrm{d}x.$$

解 利用例 2 中得到的部分分式分解可得

$$I = 3\int \dfrac{\mathrm{d}x}{x-2} + 2\int \dfrac{\mathrm{d}x}{x^2+1} + \int \dfrac{x\,\mathrm{d}x}{(x^2+1)^2}$$

$$= 3\ln|x-2| + 2\arctan x - \dfrac{1}{2}\dfrac{1}{x^2+1} + C.$$

通过上面的讨论,我们实际上已经弄清楚了有理分式函数的不定积分的具体表示形式.

定理 2 设 $\dfrac{P(x)}{Q(x)}$ 是既约真分式,将 $Q(x)$ 分解为不可约因式的乘积

$$Q(x) = \prod_{i=1}^{r}(x-a_i)^{h_i} \cdot \prod_{j=1}^{s}(x^2+p_jx+q_j)^{k_j},$$

记

$$Q_1(x) = \prod_{i=1}^{r}(x-a_i)^{h_i-1} \cdot \prod_{j=1}^{s}(x^2+p_jx+q_j)^{k_j-1},$$

则有

$$\int \frac{P(x)}{Q(x)}dx = \frac{P_1(x)}{Q_1(x)} + \sum_{i=1}^{r}\alpha_i\ln|x-a_i|$$

$$+ \sum_{j=1}^{s}\beta_j\ln(x^2+p_jx+q_j)$$

$$+ \sum_{j=1}^{s}\frac{2\gamma_j}{\sqrt{4q_j-p_j^2}}\arctan\frac{2x+p_j}{\sqrt{4q_j-p_j^2}} + C.$$

这里 $P_1(x)$ 是比 $Q_1(x)$ 次数低的多项式,α_i,β_j 和 γ_i 都是实常数 ($i=1,\cdots,r$, $j=1,\cdots,s$).

利用这一定理,我们还可以直接用待定系数法求真分式的不定积分. 请看下面的例子.

例 5 求 $\displaystyle\int \frac{dx}{(x^3+1)^2}$.

解 因为 $x^3+1=(x+1)(x^2-x+1)$,所以可设

$$\int \frac{dx}{(x^3+1)^2} = \frac{ax^2+bx+c}{x^3+1} + \alpha\ln|x+1|$$

$$+ \beta\ln(x^2-x+1)$$

$$+ \frac{2\gamma}{\sqrt{3}}\arctan\frac{2x-1}{\sqrt{3}} + C.$$

上式两边求导得

$$\frac{1}{(x^3+1)^2} = \frac{(2ax+b)(x^3+1) - 3x^2(ax^2+bx+c)}{(x^3+1)^2}$$
$$+ \frac{\alpha}{x+1} + \beta\frac{2x-1}{x^2-x+1} + \frac{\gamma}{x^2-x+1}.$$

以 $(x^3+1)^2$ 乘上式两边得

$$1 = (2ax+b)(x^3+1) - 3x^2(ax^2+bx+c)$$
$$+ \alpha(x^3+1)(x^2-x+1) + \beta(2x-1)(x^3+1)(x+1)$$
$$+ \gamma(x^3+1)(x+1).$$

比较系数得：

x^5			α	$+2\beta$		$=0,$
x^4	$-a$		$-\alpha$	$+\beta$	$+\gamma$	$=0,$
x^3		$-2b$	$+\alpha$	$-\beta$	$+\gamma$	$=0,$
x^2		$-3c$	$+\alpha$	$+2\beta$		$=0,$
x	$2a$		$-\alpha$	$+\beta$	$+\gamma$	$=0,$
1		b	$+\alpha$	$-\beta$	$+\gamma$	$=1.$

解该方程组得

$$a=0, \quad b=\frac{1}{3}, \quad c=0,$$
$$\alpha=\frac{2}{9}, \quad \beta=-\frac{1}{9}, \quad \gamma=\frac{1}{3}.$$

于是，我们求得

$$\int\frac{\mathrm{d}x}{(x^3+1)^2} = \frac{x}{3(x^3+1)} + \frac{1}{9}\ln\frac{(x+1)^2}{x^2-x+1}$$
$$+ \frac{2}{3\sqrt{3}}\arctan\frac{2x-1}{\sqrt{3}} + C.$$

我们对有理分式的积分法做一小结. 任何有理分式都可写成整式与既约真分式之和. 为了积分既约真分式, 可以利用待定系数法将其写成简单分式之和. 简单分式的积分是我们已经知道的. 对某些情形, 还可以采取灵活变通的办法做简单分式分解, 并结合其他手段计算积分.

例 6 求 $\displaystyle\int \frac{x^2+3ax-1}{x^4+x^2-2}\mathrm{d}x$.

解 我们有

$$\frac{x^2+3ax-1}{x^4+x^2-2} = \frac{3ax+(x^2-1)}{(x^2-1)(x^2+2)}$$

$$= \frac{ax[(x^2+2)-(x^2-1)]+(x^2-1)}{(x^2-1)(x^2+2)}$$

$$= a\left(\frac{x}{x^2-1}-\frac{x}{x^2+2}\right)+\frac{1}{x^2+2}.$$

于是得到

$$\int \frac{x^2+3ax-1}{x^4+x^2-2}\mathrm{d}x = \frac{a}{2}\ln\left|\frac{x^2-1}{x^2+2}\right|+\frac{1}{\sqrt{2}}\arctan\frac{x}{\sqrt{2}}+C.$$

例 7 求 $\displaystyle\int \frac{\mathrm{d}x}{x^4+x^2+1}$ 和 $\displaystyle\int \frac{\mathrm{d}x}{x^4+1}$.

解 我们有

$$\int \frac{\mathrm{d}x}{x^4+x^2+1} = \frac{1}{2}\int \frac{(x^2+1)-(x^2-1)}{x^4+x^2+1}\mathrm{d}x$$

$$= \frac{1}{2}\int \frac{x^2+1}{x^4+x^2+1}\mathrm{d}x - \frac{1}{2}\int \frac{x^2-1}{x^4+x^2+1}\mathrm{d}x$$

$$= \frac{1}{2}\int \frac{1+\dfrac{1}{x^2}}{x^2+1+\dfrac{1}{x^2}}\mathrm{d}x - \frac{1}{2}\int \frac{1-\dfrac{1}{x^2}}{x^2+1+\dfrac{1}{x^2}}\mathrm{d}x$$

$$= \frac{1}{2}\int \frac{\mathrm{d}\left(x-\dfrac{1}{x}\right)}{\left(x-\dfrac{1}{x}\right)^2+3} - \frac{1}{2}\int \frac{\mathrm{d}\left(x+\dfrac{1}{x}\right)}{\left(x+\dfrac{1}{x}\right)^2-1}$$

$$= \frac{1}{2\sqrt{3}}\arctan\frac{x^2-1}{\sqrt{3}\,x}+\frac{1}{4}\ln\frac{x^2+x+1}{x^2-x+1}+C.$$

用类似的办法可以求得

$$\int \frac{\mathrm{d}x}{x^4+1} = \frac{1}{2\sqrt{2}}\arctan\frac{x^2-1}{\sqrt{2}\,x} + \frac{1}{4\sqrt{2}}\ln\frac{x^2+\sqrt{2}\,x+1}{x^2-\sqrt{2}\,x+1} + C.$$

§5 某些可有理化的被积表示式

某些被积表示式可以通过变元替换而**有理化**. 我们将介绍这样一些类型:

I. $R(\sin x, \cos x)\mathrm{d}x$,

II. $R(x, \sqrt{ax^2+bx+c}\,)\mathrm{d}x$,

III. $R\left(x, \sqrt[n]{\dfrac{\alpha x+\beta}{\gamma x+\delta}}\right)\mathrm{d}x$,

IV. $x^\lambda(a+bx^\mu)^\nu \mathrm{d}x$ (λ,μ,ν 满足一定的条件).

在本节中,我们以 $R(u,v)$ 表示两个变元 u 和 v 的有理式,即

$$R(u,v) = \frac{P(u,v)}{Q(u,v)},$$

其中 $P(u,v)$ 和 $Q(u,v)$ 是变元 u 和 v 的多项式(即由变元 u,v 和实数经过有限次加法和乘法运算生成的式子).

5. a $R(\sin x, \cos x)\mathrm{d}x$

被积表示式 $R(\sin x, \cos x)\mathrm{d}x$ 可以通过变元替换

$$\tan\frac{x}{2} = t, \quad 即\ x = 2\arctan t$$

实现有理化. 事实上,我们有

$$\sin x = 2\tan\frac{x}{2}\cos^2\frac{x}{2} = \frac{2t}{1+t^2},$$

$$\cos x = \cos^2\frac{x}{2}\left(1-\tan^2\frac{x}{2}\right) = \frac{1-t^2}{1+t^2},$$

$$\mathrm{d}x = \frac{2\mathrm{d}t}{1+t^2}.$$

于是得到

$$R(\sin x, \cos x)\mathrm{d}x = R\left(\frac{2t}{1+t^2}, \frac{1-t^2}{1+t^2}\right)\frac{2\mathrm{d}t}{1+t^2}.$$

变元替换

$$\tan\frac{x}{2} = t, \text{ 即 } x = 2\arctan t$$

被称为**万能替换**. 所谓"万能"是指：任何三角函数的有理式均能用这变换实现有理化. 但这种替换并不总是最简单或者最方便的. 对于某些特别情形,采用其他形式的变换更为简单. 例如,对于形状如

$$R_1(\sin x, \cos^2 x)\cos x\,\mathrm{d}x$$

的表示式,采用替换 $\sin x = t$ 就可以更方便地把它有理化为

$$R_1(t, 1-t^2)\mathrm{d}t.$$

对于形状如

$$R_2(\sin^2 x, \cos x)\sin x\,\mathrm{d}x$$

的表示式,采用替换 $\cos x = t$ 也就可以把它有理化为

$$-R_2(1-t^2, t)\mathrm{d}t$$

另外,对于形状如

$$R_3\left(\frac{\sin x}{\cos x}, \cos^2 x\right)\mathrm{d}x$$

的表示式,可采用替换

$$\tan x = t, \text{ 即 } x = \arctan t$$

将它有理化为

$$R_3\left(t, \frac{1}{1+t^2}\right)\frac{\mathrm{d}t}{1+t^2}.$$

5. b $R(x, \sqrt{ax^2+bx+c})\mathrm{d}x$

我们有

$$ax^2+bx+c = a\left(x+\frac{b}{2a}\right)^2 + c - \frac{b^2}{4a}$$

$$= \pm\left[\sqrt{|a|}\left(x+\frac{b}{2a}\right)\right]^2 \pm \left(\sqrt{\left|c-\frac{b^2}{4a}\right|}\right)^2.$$

通过替换

§5 某些可有理化的被积表示式

$$u=\sqrt{|a|}\left(x+\frac{b}{2a}\right),$$

可以将 $\sqrt{ax^2+bx+c}$ 化成以下三种情形之一：

$$\sqrt{u^2+\lambda^2}, \quad \sqrt{u^2-\lambda^2} \quad 或 \quad \sqrt{\lambda^2-u^2}$$

(被开方式恒负的情形可不予考虑). 我们把 $R(x,\sqrt{ax^2+bx+c})\mathrm{d}x$ 转化为：

$$R_1(u,\sqrt{u^2+\lambda^2})\mathrm{d}u,$$
$$R_2(u,\sqrt{u^2-\lambda^2})\mathrm{d}u$$

或

$$R_3(u,\sqrt{\lambda^2-u^2})\mathrm{d}u.$$

对这三种情形，分别令

$$u=\lambda\tan t, \quad u=\lambda\sec t \quad 或 \quad u=\lambda\sin t,$$

就可以将被积表示式转化为三角函数的有理式. 再套用本节 5.a 中的手续就可以最后完成有理化的进程.

5.c $R\left(x,\sqrt[n]{\dfrac{\alpha x+\beta}{\gamma x+\delta}}\right)\mathrm{d}x$

如果 $\alpha\delta-\beta\gamma=0$，可设

$$\frac{\alpha}{\gamma}=\frac{\beta}{\delta}=\lambda,$$

那么

$$R\left(x,\sqrt[n]{\frac{\alpha x+\beta}{\gamma x+\delta}}\right)\mathrm{d}x=R(x,\sqrt[n]{\lambda})\mathrm{d}x,$$

它本身已是有理式. 因此，在以下的讨论中，不妨设

$$\alpha\delta-\beta\gamma\neq 0.$$

在被积表示式中做替换

$$t=\sqrt[n]{\frac{\alpha x+\beta}{\gamma x+\delta}},$$

即

$$x=\frac{\delta t^n-\beta}{\alpha-\gamma t^n},$$

我们得到
$$dx = \frac{n(\alpha\delta - \beta\gamma)t^{n-1}}{(\alpha - \gamma t^n)^2} dt.$$

于是 $R\left(x, \sqrt[n]{\dfrac{\alpha x + \beta}{\gamma x + \delta}}\right) dx$ 有理化为

$$R\left(\frac{\delta t^n - \beta}{\alpha - \gamma t^n}, t\right) \frac{n(\alpha\delta - \beta\gamma)t^{n-1}}{(\alpha - \gamma t^n)^2} dt.$$

本段的讨论也适用于 $\gamma = 0$ 的情形（这时不妨设 $\delta = 1$）. 我们指出：对于

$$R(x, \sqrt[n]{\alpha x + \beta}) dx,$$

可以作替换 $t = \sqrt[n]{\alpha x + \beta}$ 使它有理化.

5.d 二项型微分式 $x^\lambda (\alpha + \beta x^\mu)^\nu dx$

这里设 $\alpha, \beta \in \mathbb{R}, \lambda, \mu, \nu \in \mathbb{Q}$, 并设 α, β, μ 和 ν 都不等于 0（否则就是很平凡的情形）.

与本节 5.b 和 5.c 不同, 这里有可能根号里面套着另一个根号. 为了消除掉根号的嵌套, 我们做变换

$$x^\mu = t, \quad \text{即} \quad x = t^{\frac{1}{\mu}},$$

于是

$$dx = \frac{1}{\mu} t^{\frac{1}{\mu} - 1} dt.$$

所讨论的微分表示式化成无根号嵌套的形式

$$x^\lambda (\alpha + \beta x^\mu)^\nu dx = t^{\frac{\lambda}{\mu}} (\alpha + \beta t)^\nu \frac{1}{\mu} t^{\frac{1}{\mu} - 1} dt$$

$$= \frac{1}{\mu} t^{\frac{\lambda+1}{\mu} - 1} (\alpha + \beta t)^\nu dt = \frac{1}{\mu} t^{\frac{\lambda+1}{\mu} + \nu - 1} \left(\frac{\alpha + \beta t}{t}\right)^\nu dt.$$

如果 $\dfrac{\lambda+1}{\mu} \in \mathbb{Z}$, 或者 $\dfrac{\lambda+1}{\mu} + \nu \in \mathbb{Z}$, 或者 $\nu \in \mathbb{Z}$, 那么这里的情形转化为 5.c 中讨论过的情形.

注记 切比雪夫证明了：除了上述情形以外, 二项型微分式都不能积分成有限形式.

第六章 定 积 分

在预篇中,我们已经看到,求曲边图形的面积与求变力所做的功等许多问题,都归结到求以下形状的和数的极限

$$\sum_{i=1}^{m} f(\xi_i) \Delta x_i.$$

这样的和数的极限就是定积分. 所涉及的极限概念,虽说总的精神与第二章中所介绍的一致,具体内容毕竟有一些不同,需要做进一步的解释. 本章将介绍定积分的确切定义,并初步讨论定积分的性质、计算与应用. 至于定积分存在的一般条件等问题,将在下一篇中做进一步的讨论.

§1 定义与初等性质

定积分概念的精确化,是黎曼的贡献. 所以人们又把这种积分叫作**黎曼积分**. 本节就来介绍这一重要概念.

首先,对所涉及的术语和记号做一些说明. 所谓闭区间$[a,b]$的一个**分割**,是指插入在 a 和 b 之间的有限个分点

$$P: a = x_0 < x_1 < \cdots < x_m = b.$$

这些分点把$[a,b]$分成 m 个闭子区间

$$[x_0, x_1], [x_1, x_2], \cdots, [x_{m-1}, x_m],$$

其中第 i 个闭子区间的长度为

$$\Delta x_i = x_i - x_{i-1}.$$

我们把

$$|P| = \max\{\Delta x_1, \Delta x_2, \cdots, \Delta x_m\}$$

叫作分割 P 的**模**. 在分割 P 的每一闭子区间上任意选取一点

$$\xi_i \in [x_{i-1}, x_i], \quad i = 1, 2, \cdots, m,$$

我们把这样 m 个点 $\xi_1, \xi_2, \cdots, \xi_m$ 叫作相应于分割 P 的一组**标志点**,

并约定用单独一个字母 ξ 来表示它们.

设函数 f 在闭区间 $[a,b]$ 上有定义. 对于 $[a,b]$ 的任意一个分割
$$P: a = x_0 < x_1 < \cdots < x_m = b$$
和相应于这分割的任意一组标志点 ξ, 可以作和数
$$\sigma(f, P, \xi) = \sum_{i=1}^{m} f(\xi_i) \Delta x_i.$$
我们把这样的和数称为函数 f 在闭区间 $[a,b]$ 上的**积分和**(或者**黎曼和**).

如果闭区间 $[a,b]$ 的分割的序列 $\{P^{(n)}\}$ 满足条件
$$\lim_{n \to +\infty} |P^{(n)}| = 0,$$
那么我们就说 $\{P^{(n)}\}$ 是一个**无穷细分割序列**.

定义 I 设函数 f 在闭区间 $[a,b]$ 有定义. 如果存在实数 I, 使得对于任意无穷细分割序列 $\{P^{(n)}\}$, 不论相应于每个分割 $P^{(n)}$ 的标志点组 $\xi^{(n)}$ 怎样选择, 都有
$$\lim_{n \to +\infty} \sigma(f, P^{(n)}, \xi^{(n)}) = I,$$
那么我们就说函数 f 在 $[a,b]$ 上**可积**, 并把 I 称为函数 f 在 $[a,b]$ 上的(定)**积分**, 记为
$$\int_a^b f(x) \mathrm{d}x = \lim_{|P| \to 0} \sigma(f, P, \xi) = I.$$

这里 $\int$ 称为**积分号**, $f(x)\mathrm{d}x$ 称为**被积表示式**, a 和 b 称为**积分限**(a 称为下限, b 称为上限).

仿照第二章中的讨论, 我们可以用 $\varepsilon\text{-}\delta$ 方式重述积分和的极限的定义.

定义 I′ 设函数 f 在闭区间 $[a,b]$ 上有定义, $I \in \mathbb{R}$. 如果对任意 $\varepsilon > 0$, 存在 $\delta > 0$, 使得只要 $|P| < \delta$, 不论相应的标志点组 ξ 怎样选择, 总有
$$|\sigma(f, P, \xi) - I| < \varepsilon,$$
那么我们就说函数 f 在区间 $[a,b]$ 上**可积**, 并且把 I 叫作函数 f 在区间 $[a,b]$ 上的**积分**, 记为
$$\int_a^b f(x) \mathrm{d}x = \lim_{|P| \to 0} \sigma(f, P, \xi) = I.$$

定义 I 和定义 I' 的等价性,可以仿照第二章 §5 中的做法加以证明.

例 1　常值函数 $f(x) \equiv C$ 在任何区间 $[a,b]$ 上可积,并且
$$\int_a^b C \mathrm{d}x = C(b-a).$$
事实上,对于 $[a,b]$ 的任意分割 P 和相应于这分割的任意标志点组 ξ,都有
$$\sigma(C,P,\xi) = \sum_{i=1}^m C\Delta x_i = C(b-a).$$
利用关于序列极限的运算法则,立即可以得到:

定理 1(积分的线性性质)　设函数 f 和 g 在 $[a,b]$ 上可积,$\lambda \in \mathbb{R}$,则函数 $f+g$ 和函数 λf 也都在 $[a,b]$ 上可积,并且
$$\int_a^b (f(x)+g(x))\mathrm{d}x = \int_a^b f(x)\mathrm{d}x + \int_a^b g(x)\mathrm{d}x,$$
$$\int_a^b \lambda f(x)\mathrm{d}x = \lambda \int_a^b f(x)\mathrm{d}x.$$

证明　我们有
$$\sigma(f+g,P,\xi) = \sigma(f,P,\xi) + \sigma(g,P,\xi)$$
和
$$\sigma(\lambda f,P,\xi) = \lambda \sigma(f,P,\xi). \quad \square$$

以下引理指出了函数可积的一个必要条件.

引理　设函数 f 在 $[a,b]$ 上可积,则 f 在 $[a,b]$ 上有界.

证明　用反证法. 因为
$$\lim_{|P| \to 0} \sigma(f,P,\xi) = I,$$
所以对于 $\varepsilon = 1 > 0$,存在 $\delta > 0$,使得只要 $|P| < \delta$,不论相应的标志点组 ξ 怎样选择,都有
$$|\sigma(f,P,\xi)| \leqslant |\sigma(f,P,\xi) - I| + |I|$$
$$< 1 + |I|.$$
我们选定一个这样的分割 P. 假设 f 在 $[a,b]$ 上无界,那么至少存在分割 P 的一个闭子区间 $[x_{j-1},x_j]$,使得 f 在该闭子区间上是无界的. 我们这样来选取 ξ:先任意选定
$$\xi_i \in [x_{i-1},x_i], \quad \forall i \neq j,$$

然后选择 $\xi_j \in [x_{j-1}, x_j]$ 满足
$$|f(\xi_j)| \Delta x_j > \Big| \sum_{i \neq j} f(\xi_i) \Delta x_i \Big| + 1 + |I|.$$
对于这样选取的 ξ 就有
$$1 + |I| > |\sigma(f, P, \xi)|$$
$$= \Big| \sum_i f(\xi_i) \Delta x_i \Big|$$
$$\geq |f(\xi_j)| \Delta x_j - \Big| \sum_{i \neq j} f(\xi_i) \Delta x_i \Big|$$
$$> 1 + |I|.$$

这一矛盾说明所做的关于 f 无界的假设不能成立. 我们用反证法证明了 f 必须在 $[a,b]$ 上有界. □

定理 2（积分的可加性） 设 $a < b < c$. 如果函数 f 在 $[a,b]$ 和 $[b,c]$ 上都可积, 那么它在 $[a,c]$ 上也可积, 并且
$$\int_a^c f(x) \mathrm{d}x = \int_a^b f(x) \mathrm{d}x + \int_b^c f(x) \mathrm{d}x.$$

证明 在 $[a,b]$ 和 $[b,c]$ 上可积的函数 f, 在这两闭区间上也是有界的. 因而存在 $K \in \mathbb{R}$, 使得
$$|f(x)| \leq K, \quad \forall x \in [a, c].$$
设 P 是 $[a,c]$ 的任意一个分割, ξ 是相应于这分割的一组标志点
$$P: a = x_0 < x_1 < \cdots < x_m = c,$$
$$\xi = (\xi_1, \xi_2, \cdots, \xi_m).$$
在此基础上, 我们来定义分割 $\widetilde{P}$ 和相应于这分割的标志点组 $\tilde{\xi}$. 如果 b 是 P 中的一个分点, 那么就取 $\widetilde{P} = P$, $\tilde{\xi} = \xi$. 如果 b 不是 P 中的分点, 那么就把 b 补充作为分点, 这样定义一个分割
$$\widetilde{P}: a = x_0 < \cdots < x_{k-1} < b < x_k < \cdots < x_m = c,$$
并选取
$$\tilde{\xi} = (\xi_1, \cdots, \xi_{k-1}, b, b, \xi_{k+1}, \cdots, \xi_m).$$
将 $\sigma(f, P, \xi)$ 与 $\sigma(f, \widetilde{P}, \tilde{\xi})$ 加以比较, 不相同的部分至多是: $\sigma(f, P, \xi)$ 中的加项
$$f(\xi_k)(x_k - x_{k-1})$$
被代之以 $\sigma(f, \widetilde{P}, \tilde{\xi})$ 中的

$$f(b)(b-x_{k-1})+f(b)(x_k-b)=f(b)(x_k-x_{k-1}).$$

因而

$$|\sigma(f,P,\xi)-\sigma(f,\widetilde{P},\tilde{\xi})|$$
$$\leqslant |f(\xi_k)-f(b)|(x_k-x_{k-1})$$
$$\leqslant 2K|P|.$$

分割 $\widetilde{P}$ 限制在 $[a,b]$ 和 $[b,c]$ 上分别给出这两区间的分割 $\widetilde{P}'$ 和 $\widetilde{P}''$，而 $\tilde{\xi}$ 限制在 $[a,b]$ 和 $[b,c]$ 上分别给出相应的标志点组 $\tilde{\xi}'$ 和 $\tilde{\xi}''$. 我们有

$$\sigma(f,\widetilde{P},\tilde{\xi})=\sigma(f,\widetilde{P}',\tilde{\xi}')+\sigma(f,\widetilde{P}'',\tilde{\xi}'').$$

让 $|P|\to 0$，上式右端趋于极限

$$\int_a^b f(x)\,\mathrm{d}x+\int_b^c f(x)\,\mathrm{d}x.$$

因而当 $|P|\to 0$ 时，积分和 $\sigma(f,P,\xi)$ 有极限

$$\lim_{|P|\to 0}\sigma(f,P,\xi)=\lim_{|P|\to 0}\sigma(f,\widetilde{P},\tilde{\xi})$$
$$=\int_a^b f(x)\,\mathrm{d}x+\int_b^c f(x)\,\mathrm{d}x.$$

这证明了定理的论断. □

注记 (1) 在下一篇中，我们将证明，如果函数 f 在 $[a,c]$ 上可积，那么它在 $[a,c]$ 的闭子区间 $[a,b]$ 和 $[b,c]$ 上也都可积. 这时当然可以运用可加性公式

$$\int_a^c f(x)\,\mathrm{d}x=\int_a^b f(x)\,\mathrm{d}x+\int_b^c f(x)\,\mathrm{d}x.$$

(2) 我们约定

$$\int_\alpha^\beta f(x)\,\mathrm{d}x=\begin{cases}-\int_\beta^\alpha f(x)\,\mathrm{d}x, & \text{如果 } \beta<\alpha,\\ 0, & \text{如果 } \beta=\alpha.\end{cases}$$

于是，对于 $\alpha<\beta,\alpha=\beta$ 与 $\alpha>\beta$ 这几种情形，积分

$$\int_\alpha^\beta f(x)\,\mathrm{d}x$$

都有了定义. 采取这样的约定，对于任意顺序的三点 a,b,c（不必限制 $a<b<c$），只要函数 f 在这三点之间最大的一个区间上可积，就仍然有

$$\int_a^c f(x)\,\mathrm{d}x = \int_a^b f(x)\,\mathrm{d}x + \int_b^c f(x)\,\mathrm{d}x.$$

定理 3（积分的单调性） 设 $a<b$，函数 f 和 g 在区间 $[a,b]$ 上可积并且满足
$$f(x) \leqslant g(x), \quad \forall\, x \in [a,b],$$
则有
$$\int_a^b f(x)\,\mathrm{d}x \leqslant \int_a^b g(x)\,\mathrm{d}x.$$

证明 记 $\varphi(x) = g(x) - f(x)$，则有
$$\varphi(x) \geqslant 0, \quad \forall\, x \in [a,b].$$
我们来证明
$$\int_a^b \varphi(x)\,\mathrm{d}x \geqslant 0.$$
事实上，φ 的任意积分和都是非负的，
$$\sigma(\varphi, P, \xi) = \sum_i \varphi(\xi_i)\Delta x_i \geqslant 0,$$
所以
$$\int_a^b \varphi(x)\,\mathrm{d}x = \lim_{|P|\to 0} \sigma(\varphi, P, \xi) \geqslant 0. \quad \square$$

定理 4（积分的中值定理） 设 $a<b$，函数 f 在 $[a,b]$ 上可积（于是 f 在 $[a,b]$ 上是有界的）. 如果
$$m \leqslant f(x) \leqslant M, \quad \forall\, x \in [a,b],$$
那么
$$m(b-a) \leqslant \int_a^b f(x)\,\mathrm{d}x \leqslant M(b-a).$$
特别地，如果 f 在 $[a,b]$ 连续，那么存在 $c \in [a,b]$，使得
$$\int_a^b f(x)\,\mathrm{d}x = f(c)(b-a).$$

证明 利用积分的单调性质可得
$$\int_a^b m\,\mathrm{d}x \leqslant \int_a^b f(x)\,\mathrm{d}x \leqslant \int_a^b M\,\mathrm{d}x,$$
即
$$m(b-a) \leqslant \int_a^b f(x)\,\mathrm{d}x \leqslant M(b-a).$$

在下一篇里,我们将证明任何连续函数都是可积的. 如果 f 在$[a,b]$上连续,那么对于

$$m = \inf_{x \in [a,b]} \{f(x)\}, \quad M = \sup_{x \in [a,b]} \{f(x)\},$$

应有

$$m(b-a) \leqslant \int_a^b f(x) \mathrm{d}x \leqslant M(b-a),$$

即

$$m \leqslant \frac{1}{b-a} \int_a^b f(x) \mathrm{d}x \leqslant M.$$

由于函数 f 在$[a,b]$连续,必定存在 $c \in [a,b]$,使得

$$f(c) = \frac{1}{b-a} \int_a^b f(x) \mathrm{d}x,$$

即

$$\int_a^b f(x) \mathrm{d}x = f(c)(b-a). \quad \Box$$

注记 上面定理后一结论的几何解释如下:由连续曲线 $y = f(x)$与直线 $x=a, x=b, y=0$ 所围成的图形的面积,等于以$[a,b]$为底,以 $f(c)$ 为高的矩形的面积. 这里 c 是$[a,b]$中一个适当的点(见图 6-1).

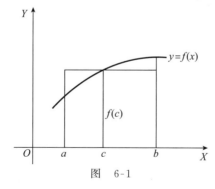

图 6-1

§2 牛顿-莱布尼茨公式

虽然定积分定义为积分和的极限,但一般说来直接用定义来验

证函数的可积性并计算积分值是很困难的事. 关于函数可积性的一般条件,将在下一篇中讨论. 本节介绍的牛顿-莱布尼茨公式,在原函数存在的前提条件下,成功地解决了判定可积性与计算积分值的问题. 这一公式,无论在理论或者实际应用中,都具有重要的意义.

定理 1(牛顿-莱布尼茨公式) 设函数 f 在闭区间 $[a,b]$ 上连续. 如果存在函数 F,它在 $[a,b]$ 上连续,在 (a,b) 上可导,并且满足
$$F'(x)=f(x), \quad \forall x\in(a,b),$$
那么函数 f 在 $[a,b]$ 上可积,并且
$$\int_a^b f(x)\mathrm{d}x = F(b)-F(a).$$

证明 考察 $[a,b]$ 的任意分割
$$P: a=x_0<x_1<\cdots<x_m=b.$$
根据拉格朗日微分中值定理,我们得到
$$\begin{aligned} F(b)-F(a) &= \sum_{i=1}^m (F(x_i)-F(x_{i-1})) \\ &= \sum_{i=1}^m F'(\eta_i)(x_i-x_{i-1}) \\ &= \sum_{i=1}^m f(\eta_i)\Delta x_i \\ &= \sigma(f,P,\eta). \end{aligned}$$
由于函数 f 在 $[a,b]$ 上的一致连续性,对任意的 $\varepsilon>0$,存在 $\delta>0$,使得只要
$$u,v\in[a,b], \quad |u-v|<\delta,$$
就有
$$|f(u)-f(v)|<\frac{\varepsilon}{b-a}.$$
于是,当 $|P|<\delta$ 时,对于相应于这分割的任意标志点组 ξ,都有
$$\begin{aligned} &|\sigma(f,P,\xi)-(F(b)-F(a))| \\ &= |\sigma(f,P,\xi)-\sigma(f,P,\eta)| \\ &= \left|\sum_{i=1}^m f(\xi_i)\Delta x_i - \sum_{i=1}^m f(\eta_i)\Delta x_i\right| \end{aligned}$$

$$\leqslant \sum_{i=1}^{m} |f(\xi_i) - f(\eta_i)| \Delta x_i$$

$$\leqslant \frac{\varepsilon}{b-a} \sum_{i=1}^{m} \Delta x_i$$

$$= \frac{\varepsilon}{b-a}(b-a) = \varepsilon.$$

这证明了函数 f 在区间 $[a,b]$ 上可积, 并且
$$\int_a^b f(x)\mathrm{d}x = F(b) - F(a). \quad \square$$

为了书写方便, 我们引入记号
$$F(x)\Big|_a^b = F(b) - F(a).$$

于是, 牛顿-莱布尼茨公式可以写成
$$\int_a^b f(x)\mathrm{d}x = F(x)\Big|_a^b.$$

例 1 $\int_a^b \mathrm{e}^x \mathrm{d}x = \mathrm{e}^x\Big|_a^b = \mathrm{e}^b - \mathrm{e}^a.$

例 2 $\int_a^b \frac{\mathrm{d}x}{x} = \ln x\Big|_a^b = \ln b - \ln a \quad (b > a > 0).$

例 3 $\int_0^\pi \sin x \mathrm{d}x = -\cos x\Big|_0^\pi = 2.$

例 4 求极限
$$\lim\left(\frac{1}{n+1} + \frac{1}{n+2} + \cdots + \frac{1}{2n}\right).$$

解 我们可以把
$$\sum_{k=1}^{n} \frac{1}{n+k} = \sum_{k=1}^{n} \frac{1}{1+\frac{k}{n}} \cdot \frac{1}{n}$$

看成是函数 $\frac{1}{1+x}$ 在区间 $[0,1]$ 上的积分和, 于是
$$\lim_{n \to +\infty} \sum_{k=1}^{n} \frac{1}{n+k} = \int_0^1 \frac{1}{1+x}\mathrm{d}x$$
$$= \ln(1+x)\Big|_0^1 = \ln 2.$$

例5 求极限
$$\lim_{n\to+\infty}\left(\frac{n}{n^2+1^2}+\frac{n}{n^2+2^2}+\cdots+\frac{n}{2n^2}\right)$$

解 我们可以把
$$\sum_{k=1}^n \frac{n}{n^2+k^2}=\sum_{k=1}^n \frac{1}{1+\left(\frac{k}{n}\right)^2}\cdot\frac{1}{n}$$

看成是函数 $\frac{1}{1+x^2}$ 在区间 $[0,1]$ 上的积分和,于是
$$\lim_{n\to+\infty}\sum_{k=1}^n\frac{n}{n^2+k^2}=\int_0^1\frac{\mathrm{d}x}{1+x^2}$$
$$=\arctan x\Big|_0^1=\frac{\pi}{4}.$$

例6 求极限
$$\lim_{n\to+\infty}\frac{1^p+2^p+\cdots+n^p}{n^{p+1}},\quad p>0.$$

解 $\lim_{n\to+\infty}\sum_{k=1}^n\frac{k^p}{n^{p+1}}=\lim_{n\to+\infty}\sum_{k=1}^n\left(\frac{k}{n}\right)^p\frac{1}{n}$
$$=\int_0^1 x^p\,\mathrm{d}x=\frac{1}{p+1}.$$

在定理1的条件下,定积分的计算归结于求原函数——不定积分. 为了求不定积分,又可利用换元积分法和分部积分法. 我们把以上所说的手续概括成直接处理定积分的换元积分法和分部积分法,以便于以后应用.

定义1 如果函数 $\varphi(t)$ 在开区间 (α,β) 上的每一点可导,并且导函数 $\varphi'(t)$ 在 (α,β) 上连续,那么我们就说函数 φ 在开区间 (α,β) 上**连续可微**,或者说 φ 在 (α,β) 上是 C^1 **类函数**.

定义2 如果函数 $\varphi(t)$ 在闭区间 $[\alpha,\beta]$ 上的每一点可导(在左端点右侧可导,在右端点左侧可导),并且导函数 $\varphi'(t)$ 在闭区间 $[\alpha,\beta]$ 上连续,那么我们就说函数 φ 在闭区间 $[\alpha,\beta]$ 上**连续可微**,或者说 φ 在 $[\alpha,\beta]$ 上是 C^1 **类函数**,并约定用这样的记号来表示:
$$\varphi\in C^1[\alpha,\beta].$$

注记 定义 2 的另一种等价说法是：设函数 φ 在闭区间 $[\alpha,\beta]$ 上有定义。如果存在一个开区间 $(A,B) \supset [\alpha,\beta]$ 和在这个开区间上连续可微的函数 $\Phi(t)$，使得

$$\Phi(t) = \varphi(t), \quad \forall\, t \in [\alpha,\beta],$$

那么我们就说函数 φ 在闭区间 $[\alpha,\beta]$ 上连续可微，或者说 φ 在 $[\alpha,\beta]$ 上是 C^1 类函数。

定理 2（定积分的换元法） 设函数 $\varphi \in C^1[\alpha,\beta]$，$\varphi(\alpha) = a$，$\varphi(\beta) = b$，$\varphi((\alpha,\beta)) \subset (a,b)$。如果函数 f 在 $[a,b]$ 上连续，那么

$$\int_a^b f(x)\,\mathrm{d}x = \int_\alpha^\beta f(\varphi(t))\varphi'(t)\,\mathrm{d}t.$$

上述公式还可写成更便于记忆的形式：

$$\int_a^b f(x)\,\mathrm{d}x = \int_\alpha^\beta f(\varphi(t))\,\mathrm{d}\varphi(t).$$

证明 在下一篇中，我们将证明：任何连续函数都具有原函数。设 $F(x)$ 是函数 $f(x)$ 在区间 $[a,b]$ 上的一个原函数，则 $F(\varphi(t))$ 就是函数 $f(\varphi(t))\varphi'(t)$ 在区间 $[\alpha,\beta]$ 上的一个原函数。于是

$$\int_a^b f(x)\,\mathrm{d}x = F(x)\Big|_a^b = F(\varphi(t))\Big|_\alpha^\beta$$

$$= \int_\alpha^\beta f(\varphi(t))\varphi'(t)\,\mathrm{d}t. \quad \square$$

定理 3（定积分的分部积分公式） 设函数 $u, v \in C^1[a,b]$，则

$$\int_a^b u(x)v'(x)\,\mathrm{d}x = u(x)v(x)\Big|_a^b - \int_a^b u'(x)v(x)\,\mathrm{d}x.$$

这公式还可写成容易记忆的形式：

$$\int_a^b u(x)\,\mathrm{d}v(x) = u(x)v(x)\Big|_a^b - \int_a^b v(x)\,\mathrm{d}u(x).$$

证明 在下一篇中，我们将证明所有的连续函数都有原函数。于是，以下的关于不定积分的分部积分公式成立：

$$\int u(x)v'(x)\,\mathrm{d}x = u(x)v(x) - \int u'(x)v(x)\,\mathrm{d}x$$

取上式两边在 b 点的值和在 a 点的值相减得

$$\left(\int u(x)v'(x)\,\mathrm{d}x\right)\Big|_a^b = u(x)v(x)\Big|_a^b - \left(\int u'(x)v(x)\,\mathrm{d}x\right)\Big|_a^b,$$

即
$$\int_a^b u(x)v'(x)\mathrm{d}x = u(x)v(x)\Big|_a^b - \int_a^b u'(x)v(x)\mathrm{d}x.\quad\Box$$

例 7 求 $\int_0^1 \sqrt{1-x^2}\,\mathrm{d}x$.

解 如果求出 $\sqrt{1-x^2}$ 的原函数
$$\frac{1}{2}\arcsin x + \frac{x}{2}\sqrt{1-x^2},$$
再利用牛顿-莱布尼茨公式,就可得到
$$\int_0^1 \sqrt{1-x^2}\,\mathrm{d}x = \left(\frac{1}{2}\arcsin x + \frac{x}{2}\sqrt{1-x^2}\right)\Big|_0^1 = \frac{\pi}{4}.$$
如果用换元法计算该积分,则可令 $x=\sin t$,于是
$$\begin{aligned}\int_0^1 \sqrt{1-x^2}\,\mathrm{d}x &= \int_0^{\pi/2}\cos^2 t\,\mathrm{d}t\\ &=\int_0^{\pi/2}\frac{1+\cos 2t}{2}\mathrm{d}t\\ &=\frac{1}{2}\left(t+\frac{\sin 2t}{2}\right)\Big|_0^{\pi/2}=\frac{\pi}{4}.\end{aligned}$$

例 8 求 $\int_0^\pi x\sin x\,\mathrm{d}x$.

解 用分部积分法得
$$\int_0^\pi x\sin x\,\mathrm{d}x = -x\cos x\Big|_0^\pi + \int_0^\pi \cos x\,\mathrm{d}x = \pi.$$

§3 定积分的几何与物理应用,微元法

3.a 平面图形的面积

在预篇中,我们已经知道,介于直线 $x=a$,$x=b$,$y=0$ 和曲线 $y=f(x)$ 之间的图形的面积可以表示为定积分
$$S=\int_a^b f(x)\mathrm{d}x.$$
我们把微分式 $f(x)\mathrm{d}x$ 叫作**面积微元**,它代表底为 $\mathrm{d}x$、高为 $f(x)$ 的

一个微小的矩形条的面积. 积分 $\int_a^b f(x)\mathrm{d}x$ 实际上是这样的小矩形条面积之和的极限值.

如果函数 $f(x)$ 和 $g(x)$ 在 $[a,b]$ 上可积,并且满足条件
$$f(x) \geqslant g(x), \quad \forall x \in [a,b],$$
那么介于直线 $x=a, x=b$ 和曲线 $y=g(x), y=f(x)$ 之间的图形的面积可以表示为定积分
$$S = \int_a^b (f(x) - g(x))\mathrm{d}x.$$
这里的**面积微元**为 $(f(x)-g(x))\mathrm{d}x$. 类似地,如果函数 $\varphi(y)$ 和 $\psi(y)$ 在 $[A,B]$ 上可积,并且
$$\varphi(y) \geqslant \psi(y), \quad \forall y \in [A,B],$$
那么介于直线 $y=A, y=B$ 和曲线 $x=\varphi(y), x=\psi(y)$ 之间的图形的面积表示为
$$S = \int_A^B (\varphi(y) - \psi(y))\mathrm{d}y.$$
这里的**面积微元**为 $(\varphi(y)-\psi(y))\mathrm{d}y$.

更一般的图形常常可以划分成几部分,每一部分属于以上所述的情形之一. 这时我们可以先分别求得各部分的面积,然后将结果相加得到总面积.

例 1 求椭圆 $\dfrac{x^2}{a^2} + \dfrac{y^2}{b^2} = 1$ 所围成的面积.

解 由对称性,所求面积为它在第一象限内的部分面积的 4 倍:
$$S = 4\int_0^a y\,\mathrm{d}x = 4b\int_0^a \sqrt{1 - \frac{x^2}{a^2}}\,\mathrm{d}x.$$
做变元替换 $x = a\sin t$, 则得
$$\begin{aligned}S &= 4ab\int_0^{\pi/2} \cos^2 t\,\mathrm{d}t \\ &= 2ab\int_0^{\pi/2}(1+\cos 2t)\mathrm{d}t = \pi ab.\end{aligned}$$

例 2 求抛物线 $y^2 = 2x$ 与直线 $x - y = 4$ 所围图形的面积.

解 先求抛物线与直线的交点. 由

$$\begin{cases} y^2 = 2x, \\ y = x - 4 \end{cases}$$

可知交点为 $A(2,-2)$ 和 $B(8,4)$（见图 6-2）. 把所围面积视为由 $x = y + 4$ 与 $x = y^2/2$ 所围成,我们得到

$$S = \int_{-2}^{4} \left(y + 4 - \frac{y^2}{2} \right) dy = 18.$$

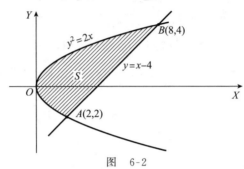

图 6-2

现在来考察由极坐标表示的曲线围成的图形的面积. 设给定了由极坐标方程表示的曲线

$$r = r(\theta), \quad \alpha \leqslant \theta \leqslant \beta.$$

我们来求这曲线与射线 $\theta = \alpha$ 和 $\theta = \beta$ 所围成的图形的面积. 先来看最简单的情形: $r(\theta) = R$ 是常值函数,即该曲线是一段圆弧. 这时显然有

$$S = \frac{1}{2} R^2 (\beta - \alpha).$$

再来看一般的情形. 对角度 θ 的变化范围 $[\alpha, \beta]$ 做一分割

$$\alpha = \theta_0 < \theta_1 < \cdots < \theta_n = \beta,$$

并取

$$\omega_i \in [\theta_{i-1}, \theta_i], \quad i = 1, 2, \cdots, n.$$

于是,夹在射线 $\theta = \theta_{i-1}, \theta = \theta_i$ 和曲线 $r = r(\theta)$ 间的图形的面积可近似地表示为

$$\frac{1}{2} r^2(\omega_i) \Delta \theta_i,$$

这里

$$\Delta\theta_i = \theta_i - \theta_{i-1}.$$

整个图形的面积近似地表示为

$$S \approx \frac{1}{2}\sum_{i=1}^{n} r^2(\omega_i)\Delta\theta_i.$$

让 $\max_i \Delta\theta_i \to 0$,我们得到

$$S = \frac{1}{2}\int_a^\beta r^2(\theta)\mathrm{d}\theta.$$

我们把微分式 $\frac{1}{2}r^2(\theta)\mathrm{d}\theta$ 叫作用极坐标表示的**面积微元**. 它表示夹角为 $\mathrm{d}\theta$,半径为 $r(\theta)$ 的一个微小扇形的面积. 积分 $\frac{1}{2}\int_a^\beta r^2(\theta)\mathrm{d}\theta$ 可以看成是这样的微小扇形面积之和的极限(图 6-3).

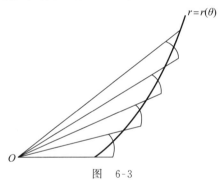

图 6-3

例 3 求双纽线 $r^2 = a^2\cos 2\theta$ 所围成的图形的面积($a>0$).

解 先要弄清楚这曲线的大致情形(分布范围、对称性、是否封闭等). 把曲线方程写成

$$r = a\sqrt{\cos 2\theta}.$$

在 $[-\pi,\pi]$ 范围内,当且仅当 $|\theta|\leqslant\dfrac{\pi}{4}$ 或者 $|\theta|\geqslant\dfrac{3}{4}\pi$ 时 $\cos 2\theta\geqslant 0$. 对这样的 θ 有

$$0\leqslant r = a\sqrt{\cos 2\theta}\leqslant a.$$

我们判定曲线分布在对顶的两扇形之中:

$$|\theta|\leqslant\frac{\pi}{4},\ 0\leqslant r\leqslant a;\quad |\theta|\geqslant\frac{3\pi}{4},\ 0\leqslant r\leqslant a.$$

如果点(r,θ)在曲线上,那么点$(r,-\theta)$和点$(r,\pm\pi\pm\theta)$也都在曲线上. 因而曲线关于极轴和垂直于极轴的直线对称,关于极点中心对称. 显然$\theta=\pm\dfrac{\pi}{4}$和$\theta=\pm\dfrac{3}{4}\pi$时曲线通过极点. 这曲线由两支封闭的曲线组成(图 6-4). 经过以上的分析,我们判定:所求图形的面积为它在$0\leqslant\theta\leqslant\pi/4$范围内面积的 4 倍.

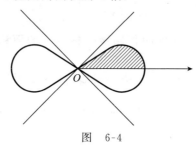

图 6-4

$$S = 4 \cdot \frac{1}{2}\int_0^{\pi/4} r^2 \, d\theta = 2a^2 \int_0^{\pi/4} \cos 2\theta \, d\theta$$
$$= a^2 \sin 2\theta \Big|_0^{\pi/4} = a^2.$$

例 4 求心形线 $r=a(1+\cos\theta)$ 所围成的图形的面积.

解 容易看出,该曲线关于极轴对称并且是封闭的. 所求的面积为它在上半平面内面积的 2 倍(见图 6-5):

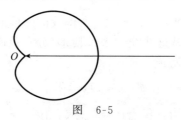

图 6-5

$$S = 2 \cdot \frac{1}{2}\int_0^{\pi} a^2(1+\cos\theta)^2 \, d\theta$$
$$= a^2 \int_0^{\pi} (1 + 2\cos\theta + \cos^2\theta) \, d\theta$$
$$= \frac{3}{2}\pi a^2.$$

3.b 旋转体的体积

设函数 $f(x)$ 在 $[a,b]$ 上有定义并且非负. 曲线 $y=f(x)$ 绕 OX 轴旋转而成一曲面
$$y^2+z^2=(f(x))^2, \quad x\in[a,b].$$
我们来考察该曲面与平面 $x=a$ 和 $x=b$ 所围成的体积. 首先,用若干张平面 $x=x_i$ 把该旋转体切成薄片,这里
$$a=x_0<x_1<\cdots<x_n=b.$$
任意选取
$$\xi_i\in[x_{i-1},x_i], \quad i=1,\cdots,n.$$
旋转体介于 $x=x_{i-1}$ 和 $x=x_i$ 之间的薄片的体积近似等于
$$\pi f^2(\xi_i)\Delta x_i,$$
这里
$$\Delta x_i=x_i-x_{i-1}, \quad i=1,2,\cdots,n.$$
于是,整个旋转体的体积表示为积分
$$V=\pi\int_a^b f^2(x)\mathrm{d}x.$$
我们把微分表示式 $\pi f^2(x)\mathrm{d}x$ 称为旋转体的**体积微元**. 它表示厚度为 $\mathrm{d}x$,半径为 $f(x)$ 的一个薄圆柱体的体积. 整个旋转体的体积即为这些薄片体积之和的极限.

推广上述方法可以求得一类更广泛的立体的体积. 设已知立体在 $x\in[a,b]$ 处被垂直于 OX 轴的平面所截得的截面积为 $S(x)$,我们来求该立体介于平面 $x=a$ 和 $x=b$ 之间的体积. 这种情形下的体积微元可取为
$$S(x)\mathrm{d}x.$$
将这种形式的微元叠加起来求极限就得到所求的体积
$$V=\int_a^b S(x)\mathrm{d}x.$$

例 5 设正劈锥体的底是半径为 R 的圆面,顶棱是平行于底圆直径的线段,高为 H,试求该正劈锥体的体积(图 6-6).

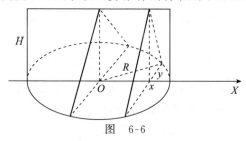

图 6-6

解 设该正劈锥体的底为
$$x^2+y^2\leqslant R^2, \quad z=0,$$
顶棱为
$$-R\leqslant x\leqslant R, \quad y=0, \quad z=H.$$
过 OX 轴上一点 x 并垂直于该轴的平面截正劈锥体得一等腰三角形,该等腰三角形的面积为
$$S(x)=H\cdot y=H\sqrt{R^2-x^2}.$$
于是,我们求得正劈锥体的体积
$$V=\int_{-R}^{R} H\sqrt{R^2-x^2}\,\mathrm{d}x=2H\int_{0}^{R}\sqrt{R^2-x^2}\,\mathrm{d}x$$
$$=2HR^2\int_{0}^{\frac{\pi}{2}}\cos^2 t\,\mathrm{d}t$$
$$=HR^2\int_{0}^{\frac{\pi}{2}}(1+\cos 2t)\,\mathrm{d}t$$
$$=\frac{\pi R^2 H}{2}.$$

3. c 曲线的弧长

考察 OXY 平面上的参数曲线 γ:
$$x=x(t), \quad y=y(t), \quad \alpha\leqslant t\leqslant \beta,$$
这里 $x(t)$ 和 $y(t)$ 都是 C^1 类函数. 为了求曲线 γ 的弧长,我们用一组分点把 $[\alpha,\beta]$ 分成若干小段
$$\alpha=t_0<t_1<\cdots<t_n=\beta.$$
相应地,曲线 γ 也就被分成若干段曲线弧. 把每一小段曲线弧的两

端用一直线段联结起来,得到 γ 的一条内接折线,其长度为
$$\rho = \sum_{i=1}^{n} \sqrt{(x(t_i) - x(t_{i-1}))^2 + (y(t_i) - y(t_{i-1}))^2}.$$
根据拉格朗日定理,这内接折线的长度又可以表示为
$$\rho = \sum_{i=1}^{n} \sqrt{(x'(\tau_i))^2 + (y'(\tau_i'))^2} \, \Delta t_i,$$
这里 $\tau_i, \tau_i' \in (t_{i-1}, t_i)$, $\Delta t_i = t_i - t_{i-1}$. 我们看到,折线长的这一表示,很像以下的积分和
$$\sigma = \sum_{i=1}^{n} \sqrt{(x'(\tau_i))^2 + (y'(\tau_i))^2} \, \Delta t_i.$$
在下面,我们将证明,当 $\lambda = \max_{i} \Delta t_i \to 0$ 的时候应有
$$|\rho - \sigma| \to 0,$$
因而
$$\lim_{\lambda \to 0} \rho = \lim_{\lambda \to 0} \sigma = \int_{\alpha}^{\beta} \sqrt{(x'(t))^2 + (y'(t))^2} \, \mathrm{d}t.$$
该极限就应该是曲线的弧长 s,即
$$s = \int_{\alpha}^{\beta} \sqrt{(x'(t))^2 + (y'(t))^2} \, \mathrm{d}t.$$

现在,我们来证明
$$\lim_{\lambda \to 0} |\rho - \sigma| = 0.$$
为此,将要用到以下不等式
$$|\sqrt{A^2 + B^2} - \sqrt{A^2 + C^2}| \leqslant |B - C|, \tag{3.1}$$
$$\forall A, B, C \in \mathbb{R}.$$
事实上,对于 $A = 0$,不等式显然成立;如果 $A \neq 0$,那么
$$|\sqrt{A^2 + B^2} - \sqrt{A^2 + C^2}|$$
$$= \left| \frac{B^2 - C^2}{\sqrt{A^2 + B^2} + \sqrt{A^2 + C^2}} \right|$$
$$= \left| \frac{B + C}{\sqrt{A^2 + B^2} + \sqrt{A^2 + C^2}} \right| |B - C|$$
$$\leqslant \frac{|B| + |C|}{\sqrt{A^2 + B^2} + \sqrt{A^2 + C^2}} |B - C|$$

$$\leqslant |B-C|.$$

对 $A=x'(\tau_i)$，$B=y'(\tau_i)$，$C=y'(\tau_i')$ 运用不等式(3.1)，我们得到

$$|\rho-\sigma|\leqslant \sum_{i=1}^{n}|y'(\tau_i)-y'(\tau_i')|\Delta t_i.$$

由于 $y'(t)$ 在 $[\alpha,\beta]$ 上的一致连续性，对任意的 $\varepsilon>0$，存在 $\delta>0$，使得当 $\lambda<\delta$ 时有

$$|y'(\tau_i)-y'(\tau_i')|<\frac{\varepsilon}{\beta-\alpha}.$$

这时就有

$$|\rho-\sigma|<\frac{\varepsilon}{\beta-\alpha}\sum_{i=1}^{n}\Delta t_i=\frac{\varepsilon}{\beta-\alpha}(\beta-\alpha)=\varepsilon.$$

至此，我们证明了

$$\lim_{\lambda\to 0}\rho=\lim_{\lambda\to 0}\sigma=\int_{\alpha}^{\beta}\sqrt{(x'(t))^2+(y'(t))^2}\,\mathrm{d}t.$$

对于 C^1 类参数曲线

$$x=x(t),\quad y=y(t),\quad \alpha\leqslant t\leqslant \beta,$$

我们有弧长公式

$$s=\int_{\alpha}^{\beta}\sqrt{(x'(t))^2+(y'(t))^2}\,\mathrm{d}t.$$

这里的表示式 $\sqrt{(x'(t))^2+(y'(t))^2}\,\mathrm{d}t$ 被称为参数表示曲线的**弧元**（即弧长的微元）.

对于显式表示的 C^1 曲线

$$y=y(x),\quad \alpha\leqslant x\leqslant \beta,$$

相应的弧长公式为

$$s=\int_{\alpha}^{\beta}\sqrt{1+(y'(x))^2}\,\mathrm{d}x.$$

我们把 $\sqrt{1+(y'(x))^2}\,\mathrm{d}x$ 叫作显式表示曲线的**弧元**.

极坐标表示的 C^1 曲线

$$r=r(\theta),\quad \alpha\leqslant \theta\leqslant \beta$$

可以改写为参数形式：

$$x=r(\theta)\cos\theta,\quad y=r(\theta)\sin\theta,\quad \alpha\leqslant \theta\leqslant \beta.$$

于是我们得到极坐标表示曲线的弧长公式

$$s = \int_\alpha^\beta \sqrt{(r(\theta))^2 + (r'(\theta))^2}\,\mathrm{d}\theta.$$

极坐标表示曲线的弧元为 $\sqrt{(r(\theta))^2 + (r'(\theta))^2}\,\mathrm{d}\theta$.

空间参数曲线的弧长公式,可以用类似的办法推导. 这里只陈述结果. 设

$$x = x(t), \quad y = y(t), \quad z = z(t), \quad \alpha \leqslant t \leqslant \beta$$

是 C^1 类参数曲线,则它的弧长可以表示为

$$s = \int_\alpha^\beta \sqrt{(x'(t))^2 + (y'(t))^2 + (z'(t))^2}\,\mathrm{d}t.$$

空间参数曲线的弧元为

$$\sqrt{(x'(t))^2 + (y'(t))^2 + (z'(t))^2}\,\mathrm{d}t.$$

3. d 旋转曲面的面积

考察位于 OXY 坐标系上半平面内的一条无自交点的 C^1 参数曲线 AB:

$$x = x(t), \quad y = y(t) \ (\geqslant 0), \quad \alpha \leqslant t \leqslant \beta.$$

以该曲线为**母线**,绕 OX 轴旋转一周,生成了一个**旋转曲面**. 我们来求这个曲面的面积.

为此,作参数区间 $[\alpha, \beta]$ 的一个分割

$$\alpha = t_0 < t_1 < \cdots < t_n = \beta.$$

曲线上相应于这些参数值的点

$$A = T_0, T_1, \cdots, T_n = B$$

把曲线分成 n 段:

$$T_0 T_1, T_1 T_2, \cdots, T_{n-1} T_n.$$

其中第 i 段 $T_{i-1} T_i$ 的弧长近似地表示为

$$\sqrt{(x(t_i) - x(t_{i-1}))^2 + (y(t_i) - y(t_{i-1}))^2}$$
$$= \sqrt{(x'(\tau_i'))^2 + (y'(\tau_i''))^2}\,\Delta t_i$$
$$(\tau_i', \tau_i'' \in [t_{i-1}, t_i]).$$

由这段曲线弧旋转而成的曲面面积可以近似地表示为

$$\Delta S_i = 2\pi y(\tau_i) \sqrt{(x'(\tau_i'))^2 + (y'(\tau_i''))^2}\,\Delta t_i.$$

于是，旋转曲面的总面积表示为

$$S = \lim_{\lambda \to 0} \sum_{i=1}^{n} 2\pi y(\tau_i) \sqrt{(x'(\tau_i'))^2 + (y'(\tau_i''))^2} \Delta t_i,$$

这里 λ 表示 $\max_i \Delta t_i$.

与 3.c 段中计算弧长时所作的讨论类似，利用适当的不等式（参看本段末的注记），可以证明上面表示式中的极限即为

$$2\pi \int_\alpha^\beta y(t) \sqrt{(x'(t))^2 + (y'(t))^2} \, dt.$$

这样，我们得到了旋转曲面面积的计算公式

$$S = 2\pi \int_\alpha^\beta y(t) \sqrt{(x'(t))^2 + (y'(t))^2} \, dt.$$

旋转曲面的 **面积元** 为

$$dS = 2\pi y(t) \sqrt{(x'(t))^2 + (y'(t))^2} \, dt.$$

对于旋转曲面的母线是以显式方程或者极坐标方程给出的情形，请读者自己写出相应的面积元的表示式.

注记 为了完成上面的讨论，要用到不等式

$$\left| \sqrt{A_1^2 + B_1^2} - \sqrt{A_2^2 + B_2^2} \right| \leqslant |A_1 - A_2| + |B_1 - B_2|,$$

$$\forall A_1, B_1, A_2, B_2 \in \mathbb{R}.$$

事实上，如果 $A_1 = B_1 = A_2 = B_2 = 0$，那么上式显然以等式的形式成立. 如果 A_1, B_1, A_2, B_2 不全为 0，那么

$$\left| \sqrt{A_1^2 + B_1^2} - \sqrt{A_2^2 + B_2^2} \right|$$

$$= \left| \frac{(A_1^2 + B_1^2) - (A_2^2 + B_2^2)}{\sqrt{A_1^2 + B_1^2} + \sqrt{A_2^2 + B_2^2}} \right|$$

$$\leqslant \frac{|A_1| + |A_2|}{\sqrt{A_1^2 + B_1^2} + \sqrt{A_2^2 + B_2^2}} |A_1 - A_2|$$

$$+ \frac{|B_1| + |B_2|}{\sqrt{A_1^2 + B_1^2} + \sqrt{A_2^2 + B_2^2}} |B_1 - B_2|$$

$$\leqslant |A_1 - A_2| + |B_1 - B_2|.$$

3.e 功与侧压力的计算

设物体受到一个沿 OX 轴作用的力 $F = f(x)$，在该力的作用下从

a 点运动到 b 点. 我们已经知道:力 F 对物体所做的功可以表示为

$$W = \int_a^b f(x)\,dx.$$

我们把 $f(x)\,dx$ 称为**功的微元**.

例6 试求把弹簧拉长 a 个长度单位所需做的功.

解 根据胡克定律,拉长弹簧所用的力与拉长的长度成正比:

$$F = kx,$$

其中 k 为常数. 把弹簧拉长 a 个长度单位所需做的功为

$$W = \int_0^a kx\,dx = \frac{1}{2}ka^2.$$

设一块平板竖放在密度为 ρ 的液体里. 我们来计算这块平板所承受的液体压力. 选择位于液体表面的某点为原点 O,选择沿竖直线向下的方向为 OY 轴正方向. 设在深度为 y 处的平板的宽度为 $f(y)$. 我们用水平线把平板分成很多窄条. 考察从深度 y 到深度 $y+\Delta y$ 的一窄条. 该窄条所受到的液体压力为

$$\Delta P = \rho g y f(y) \Delta y,$$

其中 g 为重力加速度. 于是,整个平板所承受的压力表示为积分

$$P = \rho g \int_A^B y f(y)\,dy,$$

这里 A 和 B 分别是平板浸入液体的最小深度和最大深度. 我们把

$$dP = \rho g y f(y)\,dy$$

称为**侧压力的微元**.

例7 设水渠闸门的形状是一个底为 a、高为 h 的倒置的等腰三角形(图 6-7). 求该闸门所承受的最大压力.

解 对于适当的单位制,水的密度 $\rho = 1$. 在深度为 y 的地方,闸门的宽度为

$$f(y) = \frac{h-y}{h}a.$$

闸门承受的最大压力为

$$P = g\int_0^h y\,\frac{h-y}{h}a\,dy = \frac{agh^2}{6}.$$

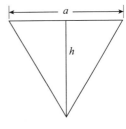

图 6-7

3. f 微元法

本小节对定积分应用的一般步骤做一小结. 为了计算某一量值 Q,我们把它分成若干微小份额:

$$Q = \sum_{i=1}^{n} \Delta Q_i.$$

一般说来,每一微小份额也仍然不容易计算,我们并没能前进多少. 真正关键的步骤是分离出微小份额 ΔQ 的线性主部,即将 ΔQ 表示为

$$\Delta Q_i = q(x_i)\Delta x_i + o(\Delta x_i),$$

然后舍弃高阶无穷小而把各线性主部叠加起来作为 Q 的近似值:

$$Q \approx \sum_i q(x_i)\Delta x_i.$$

所舍弃的部分是一些高阶无穷小之和:

$$\sum_i o(\Delta x_i).$$

一般说来这仍然是一个无穷小量. 我们取极限 $\lambda = \max_i \Delta x_i \to 0$,就可将 Q 表示为

$$Q = \lim_{\lambda \to 0} \sum_i q(x_i)\Delta x_i = \int_a^b q(x)\mathrm{d}x.$$

上面的过程,概括说来由四个步骤组成:分割、代替(即用线性主部来代替)、求和、求极限. 如上所述,应用这些手续的关键在于找出 ΔQ 的线性主部,即找出量 Q 的微元

$$\mathrm{d}Q = q(x)\mathrm{d}x.$$

然后,我们就可以把 Q 表示为积分

$$Q = \int_a^b q(x)\mathrm{d}x.$$

在物理应用中,人们甚至直接说把微元 $\mathrm{d}Q = q(x)\mathrm{d}x$ 叠加起来就得到

$$Q = \int_a^b q(x)\mathrm{d}x.$$

这种说法非常方便,我们把它理解为分割、代替、求和、求极限的全过程好了.

上面所说的过程,如果用严格的数学语言来讨论,常常是这样

的：设 $q(x)$ 是一个连续函数，它在闭区间 $[x_{i-1}, x_i]$ 上的最小值和最大值分别为 m_i 和 M_i，并设 $\eta_i, \zeta_i \in [x_{i-1}, x_i]$ 使得 $q(\eta_i) = m_i$，$q(\zeta_i) = M_i$. 如果
$$m_i \Delta x_i \leqslant \Delta Q_i \leqslant M_i \Delta x_i,$$
那么
$$\sum_{i=1}^{n} m_i \Delta x_i \leqslant Q \leqslant \sum_{i=1}^{n} M_i \Delta x_i.$$
因为 $\sum_{i=1}^{n} m_i \Delta x_i = \sum_{i=1}^{n} q(\eta_i) \Delta x_i$ 和 $\sum_{i=1}^{n} M_i \Delta x_i = \sum_{i=1}^{n} q(\zeta_i) \Delta x_i$ 都是 $q(x)$ 的积分和，所以当 $\lambda = \max_i \Delta x_i \to 0$ 时，它们趋于共同的极限
$$\int_a^b q(x) \mathrm{d}x.$$
这样，我们求得
$$Q = \int_a^b q(x) \mathrm{d}x.$$

例如，为了计算由极坐标表示的曲线 $r = r(\theta)$ 与射线 $\theta = \alpha, \theta = \beta$ 所围图形的面积 S，我们作 $[\alpha, \beta]$ 的分割
$$\alpha = \theta_0 < \theta_1 < \cdots < \theta_n = \beta,$$
相应地用射线 $\theta = \theta_i (i = 1, 2, \cdots, n-1)$ 把图形分成 n 个部分，设其中第 i 个部分的面积为 ΔS_i. 如果 $r(\theta)$ 在 $[\theta_{i-1}, \theta_i]$ 上的最小值和最大值分别为 m_i 和 M_i，那么
$$\frac{1}{2} m_i^2 \Delta \theta_i \leqslant \Delta S_i \leqslant \frac{1}{2} M_i^2 \Delta \theta_i.$$
于是得到
$$\frac{1}{2} \sum_{i=1}^{n} m_i^2 \Delta \theta_i \leqslant S = \sum_{i=1}^{n} \Delta S_i \leqslant \frac{1}{2} \sum_{i=1}^{n} M_i^2 \Delta \theta_i.$$
取极限 $\lambda = \max_i \Delta \theta_i \to 0$，我们求得
$$S = \frac{1}{2} \int_\alpha^\beta r^2(\theta) \mathrm{d}\theta.$$

第七章 微分方程初步

§1 概　　说

许多自然规律的陈述,涉及量的变化率应满足的制约关系. 这种关系的数学表示就应该是含有导数的方程——微分方程.

例 1　放射性物质衰变的规律是：在每一时刻 t,衰变的速率 $-\mathrm{d}m(t)/\mathrm{d}t$ 正比于该放射性物质尚存的质量 $m(t)$. 因此,质量 $m=m(t)$ 应满足以下微分方程

$$\frac{\mathrm{d}m}{\mathrm{d}t}=-km.$$

例 2　设质量为 m 的物体自由下落,它在时刻 t 的坐标是 $y(t)$（取坐标轴沿竖直方向指向地心）. 根据牛顿第二定律,$y=y(t)$ 应满足以下微分方程

$$m\frac{\mathrm{d}^2 y}{\mathrm{d}t^2}=mg,$$

即

$$\frac{\mathrm{d}^2 y}{\mathrm{d}t^2}=g.$$

例 3　设质量为 m 的跳伞员下落时,所受到的空气阻力正比于下降的速度（阻力的方向与速度的方向相反）. 取坐标轴沿竖直方向指向地心,则该跳伞员在时刻 t 的坐标 $y=y(t)$ 应满足以下微分方程

$$m\frac{\mathrm{d}^2 y}{\mathrm{d}t^2}=mg-k\frac{\mathrm{d}y}{\mathrm{d}t},$$

即

$$\frac{\mathrm{d}^2 y}{\mathrm{d}t^2}+\frac{k}{m}\frac{\mathrm{d}y}{\mathrm{d}t}=g.$$

例 4 设开有光滑孔的钢球穿在一水平光滑杆上，它受到一个弹性回复力的作用而来回振动，其中心位置是 O（见图 7-1）. 于是，钢球在时刻 t 的坐标 $x=x(t)$ 应满足微分方程
$$m\frac{\mathrm{d}^2 x}{\mathrm{d}t^2}=-kx,$$
即
$$\frac{\mathrm{d}^2 x}{\mathrm{d}t^2}+\frac{k}{m}x=0.$$

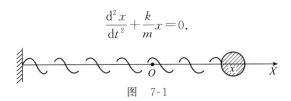

图 7-1

如果这个钢球还受到一个与速度成正比（方向与速度相反）的阻尼力的作用，那么它所满足的微分方程是
$$m\frac{\mathrm{d}^2 x}{\mathrm{d}t^2}=-h\frac{\mathrm{d}x}{\mathrm{d}t}-kx,$$
即
$$\frac{\mathrm{d}^2 x}{\mathrm{d}t^2}+\frac{h}{m}\frac{\mathrm{d}x}{\mathrm{d}t}+\frac{k}{m}x=0.$$

微分方程的**阶数**就是它所含未知函数的导数的最高阶数. 上面例 1 中的方程是一阶方程，例 2、例 3 和例 4 中的方程都是二阶方程.

最简单的一阶微分方程是
$$\frac{\mathrm{d}x}{\mathrm{d}t}=f(t),$$
其中 t 是自变数，$f(t)$ 是已知函数，$x=x(t)$ 是未知函数. 求解这样的方程，等价于求函数 $f(t)$ 的原函数. 我们看到，上述方程的一般解应该是
$$x=\int f(t)\mathrm{d}t+C.$$
请注意，在解微分方程的时候，习惯于用不定积分符号表示某一确定的原函数，所以在其后还应加上任意常数 C.

再来看最简单的 n 阶方程

$$\frac{d^n x}{dt^n} = f(t).$$

它等价于说 $\frac{d^{n-1}x}{dt^{n-1}}$ 是 $f(t)$ 的原函数,即

$$\frac{d^{n-1}x}{dt^{n-1}} = \int f(t)dt + C_1.$$

这与原方程形式类似,但阶数降低了. 逐次这样做下去,最后就得到方程的一般解:

$$x = \underbrace{\int\cdots\int}_{n\uparrow} f(t)dt\cdots dt + C_1 \frac{t^{n-1}}{(n-1)!} + \cdots + C_{n-1}t + C_n,$$

这里 $C_1, C_2, \cdots, C_n$ 是任意常数.

让我们来考察自由落体运动方程的例子:

$$\frac{d^2 y}{dt^2} = g.$$

将其积分一次得

$$\frac{dy}{dt} = gt + C_1.$$

再积分一次就得到原方程的一般解

$$y = \frac{1}{2}gt^2 + C_1 t + C_2,$$

其中 C_1 和 C_2 都是任意常数. 该一般解反映了一切自由落体运动的规律. 对于一个具体的自由落体运动,这里的常数 C_1 和 C_2 都取确定的值并且具有明确的物理意义. $C_1 = \frac{dy}{dt}\big|_{t=0}$ 恰好就是 $t=0$ 时的速度 v_0(初始速度),而 $C_2 = y|_{t=0}$ 恰好就是 $t=0$ 时的纵坐标 y_0(初始位置). 我们得到了众所周知的自由落体运动公式

$$v = gt + v_0,$$
$$y = \frac{1}{2}gt^2 + v_0 t + y_0.$$

最后,对本节的讨论作一小结. 含有未知函数的导数的方程称为**微分方程**. 如果一个函数用以代替微分方程中的未知函数能使该方程成为恒等式,那么我们就说这函数是微分方程的一个**解**. 微分

方程解的一般表示式称为该方程的**一般解**或者**通解**. 一个 n 阶方程的通解含有 n 个任意常数. 满足一定具体条件的一个确定的解称为**特解**.

我们已经了解到, 最简单的微分方程

$$\frac{\mathrm{d}x}{\mathrm{d}t} = f(t) \quad \left(\text{或} \frac{\mathrm{d}^n x}{\mathrm{d}t^n} = f(t)\right)$$

可以通过不定积分来求解. 但绝不是任何微分方程的解都能用不定积分来表示. 这与代数方程的情形有些类似. 虽然某些代数方程可以用根式求解, 但绝不是任何代数方程的解都可以用根式来表示. 不能用根式求解并不意味着代数方程无解. 代数基本定理告诉我们: 任何 n 次代数方程在复数范围内都有 n 个根 (重根重复计数). 以后将要证明的微分方程解的存在定理指出: 在相当普遍的条件下, 微分方程的解一定存在. 能用不定积分求解的微分方程叫作**可积分**的微分方程. 对于可积分的微分方程, 当我们通过不定积分把解表示出来之后, 就认为求解的任务已经完成, 剩下的事就是计算所涉及的不定积分. 并非任何不定积分都能用初等函数表示出来. 但在下一篇中我们将从理论上证明: 任何连续函数都具有原函数. 因而用不定积分表示的函数确实是存在的.

§2 一阶线性微分方程

首先考察这样的微分方程:

$$\frac{\mathrm{d}x}{\mathrm{d}t} + ax = 0, \tag{2.1}$$

这里 a 是一个常数, t 是自变数, x 是未知函数. 以 e^{at} 乘 (2.1) 式两边得

$$\mathrm{e}^{at} \frac{\mathrm{d}x}{\mathrm{d}t} + a \mathrm{e}^{at} x = 0,$$

$$\frac{\mathrm{d}}{\mathrm{d}t}(\mathrm{e}^{at} x) = 0,$$

$$\mathrm{e}^{at} x = C.$$

我们得到方程(2.1)的一般解
$$x = C\mathrm{e}^{-at},$$
这里 C 是任意常数.

再来考察较一般的方程
$$\frac{\mathrm{d}x}{\mathrm{d}t} + ax = b(t), \tag{2.2}$$
这里 a 是常数,$b(t)$ 是连续函数. 也用 e^{at} 乘这方程式两边,则得
$$\frac{\mathrm{d}}{\mathrm{d}t}(\mathrm{e}^{at}x) = \mathrm{e}^{at}b(t),$$
$$\mathrm{e}^{at}x = \int \mathrm{e}^{at}b(t)\mathrm{d}t + C.$$
方程(2.2)的一般解为
$$x = \mathrm{e}^{-at}\left(\int \mathrm{e}^{at}b(t)\mathrm{d}t + C\right),$$
这里 C 是任意常数. 取定 C 的任何一个数值(例如令 $C=0$)就得到方程(2.2)的一个确定的特解. 我们看到:"非齐次"线性方程(2.2)的一般解可以表示为两项之和,第一项是该方程的一个特解,第二项 $C\mathrm{e}^{-at}$ 正好是相应的"齐次"线性方程(2.1)的一般解.

在上面的方程(2.1)和(2.2)中,未知函数及其导数的系数都是常数. 那样的方程称为**常系数方程**. 我们已经得到了一阶线性常系数方程的一般解. 下一步的问题自然是考察更一般的方程
$$\frac{\mathrm{d}x}{\mathrm{d}t} + a(t)x = b(t),$$
其中 $a(t)$ 和 $b(t)$ 都是连续函数. 这样的方程就是一般的**一阶线性微分方程**. 以函数
$$\mathrm{e}^{\int a(t)\mathrm{d}t}$$
乘上述方程两边得
$$\frac{\mathrm{d}}{\mathrm{d}t}\left(\mathrm{e}^{\int a(t)\mathrm{d}t}x\right) = \mathrm{e}^{\int a(t)\mathrm{d}t} \cdot b(t),$$
于是
$$\mathrm{e}^{\int a(t)\mathrm{d}t}x = \int \mathrm{e}^{\int a(t)\mathrm{d}t}b(t)\mathrm{d}t + C,$$

由此又可得到
$$x = e^{-\int a(t)dt}\left(\int e^{\int a(t)dt}b(t)dt + C\right).$$

这就是一阶线性微分方程的一般解,其中 C 是任意常数. 具体解题时不必死背公式,只需记住关键的技巧:以函数
$$e^{\int a(t)dt}$$
乘方程两边就可以把它化成能直接积分的形式.

下面举例说明一阶线性微分方程的应用.

例 1 设跳伞员受到与速度大小成正比的空气阻力,我们来考察他的下降速度 v 的变化规律. 根据牛顿第二定律,我们得到运动方程

$$m\frac{dv}{dt} = mg - kv,$$

即

$$\frac{dv}{dt} + \frac{k}{m}v = g.$$

用 $e^{\frac{k}{m}t}$ 乘方程两边得

$$e^{\frac{k}{m}t}\frac{dv}{dt} + \frac{k}{m}e^{\frac{k}{m}t}v = g\,e^{\frac{k}{m}t},$$

$$\frac{d}{dt}(e^{\frac{k}{m}t}v) = g\,e^{\frac{k}{m}t},$$

$$e^{\frac{k}{m}t}v = \frac{mg}{k}e^{\frac{k}{m}t} + C,$$

$$v = \frac{mg}{k} + Ce^{-\frac{k}{m}t}.$$

如果在时刻 $t = 0$ 跳伞员的初始速度为 0,那么就应有

$$0 = \frac{mg}{k} + C,$$

$$C = -\frac{mg}{k}.$$

跳伞员的下降速度的变化规律为

$$v = \frac{mg}{k}\left(1 - e^{-\frac{k}{m}t}\right).$$

我们看到,与自由落体的运动不同,跳伞员的速度不会无限增大,而是逐渐趋于一个终极速度 mg/k.

自然界有一些量,它的减少速度正比于该量本身的数值. 这样的量 x 应满足以下的微分方程

$$\frac{\mathrm{d}x}{\mathrm{d}t} = -kx,$$

即

$$\frac{\mathrm{d}x}{\mathrm{d}t} + kx = 0.$$

解这个微分方程得到

$$x = C e^{-kt}.$$

设 $t=0$ 时 x 的值为 x_0,则有 $C = x_0$,量 x 的变化规律为

$$x = x_0 e^{-kt}.$$

例 2 设一个初始温度为 θ_0 的物体放在恒温 γ 的介质之中,我们来考察该物体的温度 θ 的变化规律. 根据牛顿冷却定律,物体的冷却速度跟它与周围介质的温度差成正比. 我们有微分方程

$$\frac{\mathrm{d}\theta}{\mathrm{d}t} = -k(\theta - \gamma).$$

先设介质温度 $\gamma = 0$(例如把物体放到冰水混合物中冷却),这时的微分方程为

$$\frac{\mathrm{d}\theta}{\mathrm{d}t} = -k\theta.$$

物体冷却的规律为

$$\theta = \theta_0 e^{-kt}.$$

对一般情形,只要记 $\tilde{\theta} = \theta - \gamma$,也得到

$$\frac{\mathrm{d}\tilde{\theta}}{\mathrm{d}t} = -k\tilde{\theta}.$$

因而一般情形下的冷却规律为

$$\theta = \gamma + (\theta_0 - \gamma)e^{-kt}.$$

我们看到，物体的终极温度就是介质的温度 γ：
$$\lim_{t\to+\infty}\theta=\gamma.$$

例 3 放射性物质衰变的速度 $-\dfrac{\mathrm{d}m}{\mathrm{d}t}$ 正比于该物质的质量 m，即
$$\frac{\mathrm{d}m}{\mathrm{d}t}=-km.$$

解该方程得到
$$m=m_0\mathrm{e}^{-kt}.$$

放射性元素衰减到初始质量的一半所花费的时间 T 称为该元素的**半衰期**. 根据定义，半衰期 T 应满足
$$m_0/2=m_0\mathrm{e}^{-kT},$$
即
$$kT=\ln 2.$$

人们已经测知了许多种放射性元素的半衰期. 知道了半衰期 T 之后，从等式
$$k=\frac{1}{T}\ln 2$$
就可求得该元素的衰变系数 k.

上述讨论虽然简单，却有很重要的应用. 在地质学、古生物学和考古学中，人们可以据此测算地球的年龄、地层或化石的年代等. 一种利用放射性碳测定古生物化石年代的方法取得了巨大的成功. 宇宙线里的中子冲击高层大气中的氮原子产生了一种具有放射性的碳的同位素，其半衰期已测定为 5600 年. 这种放射性碳经氧化成为二氧化碳，与气流中的无放射性的二氧化碳混在一起. 因为放射性碳不断产生又不断衰变为氮，它在大气中早已达到动态平衡. 所以大气中的放射性碳与普通碳有确定的比. 地球上的植物按同样的比例把碳吸收到自己的组织中. 食草动物和食肉动物又相继通过食物链按同样的比例把碳吸收到自己体内. 当生物活着的时候，这比例基本上保持不变. 生物死了以后，当然就不再吸入新的放射性碳. 体内存的放射性碳在漫长的岁月里不断衰变而减少. 因此，如果一段树木化石的放射性为活树的一半，那么这树大约生存于 5600 年以前.

如果其放射性为活树的 $1/4$,那么它大约生存于 11200 年以前. 发现放射性碳并研究出利用其放射性测定古生物化石年代的方法是威拉得·利比(Willard Libby)的功劳. 他由于这一项杰出的工作而获得了 1960 年的诺贝尔化学奖.

例 4 20 世纪 30 年代,科学家发现铀 ^{235}U 的原子核受到中子的轰击会裂变成质量相近的两块,并释放出相当多的能量,而且在裂变的过程中又产生 1 至 3 个中子. 如果裂变时产生的中子又轰击别的 ^{235}U 原子核,那么又能产生新的裂变. 这种过程不断进行下去就形成所谓**连锁反应**或**链式反应**. 铀原料中总会有一些由于天然分裂产生的中子,最初的引火物总是有的. 问题是铀原料里的中子有可能逸出铀原料范围之外,必须有足够多的铀原料才能保证足够多的中子在逸出之前能碰到别的 ^{235}U 原子核. 在这样的条件下,连锁反应才能进行. 我们来推算该**临界体积**或**临界质量**. 用 $N(t)$ 表示在时刻 t 铀原料里的中子总数,中子的发生率应该与该时刻中子的总数 $N(t)$ 成正比,而中子的逸出率应该与铀原料的表面积 S 成正比,也与铀原料里中子的密度 $N(t)/V$ 成正比,因而中子数的变化率应该满足方程

$$\frac{\mathrm{d}N}{\mathrm{d}t}=\alpha N-\beta S\frac{N}{V},$$

其中的 α 和 β 是比例常数.(这里需指出:中子数本是"离散型"的量,但我们可以用一个满足上面微分方程的"连续型"的量 $N(t)$ 来模拟中子数的变化. 考察其他一些含有大量个体的群体的数量变化时,人们也常采用类似的办法. 例如,对人口增长或动植物繁衍的研究,也能利用微分方程作为工具.)

如果铀原料呈球形,那么 $S/V=3/r$,于是中子数 $N=N(t)$ 满足方程

$$\frac{\mathrm{d}N}{\mathrm{d}t}=\left(\alpha-\frac{3\beta}{r}\right)N.$$

该方程的解为

$$N=C\mathrm{e}^{\left(\alpha-\frac{3\beta}{r}\right)t}.$$

由该公式可知,当 $\alpha-3\beta/r>0$ 时,中子数目依指数律迅速增大,连锁反应很快进行而释放出巨大的能量. 这就是原子弹爆炸时的情形. 使得 $\alpha-3\beta/r=0$ 成立的 $r=r_c$ 被称为**临界半径**(我们看到 $r_c=3\beta/\alpha$),以 r_c 为半径的球体的体积 $V_c=(4/3)\pi r_c^3$ 被称为**临界体积**,相应的铀原料的质量被称为**临界质量**. (铀 235 的临界半径约为 8.5 厘米,临界质量将近 50 千克.)

铀原料的半径超过临界值时才会发生核爆炸. 如果 $\alpha-3\beta/r<0$,那么中子数目趋于 0,核裂变就逐渐熄灭. 在原子能发电站的反应堆中,人们把铀原料分隔为若干部分,每一部分铀原料都控制在临界体积以下,同时通过人为的中子源不断补充中子,使得核裂变可以持续进行,而又不至于引起爆炸. 设中子源以常速率 n 补充中子,则总中子数 $N=N(t)$ 应满足方程

$$\frac{dN}{dt}=\left(\alpha-\frac{3\beta}{r}\right)N+n.$$

该方程的解为

$$N=-\frac{n}{\alpha-\dfrac{3\beta}{r}}+Ce^{\left(\alpha-\frac{3\beta}{r}\right)t}.$$

因为 $\alpha-3\beta/r<0$,当 t 不断增大时上式右边第二项趋于 0,所以总中子数渐近于一个稳定的数值

$$\frac{n}{\dfrac{3\beta}{r}-\alpha}.$$

这样,在人为控制的条件下,核裂变持续进行并释放出巨大的能量,但又不至于引起爆炸.

在许多应用问题中,有关各量的微元之间的关系比较容易看出. 这类问题适合于用微元法来布列微分方程. 请看下面的例子.

例 5(气压公式) 我们来考察大气压强随海拔高度的变化. 首先,依据物理学中的玻意耳-马略特定律,在温度不变的条件下,一定质量气体的体积与压强成反比:

$$pV=c(常数).$$

由此得知,气体的比重 ρ 应与压强 p 成正比

$$\rho = kp.$$

其次,我们来考察高度 h 到高度 $h+\Delta h$ 之间的一个薄柱体(设柱体的底面积为 σ). 这柱体中气体的重量应该为柱体下底与上底所受大气压力之差所平衡,因而有

$$p(h)\sigma - p(h+\Delta h)\sigma = \rho\sigma\Delta h,$$

也就是

$$\Delta p = -\rho\Delta h.$$

这式两边除以 Δh 并且过渡到极限就得到

$$\frac{\mathrm{d}p}{\mathrm{d}h} = -\rho.$$

再利用比重 ρ 与压强 p 成正比的事实,我们得到微分方程

$$\frac{\mathrm{d}p}{\mathrm{d}h} = -kp.$$

解该方程得

$$p = Ce^{-kh}.$$

这里的常数 C 有明确的物理意义——它是海平面高度上的大气压强:

$$C = p|_{h=0}.$$

我们把 C 记为 p_0,于是气压公式可以写成

$$p = p_0 e^{-kh}.$$

由该公式得到

$$h = \frac{1}{k}\ln\frac{p_0}{p}.$$

这就是说,我们可以利用气压计来测高度. 根据该原理,人们制造了轻巧便利的简易高度计. 当然,影响气压的条件很多,除了海拔高度外,还有温度、湿度等气象因素. 因而利用气压计来测高度,只能得到比较粗略的结果.

§3 变量分离型微分方程

本节介绍一类可以通过不定积分求解的微分方程——**变量分离**

型方程. 先来看一个熟悉的例子.

例 1 考察一阶线性方程
$$\frac{dx}{dt} = a(t)x.$$

我们把该方程改写成
$$\frac{dx}{x} = a(t)dt.$$

如果 $x = x(t)$ 是方程的解,那么它能使上式成为恒等式,两边求不定积分得
$$\int \frac{dx}{x} = \int a(t)dt + C'.$$

由此得到
$$\ln|x| = \int a(t)dt + C',$$
$$x = \pm e^{C'} \cdot e^{\int a(t)dt},$$

或者写成
$$x = C e^{\int a(t)dt}.$$

因为 C' 是任意常数,所以 $C = \pm e^{C'}$ 可以是任意非 0 常数. 又因为 $x \equiv 0$ 显然满足原来的方程,所以上式中的 C 还可以取 0 值. 我们重新得到熟悉的结论: 方程
$$\frac{dx}{dt} = a(t)x$$

的一般解为
$$x = C e^{\int a(t)dt},$$

这里 C 是任意常数.

推广上面例子中的方法,可以求解一般的变量分离型方程:
$$\frac{dx}{dt} = f(t)g(x). \tag{3.1}$$

事实上,如果 $g(x) \neq 0$,那么方程(3.1)可以改写为
$$\frac{dx}{g(x)} = f(t)dt,$$

再对两边求不定积分就可得到

$$\int \frac{\mathrm{d}x}{g(x)} = \int f(t)\mathrm{d}t + C.$$

该式以隐函数形式给出方程(3.1)的解。另外,如果有 x_0 能使 $g(x_0)=0$,那么常值函数 $x \equiv x_0$ 也是原方程的解。

例 2 溶液里原有甲种物质 A 克和乙种物质 B 克。这两种物质按定比 $\alpha:\beta$ 化合生成丙种物质 ($\alpha+\beta=1$)。设到时刻 t 为止总共生成丙种物质 $x(t)$ 克 (耗用甲种物质 $\alpha x(t)$ 克和乙种物质 $\beta x(t)$ 克)。因为化合反应的速度与溶液里甲乙两种物质的离子相互碰撞的可能性成正比,也就与这两种物质尚存的质量的乘积成正比,所以函数 $x=x(t)$ 应满足方程

$$\frac{\mathrm{d}x}{\mathrm{d}t} = k(A-\alpha x)(B-\beta x).$$

下面,我们分两种情形讨论这方程的解。

情形 1 $A/\alpha \neq B/\beta$。这时方程可按以下步骤求解。首先,分离变量得

$$\frac{\mathrm{d}x}{(A-\alpha x)(B-\beta x)} = k\,\mathrm{d}t.$$

其次,对上式左边做部分分式分解得

$$\frac{1}{A\beta - B\alpha}\left(\frac{\beta}{B-\beta x} - \frac{\alpha}{A-\alpha x}\right)\mathrm{d}x = k\,\mathrm{d}t,$$

即

$$\left(\frac{\beta}{B-\beta x} - \frac{\alpha}{A-\alpha x}\right)\mathrm{d}x = k(A\beta - B\alpha)\,\mathrm{d}t.$$

由此得到

$$\frac{A-\alpha x}{B-\beta x} = C\mathrm{e}^{k(A\beta - B\alpha)t}.$$

设 $t=0$ 时 $x=0$,则可确定 $C=A/B$。于是

$$\frac{A-\alpha x}{B-\beta x} = \frac{A}{B} \cdot \mathrm{e}^{k(A\beta - B\alpha)t}.$$

为简便起见,我们引入记号

$$u = \frac{A}{B} \cdot \mathrm{e}^{k(A\beta - B\alpha)t}.$$

于是
$$\frac{A-\alpha x}{B-\beta x}=u, \quad x=\frac{Bu-A}{\beta u-\alpha}.$$

如果 $A/\alpha < B/\beta$,那么 $\lim\limits_{t\to+\infty} u=0$,因而
$$\lim_{t\to+\infty} x=A/\alpha; \quad \lim_{t\to+\infty}\alpha x=A, \quad \lim_{t\to+\infty}\beta x=\beta\frac{A}{\alpha}<B.$$

这就是说:甲种物质最后消耗殆尽,乙种物质最后剩余量尚有 $B-\beta\dfrac{A}{\alpha}$ 克. 如果 $A/\alpha > B/\beta$,那么 $\lim\limits_{t\to+\infty} u=+\infty$,因而
$$\lim_{t\to+\infty} x=B/\beta.$$

这就是说:乙种物质最后消耗殆尽,甲种物质最后剩余量尚有 $A-\alpha\dfrac{B}{\beta}$ 克.

情形 2 $A/\alpha = B/\beta$. 这时方程成为
$$\frac{\mathrm{d}x}{\mathrm{d}t}=k\alpha\beta\left(\frac{A}{\alpha}-x\right)^2.$$

分离变量得
$$\frac{\mathrm{d}x}{\left(\dfrac{A}{\alpha}-x\right)^2}=k\alpha\beta\mathrm{d}t.$$

求不定积分得
$$\frac{1}{\dfrac{A}{\alpha}-x}=k\alpha\beta t+C,$$

即
$$\frac{A}{\alpha}-x=\frac{1}{k\alpha\beta t+C}.$$

设 $t=0$ 时 $x=0$,则得
$$C=\frac{\alpha}{A}.$$

于是

$$x = \frac{A}{\alpha} - \frac{1}{k\alpha\beta t + \dfrac{\alpha}{A}}.$$

当 $t \to +\infty$ 时，$x \to A/\alpha$，甲、乙两种物质最后都消耗殆尽.

通过引入新的未知函数或新的自变量，可以把某些微分方程化成变量分离型方程. 请看下面的例子.

例 3 考察方程

$$\frac{\mathrm{d}x}{\mathrm{d}t} = f\left(\frac{x}{t}\right).$$

引入新的未知函数

$$u = \frac{x}{t},$$

我们得到

$$x = tu,$$
$$\frac{\mathrm{d}x}{\mathrm{d}t} = u + t\frac{\mathrm{d}u}{\mathrm{d}t}.$$

代入原方程得

$$u + t\frac{\mathrm{d}u}{\mathrm{d}t} = f(u),$$
$$\frac{\mathrm{d}u}{\mathrm{d}t} = \frac{f(u) - u}{t}.$$

这是一个变量分离型方程.

例 4 考察方程

$$\frac{\mathrm{d}x}{\mathrm{d}t} = f\left(\frac{\alpha x + \beta t}{\gamma x + \delta t}\right).$$

这是属于例 3 那一类型的方程：

$$\frac{\mathrm{d}x}{\mathrm{d}t} = f\left(\frac{\alpha\dfrac{x}{t} + \beta}{\gamma\dfrac{x}{t} + \delta}\right) = g\left(\frac{x}{t}\right).$$

例 5 考察方程

$$\frac{\mathrm{d}x}{\mathrm{d}t} = f\left(\frac{\alpha x + \beta t + \lambda}{\gamma x + \delta t + \mu}\right) \quad (\alpha\delta - \beta\gamma \neq 0).$$

这又可以化成例 4 的情形. 事实上, 取 x_0 和 t_0 满足
$$\begin{cases} \alpha x_0 + \beta t_0 + \lambda = 0, \\ \gamma x_0 + \delta t_0 + \mu = 0, \end{cases}$$
然后作变换
$$\begin{cases} x = \xi + x_0, \\ t = \tau + t_0, \end{cases}$$
我们得到
$$\frac{\mathrm{d}\xi}{\mathrm{d}\tau} = \frac{\mathrm{d}\xi}{\mathrm{d}x} \frac{\mathrm{d}x}{\mathrm{d}t} \frac{\mathrm{d}t}{\mathrm{d}\tau} = f\left(\frac{\alpha x + \beta t + \lambda}{\gamma x + \delta t + \mu}\right) = f\left(\frac{\alpha \xi + \beta \tau}{\gamma \xi + \delta \tau}\right).$$

§4 实变复值函数

对于代数方程式, 我们已经有过这样的经验: 即使是实系数的代数方程, 为了弄清楚它的根的状况, 也最好到更广泛的复数范围内加以讨论. 在处理微分方程的某些问题时, 例如求解高阶常系数线性微分方程的时候, 也会遇到类似的情形: 虽然是"实"的微分方程, 所求的也是实解(实值函数解), 但中间过程却需要在更广泛的复值函数范围内进行讨论. 本节为这一讨论做准备.

4.a 复数与平面向量, 复数序列的极限

我们把形状如
$$w = u + \mathrm{i}v$$
的数称为**复数**, 这里 $\mathrm{i} = \sqrt{-1}$ 是**虚单位**, 而 u 和 v 都是实数. u 和 v 分别称为复数 $w = u + \mathrm{i}v$ 的**实部**和**虚部**, 记为
$$\mathrm{Re}\, w = u, \quad \mathrm{Im}\, w = v.$$
全体复数组成的集合记为 $\mathbb{C}$.

复数的加法和乘法定义如下:
$$(u_1 + \mathrm{i}v_1) + (u_2 + \mathrm{i}v_2) = (u_1 + u_2) + \mathrm{i}(v_1 + v_2),$$
$$(u_1 + \mathrm{i}v_1) \cdot (u_2 + \mathrm{i}v_2)$$
$$= (u_1 u_2 - v_1 v_2) + \mathrm{i}(u_1 v_2 + v_1 u_2).$$
由此又可导出作为逆运算的减法和除法的表示

$$(u_1+iv_1)-(u_2+iv_2)=(u_1-u_2)+i(v_1-v_2),$$

$$\frac{u_1+iv_1}{u_2+iv_2}=\frac{u_1u_2+v_1v_2}{u_2^2+v_2^2}+i\frac{v_1u_2-u_1v_2}{u_2^2+v_2^2}$$

(做除法时要求 $u_2+iv_2\neq 0$,即 $u_2^2+v_2^2\neq 0$).

复数 $w=u+iv$ 可以解释为平面直角坐标系中坐标为 (u,v) 的点. 当 $w\neq 0$ 时,该点的极坐标为 (r,θ),其中

$$r=\sqrt{u^2+v^2}, \quad \cos\theta=\frac{u}{r}, \quad \sin\theta=\frac{v}{r}.$$

我们把

$$w=r(\cos\theta+i\sin\theta)$$

称为**复数的极坐标表示**. 采用这种表示来计算非零复数的乘方特别方便:

$$w^n=r^n(\cos n\theta+i\sin n\theta).$$

复数 w 的极坐标表示中的 r 和 θ 分别称为该复数的**模**和**幅角**,并分别用符号 $|w|$ 和 $\mathrm{Arg}w$ 来表示. 特别指出,复数零没有辐角.

非零复数 $w=u+iv$ 还可解释为长为 $|w|$、方位角为 $\mathrm{Arg}w$ 的一个平面向量——例如起点在 $(0,0)$ 终点在 (u,v) 的平面向量. 对许多情形(但不是一切情形),向量的起点是无关紧要的. 对于不必考虑起点位置的情形,我们认为向量是可以平行移动的,并把这样的向量叫作**自由向量**. 我们把复数解释为平面自由向量. 采取这样的约定有许多方便之处. 例如,为了表示若干个复数之和

$$w=w_1+w_2+\cdots+w_n,$$

我们可以把 w_2 的起点移到 w_1 的终点,再把 w_3 的起点移到 w_2 的终点……最后把 w_n 的起点移到 w_{n-1} 的终点. 于是,w 就可以表示为从 w_1 的起点到 w_n 的终点的向量(见图 7-2).

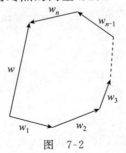

图 7-2

复数的模正好是表示它的向量的长度,它满足以下的**三角形不等式**:
$$|w_1+w_2|\leqslant|w_1|+|w_2|.$$
该不等式意味着三角形两边之和大于第三边. 我们也可用代数方式证明这一不等式:因为
$$(u_1^2+v_1^2)(u_2^2+v_2^2)-(u_1u_2+v_1v_2)^2$$
$$=(u_1v_2-v_1u_2)^2\geqslant 0,$$
所以
$$u_1u_2+v_1v_2\leqslant\sqrt{u_1^2+v_1^2}\cdot\sqrt{u_2^2+v_2^2}$$
(称为柯西不等式). 利用这一结果,我们得到
$$(u_1+u_2)^2+(v_1+v_2)^2$$
$$=(u_1^2+v_1^2)+2(u_1u_2+v_1v_2)+(u_2^2+v_2^2)$$
$$\leqslant(u_1^2+v_1^2)+2\sqrt{u_1^2+v_1^2}\cdot\sqrt{u_2^2+v_2^2}+(u_2^2+v_2^2)$$
$$=(\sqrt{u_1^2+v_1^2}+\sqrt{u_2^2+v_2^2})^2,$$
即
$$\sqrt{(u_1+u_2)^2+(v_1+v_2)^2}\leqslant\sqrt{u_1^2+v_1^2}+\sqrt{u_2^2+v_2^2},$$
也就是
$$|w_1+w_2|\leqslant|w_1|+|w_2|.$$
该不等式还可推广至 m 个复数的情形:
$$|w_1+w_2+\cdots+w_m|\leqslant|w_1|+|w_2|+\cdots+|w_m|.$$
我们来考察复数序列
$$w_n=u_n+\mathrm{i}v_n,\quad n=1,2,\cdots.$$
设 $C=A+\mathrm{i}B$ 是一个复数. 如果对任何实数 $\varepsilon>0$,都存在自然数 N,使得 $n>N$ 时有
$$|w_n-C|<\varepsilon,$$
那么我们就说复数序列 $\{w_n\}$ 收敛于极限 C,记为
$$\lim w_n=C \text{ 或者 } w_n\to C.$$
由于以下定理,涉及实数序列极限的许多论断都可以翻译成适用于复数序列的相应结果.

定理 1 复数序列 $w_n=u_n+\mathrm{i}v_n$ 收敛于 $C=A+\mathrm{i}B$ 的充要条件

是序列 u_n 和序列 v_n 分别收敛于 A 和 B.

证明 我们有不等式
$$\left.\begin{array}{r}|u_n-A|\\|v_n-B|\end{array}\right\} \leqslant |w_n-C|$$
$$=\sqrt{(u_n-A)^2+(v_n-B)^2}$$
$$\leqslant |u_n-A|+|v_n-B|. \quad \square$$

4.b 实变复值函数

设 $D\subset\mathbb{R}$, $E=\mathbb{C}$. 我们把从 D 到 E 的映射
$$w=f(t)$$
称为**实变复值函数**. 设 $w=u+\mathrm{i}v$, $f(t)=\varphi(t)+\mathrm{i}\psi(t)$, 则实变复值函数 $w=f(t)$ 相当于一对实函数
$$u=\varphi(t), \quad v=\psi(t).$$
我们引入实变复值函数作为工具, 是为了更方便地研究实函数. 至于以复数为自变量并且也以复数为函数值的函数, 则是另一门课程——复变函数论——讨论的主要对象.

关于实变复值函数的极限, 也有两种定义方式——序列式和 ε-δ 方式. 这两种定义分别陈述如下.

定义(函数极限的序列式定义) 设实变复值函数 $w=f(t)$ 在 $\check{U}(t_0,\eta)$ 有定义, $C\in\mathbb{C}$. 如果对于任何满足条件 $t_n\to t_0$ 的序列 $\{t_n\}\subset\check{U}(t_0,\eta)$, 相应的函数值序列 $\{f(t_n)\}$ 都以 C 为极限, 那么我们就说 $t\to t_0$ 时函数 $f(t)$ 趋于极限 C, 记为
$$\lim_{t\to t_0} f(t)=C.$$

定义(函数极限的 ε-δ 式定义) 设实变复值函数 $w=f(t)$ 在 $\check{U}(t_0,\eta)$ 有定义, $C\in\mathbb{C}$. 如果对于任意实数 $\varepsilon>0$, 存在实数 $\delta>0$, 使得只要 $0<|t-t_0|<\delta$, 就有
$$|f(t)-C|<\varepsilon,$$
那么我们就说 $t\to t_0$ 时函数 $f(t)$ 趋于极限 C, 记为
$$\lim_{t\to t_0} f(t)=C.$$

同以前一样,可以证明上述两种定义是彼此等价的.

关于函数的极限,也有与定理 1 类似的结果.

定理 2 设实变复值函数 $f(t)=\varphi(t)+\mathrm{i}\psi(t)$ 在 $\mathring{U}(t_0,\eta)$ 有定义(φ 和 ψ 都是实函数),而 $C=A+\mathrm{i}B\in\mathbb{C}$($A$ 和 B 都是实数),则 $\lim\limits_{t\to t_0}f(t)=C$ 的充要条件是:

$$\lim_{t\to t_0}\varphi(t)=A,\quad \lim_{t\to t_0}\psi(t)=B.$$

证明 可以利用序列式定义并引用定理 1 来证明. 也可以利用 $\varepsilon\text{-}\delta$ 式的定义并引用以下不等式直接加以证明:

$$\left.\begin{array}{r}|\varphi(t)-A|\\ |\psi(t)-B|\end{array}\right\}\leqslant|f(t)-C|$$
$$=\sqrt{(\varphi(t)-A)^2+(\psi(t)-B)^2}$$
$$\leqslant|\varphi(t)-A|+|\psi(t)-B|.\quad\square$$

设实变复值函数 $f(t)=\varphi(t)+\mathrm{i}\psi(t)$ 在 $U(t_0,\eta)$ 上有定义,如果

$$\lim_{t\to t_0}f(t)=f(t_0),$$

那么我们就说该函数在 t_0 点连续.

定理 3 设实变复值函数 $f(t)=\varphi(t)+\mathrm{i}\psi(t)$ 在 $U(t_0,\eta)$ 上有定义($\varphi(t)$ 和 $\psi(t)$ 都是实函数),则 $f(t)$ 在 t_0 点连续的充要条件是: $\varphi(t)$ 和 $\psi(t)$ 都在 t_0 点连续.

设实变复值函数 $f(t)=\varphi(t)+\mathrm{i}\psi(t)$ 在 $U(t_0,\eta)$ 上有定义,则 $f(t)$ 在 t_0 点的导数 $f'(t_0)$ 仍定义为

$$f'(t_0)=\lim_{t\to t_0}\frac{f(t)-f(t_0)}{t-t_0}.$$

定理 4 设实变复值函数 $f(t)=\varphi(t)+\mathrm{i}\psi(t)$ 在 $U(t_0,\eta)$ 上有定义($\varphi(t)$ 和 $\psi(t)$ 都是实函数). 则 $f(t)$ 在 t_0 点可导的充要条件是: $\varphi(t)$ 和 $\psi(t)$ 都在 t_0 点可导. 当这一条件满足时,我们有

$$f'(t_0)=\varphi'(t_0)+\mathrm{i}\psi'(t_0).$$

在第四章 §2 中所证明的关于和差积商的求导法则以及关于复合函数的求导法则等,仍然适用于实变复值函数. 例如,关于复合函数的求导法则可陈述如下:设实函数 $s=g(t)$ 在 t_0 点可导,实变复值函数 $w=f(s)$ 在 $s_0=g(t_0)$ 点可导,则复合函数 $w=f\circ g(t)$ 在 t_0

点可导,并且有
$$(f \circ g)'(t_0) = f'(g(t_0))g'(t_0).$$
所有这些法则都可以仿照第四章§2里的办法加以证明,或者对函数的实部和虚部分别运用那里的法则而得到.

设实变复值函数 $f(t)$ 在区间 I 上有定义. 如果存在一个实变复值函数 $F(t)$,它在 I 连续,在 I^0 可导并且满足条件
$$F'(t) = f(t), \quad \forall t \in I^0,$$
那么我们就说 F 是函数 f 的一个**原函数**.

定理 5 为使实变复值函数 $F(t) = \Phi(t) + \mathrm{i}\Psi(t)$ 是实变复值函数 $f(t) = \varphi(t) + \mathrm{i}\psi(t)$ 的原函数,必须而且只须 $\Phi(t)$ 和 $\Psi(t)$ 分别是 $\varphi(t)$ 和 $\psi(t)$ 的原函数.

由此又容易证明:如果 $F(t)$ 是 $f(t)$ 的一个原函数,那么 $f(t)$ 的一切原函数都可以表示为
$$F(t) + C,$$
这里 $C \in \mathbb{C}$ 是一个复常数. 我们把 $f(t)$ 的原函数族 $F(t) + C$ 称为函数 $f(t)$ 的**不定积分**,记为
$$\int f(t) \mathrm{d}t = F(t) + C.$$
如果 $f(t) = \varphi(t) + \mathrm{i}\psi(t)$ ($\varphi(t)$ 和 $\psi(t)$ 都是实函数),那么
$$\int f(t) \mathrm{d}t = \int \varphi(t) \mathrm{d}t + \mathrm{i} \int \psi(t) \mathrm{d}t.$$

4. c 欧拉(Euler)公式

以任意实数 a 为指数的方幂 e^a 已在第三章§4中给出了定义. 这里,我们来讨论以复数 $c = a + \mathrm{i}b$ 为指数的方幂. 为此,先来介绍 e^a 的另一等价定义. 在以下的讨论中将用到几个重要的极限:
$$\lim_{\alpha \to 0}(1+\alpha)^{\frac{1}{\alpha}} = \mathrm{e},$$
$$\lim_{\beta \to 0} \frac{\ln(1+\beta)}{\beta} = 1,$$
$$\lim_{\gamma \to 0} \frac{\arctan \gamma}{\gamma} = 1.$$

注意到
$$\lim\left(1+\frac{a}{n}\right)^n = \lim\left[\left(1+\frac{a}{n}\right)^{\frac{n}{a}}\right]^a = e^a \quad (a \neq 0)$$

和
$$\lim\left(1+\frac{0}{n}\right)^n = 1 = e^0,$$

我们可以把 e^a 定义为
$$e^a = \lim\left(1+\frac{a}{n}\right)^n, \quad \forall a \in \mathbb{R}.$$

这种定义方式容易推广到复指数的情形.

定义 对于 $c = a + ib \in \mathbb{C}$,我们规定
$$e^c = \lim\left(1+\frac{c}{n}\right)^n.$$

尚需证明:对任意给定的复数 $c = a + ib$,上面定义中的极限必定存在. 为此,我们把复数 $\left(1+\frac{c}{n}\right) = \left(1+\frac{a+ib}{n}\right)$ 写成极坐标形式

$$\left(1+\frac{a+ib}{n}\right)^n = \left[\left(1+\frac{a}{n}\right) + i\frac{b}{n}\right]^n$$
$$= r_n(\cos\theta_n + i\sin\theta_n),$$

这里
$$r_n = \left[\left(1+\frac{a}{n}\right)^2 + \left(\frac{b}{n}\right)^2\right]^{\frac{n}{2}},$$

$$\theta_n = n\arctan\frac{\frac{b}{n}}{1+\frac{a}{n}} \quad (\text{设 } n > |a|).$$

我们有
$$\lim \ln r_n = \lim\left[\frac{n}{2}\ln\left(1+\frac{2a}{n}+\frac{a^2+b^2}{n^2}\right)\right]$$
$$= \lim\left[\frac{n}{2}\left(\frac{2a}{n}+\frac{a^2+b^2}{n^2}\right)\right]$$
$$= a,$$

因而
$$\lim r_n = \lim e^{\ln r_n} = e^a.$$
又
$$\lim \theta_n = \lim \left(n \arctan \frac{\dfrac{b}{n}}{1+\dfrac{a}{n}} \right)$$
$$= \lim \left(n \frac{\dfrac{b}{n}}{1+\dfrac{a}{n}} \right) = b.$$

这样,我们证明了
$$\lim \left(1+\frac{a+\mathrm{i}b}{n}\right)^n = e^a (\cos b + \mathrm{i}\sin b),$$
即
$$e^{a+\mathrm{i}b} = e^a (\cos b + \mathrm{i}\sin b). \tag{4.1}$$
对于 $a=0$ 的情形有
$$e^{\mathrm{i}b} = \cos b + \mathrm{i}\sin b. \tag{4.2}$$
由此又可得到
$$\cos b = \frac{e^{\mathrm{i}b} + e^{-\mathrm{i}b}}{2}, \quad \sin b = \frac{e^{\mathrm{i}b} - e^{-\mathrm{i}b}}{2\mathrm{i}}. \tag{4.3}$$

以上这些公式都称为**欧拉公式**. 利用这些公式, 可以很容易地将指数运算的基本关系推广到复指数情形:
$$e^{c_1} \cdot e^{c_2} = e^{c_1+c_2}.$$
事实上,我们有
$$e^{a_1+\mathrm{i}b_1} \cdot e^{a_2+\mathrm{i}b_2}$$
$$= e^{a_1}(\cos b_1 + \mathrm{i}\sin b_1) \cdot e^{a_2}(\cos b_2 + \mathrm{i}\sin b_2)$$
$$= e^{a_1+a_2}[\cos(b_1+b_2) + \mathrm{i}\sin(b_1+b_2)]$$
$$= e^{(a_1+a_2)+\mathrm{i}(b_1+b_2)}$$
$$= e^{(a_1+\mathrm{i}b_1)+(a_2+\mathrm{i}b_2)}.$$
由欧拉公式可得
$$e^{\pm \mathrm{i}\frac{\pi}{2}} = \cos \frac{\pi}{2} \pm \mathrm{i}\sin \frac{\pi}{2} = \pm \mathrm{i},$$

$$e^{\pm i\pi} = \cos\pi \pm i\sin\pi = -1,$$
$$e^{i2k\pi} = \cos 2k\pi + i\sin 2k\pi = 1, \quad \forall k \in \mathbb{Z}.$$

特别地有
$$e^{i2\pi} = 1.$$

这后一式子很有意思,它把数学中最重要的五个数 $1, 2, \pi, e, i$ 联系在一起.

利用欧拉公式,我们还可以把非零复数的极坐标形式 $w = r(\cos\theta + i\sin\theta)$ 写成
$$w = re^{i\theta},$$
这里 $r = |w|$ 是复数 w 的模,$\theta = \mathrm{Arg}\, w$ 是复数 w 的幅角. 请注意
$$e^{i\theta} = \cos\theta + i\sin\theta$$
是一个模为 1 的复数:
$$|e^{i\theta}| = 1,$$
它表示与极轴夹 θ 角的一个单位向量. 再来看复数
$$ie^{i\theta} = -\sin\theta + i\cos\theta.$$
因为
$$ie^{i\theta} = e^{i\pi/2} \cdot e^{i\theta} = e^{i(\theta + \pi/2)},$$
所以 $ie^{i\theta}$ 是与 $e^{i\theta}$ 垂直的一个单位向量(图 7-3).

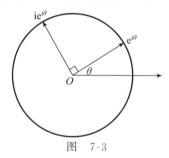

图 7-3

最后,我们来考察实变复值函数
$$f(t) = e^{\lambda t} = e^{(\alpha + i\beta)t},$$
这里 $t \in \mathbb{R}$, $\lambda = \alpha + i\beta \in \mathbb{C}$ ($\alpha, \beta \in \mathbb{R}$). 根据欧拉公式有
$$e^{(\alpha + i\beta)t} = e^{\alpha t}(\cos\beta t + i\sin\beta t).$$
又依据定理 4,我们求得

$$f'(t) = (e^{\alpha t}\cos\beta t)' + i(e^{\alpha t}\sin\beta t)'$$
$$= e^{\alpha t}(\alpha\cos\beta t - \beta\sin\beta t)$$
$$\quad + ie^{\alpha t}(\alpha\sin\beta t + \beta\cos\beta t)$$
$$= (\alpha + i\beta)e^{(\alpha+i\beta)t} = \lambda e^{\lambda t}.$$

这就是说,以下熟知的求导公式对于 $\lambda \in \mathbb{C}$ 的情形也仍然成立:
$$(e^{\lambda t})' = \lambda e^{\lambda t}.$$

由此又可得到关于原函数——不定积分的相应公式
$$\int e^{\lambda t}\,dt = \frac{1}{\lambda}e^{\lambda t} + C, \quad \lambda \neq 0.$$

例 设 $a, b \in \mathbb{R}$ 不全为 0,试求不定积分
$$\int e^{at}\cos bt\,dt, \quad \int e^{at}\sin bt\,dt.$$

解 记 $\lambda = a + ib$,则所求的不定积分恰好分别为下式的实部和虚部:
$$\int e^{at}(\cos bt + i\sin bt)\,dt = \int e^{\lambda t}\,dt$$
$$= \frac{1}{\lambda}e^{\lambda t} + C = \frac{1}{a+ib}e^{(a+ib)t} + A + iB$$
$$= \frac{a-ib}{a^2+b^2}e^{at}(\cos bt + i\sin bt) + A + iB.$$

于是,我们得到
$$\int e^{at}\cos bt\,dt = e^{at}\frac{a\cos bt + b\sin bt}{a^2+b^2} + A,$$
$$\int e^{at}\sin bt\,dt = e^{at}\frac{a\sin bt - b\cos bt}{a^2+b^2} + B.$$

这里 A 和 B 是任意实常数.

§5 高阶常系数线性微分方程

形状如
$$\frac{d^n x}{dt^n} + a_{n-1}(t)\frac{d^{n-1}x}{dt^{n-1}} + \cdots + a_0(t)x = b(t) \tag{5.1}$$

的微分方程称为 n 阶**线性微分方程**. 如果 $b(t)\equiv 0$, 那么我们就说这线性微分方程是**齐次**的, 否则就说它是**非齐次**的.

考察非齐次线性微分方程(5.1)和与它对应的齐次线性微分方程

$$\frac{\mathrm{d}^n x}{\mathrm{d}t^n}+a_{n-1}(t)\frac{\mathrm{d}^{n-1} x}{\mathrm{d}t^{n-1}}+\cdots+a_0(t)x=0. \tag{5.2}$$

设 $\varphi_0(t)$ 是(5.1)的一个确定的特解. 如果 $\varphi(t)$ 是(5.1)的任意一个解, 那么

$$\psi(t)=\varphi(t)-\varphi_0(t)$$

应该是(5.2)的解. 反过来, 如果 $\psi(t)$ 是(5.2)的任意一个解, 那么 $\varphi(t)=\psi(t)+\varphi_0(t)$ 也就是(5.1)的解. 由该讨论我们得知: 非齐次方程(5.1)的一般解 $\varphi(t)$ 等于该方程的(任意一个)特解 $\varphi_0(t)$ 加上相应的齐次方程(5.2)的一般解 $\psi(t)$.

如果在 n 阶线性微分方程(5.1)中, 所有的系数 $a_{n-1}(t),\cdots,a_0(t)$ 都是常数, 即

$$a_{n-1}(t)\equiv a_{n-1},\ \cdots,\ a_0(t)\equiv a_0,$$

那么该方程就称为 n 阶**常系数线性微分方程**. 这类方程的一般形式为

$$\frac{\mathrm{d}^n x}{\mathrm{d}t^n}+a_{n-1}\frac{\mathrm{d}^{n-1} x}{\mathrm{d}t^{n-1}}+\cdots+a_0 x=b(t).$$

我们引入微分算子的记号:

$$\mathrm{D}=\frac{\mathrm{d}}{\mathrm{d}t}.$$

采用这样的记号, 上面的方程可以写成

$$(\mathrm{D}^n+a_{n-1}\mathrm{D}^{n-1}+\cdots+a_0)x=b(t).$$

请注意, 在这样的写法中, D 表示求导一次的运算, D^k 表示求导 k 次的运算, a_0 表示乘以 a_0 的运算. 我们把

$$p(\mathrm{D})=\mathrm{D}^n+a_{n-1}\mathrm{D}^{n-1}+\cdots+a_0$$

称为**算子多项式**. 在该多项式中把算子 D 换成变元 λ, 就得到相应的**特征多项式**

$$p(\lambda)=\lambda^n+a_{n-1}\lambda^{n-1}+\cdots+a_0.$$

对于相加、相乘和乘以数这些代数运算, 适用于文字 λ 的那些法则也同样适用于算子 D. 如果 $p(\lambda)$ 分解为若干个因式 $p_1(\lambda),\cdots,p_m(\lambda)$

的乘积
$$p(\lambda) = p_1(\lambda) \cdots p_m(\lambda),$$
那么算子多项式 $p(D)$ 也就分解为相应的因式的乘积
$$p(D) = p_1(D) \cdots p_m(D).$$
我们可以利用适当的因式分解来求高阶常系数线性微分方程的解. 为了叙述简便，使初学者更容易领会精神而不致为运算的细节所烦扰，这里只介绍二阶常系数齐次线性微分方程的求解方法. 更一般的讨论在本节后的附录中.

二阶常系数齐次线性微分方程的一般形式为
$$\frac{d^2 x}{dt^2} + a_1 \frac{dx}{dt} + a_0 = 0.$$
它的算子多项式为
$$p(D) = D^2 + a_1 D + a_0.$$
相应的特征多项式为
$$p(\lambda) = \lambda^2 + a_1 \lambda + a_0.$$
以下分三种情形讨论.

情形 1 设 $p(\lambda)$ 有不相等的两个实根 λ_1 和 λ_2. 这时
$$p(\lambda) = (\lambda - \lambda_1)(\lambda - \lambda_2),$$
$$p(D) = (D - \lambda_1)(D - \lambda_2).$$
令 $x_1 = (D - \lambda_2) x$，则 x_1 应满足
$$(D - \lambda_1) x_1 = 0.$$
由此得到
$$x_1 = \gamma_1 e^{\lambda_1 t},$$
这里 γ_1 是任意常数. 未知函数 x 应满足
$$(D - \lambda_2) x = x_1(t).$$
由此又得到
$$\begin{aligned} x &= e^{\lambda_2 t} \left(\int e^{-\lambda_2 t} x_1(t) dt + \gamma_2 \right) \\ &= e^{\lambda_2 t} \left(\gamma_1 \int e^{(\lambda_1 - \lambda_2) t} dt + \gamma_2 \right) \\ &= \frac{\gamma_1}{\lambda_1 - \lambda_2} e^{\lambda_1 t} + \gamma_2 e^{\lambda_2 t} \end{aligned}$$

§5　高阶常系数线性微分方程

$$= C_1 e^{\lambda_1 t} + C_2 e^{\lambda_2 t},$$

这里 $C_1 = \dfrac{\gamma_1}{\lambda_1 - \lambda_2}$ 和 $C_2 = \gamma_2$ 也都是任意常数.

情形 2　设 $p(\lambda)$ 有二重实根 μ. 这时 $p(\mathrm{D})$ 分解为
$$p(\mathrm{D}) = (\mathrm{D} - \mu)^2.$$
令 $x_1 = (\mathrm{D} - \mu)x$, 则 x_1 满足
$$(\mathrm{D} - \mu)x_1 = 0.$$
于是
$$x_1 = C_1 e^{\mu t}.$$
又从
$$(\mathrm{D} - \mu)x = x_1(t)$$
得到
$$x = e^{\mu t}\left(\int e^{-\mu t} x_1(t)\,\mathrm{d}t + C_2\right) = (C_1 t + C_2) e^{\mu t}.$$

情形 3　设 $p(\lambda)$ 有一对共轭虚根 $\nu = \rho + \mathrm{i}\omega$ 和 $\bar{\nu} = \rho - \mathrm{i}\omega$. 这时
$$p(\mathrm{D}) = (\mathrm{D} - \nu)(\mathrm{D} - \bar{\nu}).$$
类似于情形 1 中所作的, 在复值函数范围内进行讨论, 我们看到: 那里所得的公式对于 $\lambda_1 = \nu$ 和 $\lambda_2 = \bar{\nu}$ 也仍然适用. 我们得到复值函数范围的一般解
$$x = \gamma_1 e^{\nu t} + \gamma_2 e^{\bar{\nu} t},$$
其中的 γ_1 和 γ_2 是任意复常数, 这样形式的表示式, 概括了方程的所有复解, 当然也概括了方程的所有实解. 我们来考察, 复常数 γ_1 和 γ_2 满足怎样的条件能使上面的表示式给出实解. 容易看出
$$\bar{x} = \bar{\gamma}_1 e^{\bar{\nu} t} + \bar{\gamma}_2 e^{\nu t}.$$
要使 $\bar{x} = x$, 必须而且只需
$$\bar{\gamma}_1 = \gamma_2, \quad \bar{\gamma}_2 = \gamma_1.$$
这就是说, 要使 $x = \gamma_1 e^{\nu t} + \gamma_2 e^{\bar{\nu} t}$ 给出实解, 必须而且只需 γ_1 和 γ_2 是彼此共轭的复数. 如果取
$$\gamma_1 = \frac{1}{2}(C_1 - \mathrm{i}C_2), \quad \gamma_2 = \frac{1}{2}(C_1 + \mathrm{i}C_2),$$
那么就得到了实函数范围内的一般解

$$x = C_1 e^{\rho t} \cos\omega t + C_2 e^{\rho t} \sin\omega t,$$

这里的 C_1 和 C_2 是任意实常数.

以上所得的结果可以列表小结如下:

$\lambda^2 + a_1\lambda + a_0 = 0$ 的根 λ_1 和 λ_2 的情况	$(D^2 + a_1 D + a_0)x = 0$ 的一般解
λ_1, λ_2 是实数, $\lambda_1 \neq \lambda_2$	$C_1 e^{\lambda_1 t} + C_2 e^{\lambda_2 t}$
$\lambda_1 = \lambda_2 = \mu$ 是实数	$(C_1 t + C_2) e^{\mu t}$
$\lambda_{1,2} = \rho \pm i\omega$ 是共轭虚根	$(C_1 \cos\omega t + C_2 \sin\omega t) e^{\rho t}$

作为上面结果的应用,我们来考察本章 §1 例 4 中所述的弹性振动.

例 1 对于无阻尼振动的情形,运动方程为(参看 §1 例 4):

$$\frac{d^2 x}{dt^2} + \frac{k}{m} x = 0.$$

该方程的特征多项式

$$p(\lambda) = \lambda^2 + \frac{k}{m}$$

有两个彼此共轭的虚根 $\lambda_{1,2} = \pm i\omega$,这里

$$\omega = \sqrt{\frac{k}{m}}.$$

我们求得微分方程的解

$$x = C_1 \cos\omega t + C_2 \sin\omega t = A \sin(\omega t + \varphi),$$

这里

$$A = \sqrt{C_1^2 + C_2^2}, \quad \sin\varphi = C_1/A, \quad \cos\varphi = C_2/A.$$

像这样的运动

$$x = A \sin(\omega t + \varphi)$$

被称为简谐振动. 振动的周期 T 应满足

$$\omega T = 2\pi.$$

因而

$$T = \frac{2\pi}{\omega} = 2\pi \sqrt{\frac{m}{k}}.$$

例 2 阻尼振动的情形. 如果物体除了受弹性回复力作用外还受到一个与速度成正比(方向与速度相反)的阻尼力的作用,那么它

所遵循的方程为
$$\frac{\mathrm{d}^2 x}{\mathrm{d}t^2} + \frac{h}{m}\frac{\mathrm{d}x}{\mathrm{d}t} + \frac{k}{m}x = 0.$$

该方程的特征多项式为
$$p(\lambda) = \lambda^2 + \frac{h}{m}\lambda + \frac{k}{m}.$$

视 h 和 k 的不同情形，$p(\lambda)$ 的根 λ_1 和 λ_2 也呈现不同的状况．

情形 1 $h^2 - 4mk > 0$．这时两根 λ_1 和 λ_2 是不相等的实数，并且都是负数．运动方程的一般解为
$$x = C_1 \mathrm{e}^{\lambda_1 t} + C_2 \mathrm{e}^{\lambda_2 t}.$$

这里的常数 C_1 和 C_2 可由运动的初始位置 x_0 和初始速度 v_0 来确定．因为 $\lambda_1 < 0, \lambda_2 < 0$，所以
$$\lim_{t \to +\infty} x(t) = 0.$$

对这种情形，由于阻尼过大，物体并不来回振动，而是趋于平衡位置．

情形 2 $h^2 - 4mk = 0$．这时 $p(\lambda)$ 有相等二实根 $\lambda_1 = \lambda_2 = \mu = -\frac{h}{2m} < 0$．运动方程的一般解为
$$x = (C_1 t + C_2) \mathrm{e}^{\mu t}.$$

对这一情形也有
$$\lim_{t \to +\infty} x(t) = 0.$$

情形 3 $h^2 - 4mk < 0$．这时 $p(\lambda)$ 有一对共轭虚根 $\lambda_{1,2} = \rho \pm \mathrm{i}\omega$，并且
$$\rho = \frac{\lambda_1 + \lambda_2}{2} = -\frac{h}{2m} < 0.$$

方程的一般解为
$$\begin{aligned} x &= C_1 \mathrm{e}^{\rho t} \cos\omega t + C_2 \mathrm{e}^{\rho t} \sin\omega t \\ &= A \mathrm{e}^{\rho t} \sin(\omega t + \varphi) \end{aligned}$$
$$\left(A = \sqrt{C_1^2 + C_2^2}, \quad \sin\varphi = \frac{C_1}{A}, \quad \cos\varphi = \frac{C_2}{A} \right).$$

对这一情形，物体才真正往复振动．又因为 $\rho < 0$，所以振幅 $A \mathrm{e}^{\rho t}$ 不断衰减趋于 0；

$$\lim_{t\to+\infty} A e^{\rho t} = 0.$$

补 充 内 容

在这部分内容里,我们来讨论高阶常系数线性微分方程的求解问题. 先来考察二阶常系数非齐次线性微分方程

$$\frac{d^2 x}{dt^2} + a_1 \frac{dx}{dt} + a_0 x = b(t). \tag{5.3}$$

相应的齐次方程的通解是已知的,所以只需求出方程(5.3)的一个特解. 设该方程的特征多项式 $q(\lambda) = \lambda^2 + a_1 \lambda + a_0$ 分解为

$$q(\lambda) = (\lambda - \lambda_1)(\lambda - \lambda_2),$$

则算子多项式 $q(D)$ 也分解为

$$q(D) = (D - \lambda_1)(D - \lambda_2).$$

方程(5.3)可以写成

$$(D - \lambda_1)(D - \lambda_2) x = b(t).$$

依次解以下两个方程

$$(D - \lambda_1) x_1 = b(t),$$
$$(D - \lambda_2) x = x_1,$$

就可求得方程(5.3)的特解.

对于 λ_1 和 λ_2 是共轭虚数的情形,按上述步骤求得的方程(5.3)的特解有可能是一个复值函数 $z(t) = x(t) + iy(t)$. 这时应有恒等式

$$\frac{d^2 z(t)}{dt^2} + a_1 \frac{dz(t)}{dt} + a_0 z(t) \equiv b(t).$$

比较上式两边的实部,我们得到

$$\frac{d^2 x(t)}{dt^2} + a_1 \frac{dx(t)}{dt} + a_0 x(t) \equiv b(t).$$

这样,不论 λ_1 和 λ_2 是实数或者是共轭虚数,我们都能够求出方程(5.3)在实函数范围内的特解,从而完全解决了该方程的求解问题.

再来考察一般的 n 阶常系数线性微分方程

$$\frac{d^n x}{dt^n} + a_{n-1} \frac{d^{n-1} x}{dt^{n-1}} + \cdots + a_0 x = b(t), \tag{5.4}$$

其特征多项式为

$$p(\lambda) = \lambda^n + a_{n-1}\lambda^{n-1} + \cdots + a_0.$$

在实数范围内,可以把特征多项式表示为以下形式的一些不可约因式的乘积:

$$\lambda - \lambda_1, \cdots, \lambda - \lambda_k,$$
$$\lambda^2 + \mu_1\lambda + \nu_1, \cdots, \lambda^2 + \mu_l\lambda + \nu_l,$$

这里 λ_i, μ_j, ν_j 都是实数, $\lambda^2 + \mu_j\lambda + \nu_j$ 没有实根 ($i = 1, \cdots, k, j = 1, \cdots, l, k + 2l = n$). 于是,算子多项式 $p(D)$ 也相应地分解为

$$p(D) = (D - \lambda_1)\cdots(D - \lambda_k)$$
$$\cdot (D^2 + \mu_1 D + \nu_1)\cdots(D^2 + \mu_l D + \nu_l).$$

于是,方程

$$p(D)x = b(t)$$

可以通过以下这些方程来求解:

$$(D - \lambda_1)x_1 = b(t),$$
$$\cdots\cdots\cdots\cdots$$
$$(D - \lambda_k)x_k = x_{k-1},$$
$$(D^2 + \mu_1 D + \nu_1)x_{k+1} = x_k,$$
$$\cdots\cdots\cdots\cdots\cdots\cdots$$
$$(D^2 + \mu_l D + \nu_l)x = x_{n-1}.$$

以上每一个方程的解法都是已知的.

通过上述讨论,我们原则上解决了一般的高阶常系数线性微分方程的求解问题. 但对于具体的方程,所述的方法并不一定总是最简便的方法. 在这里,我们不能对实际解题的有效方法做进一步地介绍了. 这方面的问题,留待读者将来学习微分方程课程时再加以讨论.

§6 开普勒行星运动定律与牛顿万有引力定律

16 世纪后期,丹麦天文学家第谷(Tycho Brahe)以坚韧不拔的毅力,对太阳系的行星运动进行了长达 20 年之久的精细观测,积累了丰富的观测资料. 他的助手,德国人开普勒(Johannes Kepler)曾参与部分观测工作并继承了他的全部观测数据. 在此基础上,开普

勒又进行了长达 20 年的研究,总结出关于行星运动的三大定律.

开普勒第一定律　行星绕太阳运动(公转)的轨道是椭圆,太阳位于椭圆的一个焦点上.

开普勒第二定律　从太阳中心指向一个行星的有向线段(向径),在同样的时间内扫过同样的面积. 换句话说就是:向径的面积速度是常数(图 7-4).

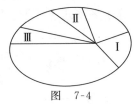

图　7-4

开普勒第三定律　各行星公转周期的平方与其椭圆轨道长轴的立方之比是一个常数.

通过对开普勒三大定律的分析,牛顿判断行星应受到一个指向太阳的力的作用,这个力的大小与行星的质量成正比,与距离的平方成反比. 但这是一种什么力呢? 经过缜密的思考,牛顿终于悟出道理来:这种力与地球上使物体下落的重力是一回事,它是存在于一切物体之间的相互吸引力. 这样,牛顿总结出以下万有引力定律.

万有引力定律　任何两个物体之间都存在着一种相互吸引的力(称为万有引力). 这个力作用在两物体连线上,它的大小与两物体的质量的乘积成正比,而与两物体间的距离的平方成反比.

在本节中,我们首先说明怎样从开普勒定律导出万有引力定律,然后再反过来从万有引力定律推导开普勒三大定律. 后一论证的重要意义在于指出:任何受到与距离平方成反比的有心力作用的物体,都遵循与行星运动相类似的运动规律. 于是,我们得知,月球绕地球的运动应该遵循类似的规律;人造卫星绕地球的运动应该遵循类似的规律(牛顿实际上已从理论上预言了发射人造卫星的可能性).

6.a　必要的准备

本段从几何和力学两方面为以下两段的讨论做准备.

在将要进行的讨论中,需要用极坐标表示椭圆轨道.我们先来推导椭圆的极坐标方程.把极点选在椭圆的一个焦点上,让极轴沿着椭圆的长轴指向远离另一焦点的方向(图 7-5).按照定义,椭圆是到两焦点的距离之和等于常数(设这常数为 $2a$)的点的轨迹.椭圆的方程应为

$$r+\sqrt{r^2+4c^2+4rc\cos\theta}=2a$$

(这里设两焦点间的距离为 $2c$).

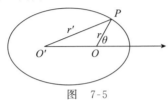

图 7-5

在上一方程中,先把左边的第一项 r 移到右边,再取两边的平方消去根号,我们得到

$$r^2+4c^2+4rc\cos\theta=r^2+4a^2-4ra.$$

由此又可得到

$$r=\frac{b^2}{a+c\cos\theta}=\frac{p}{1+\varepsilon\cos\theta},$$

这里

$$b=\sqrt{a^2-c^2},\quad p=\frac{b^2}{a},\quad \varepsilon=\frac{c}{a}.$$

这样,我们得到了椭圆的极坐标方程

$$r=\frac{p}{1+\varepsilon\cos\theta}.$$

其次,我们利用复数来描述质点的平面运动,推导质点运动方程的极坐标形式.考察在平面上运动的一个质点.它在时刻 t 的位置可以用从原点到这点的有向线段(向径)来表示,也就是说可以用复数 $z(t)=x(t)+\mathrm{i}y(t)$ 来表示,从时刻 t 到时刻 $t+\Delta t$,质点从位置 $z(t)$ 运动到 $z(t+\Delta t)$,它的位移可以用一个向量

$$\Delta z(t)=z(t+\Delta t)-z(t)$$

来表示.在这段时间里,质点的平均速度为

$$\frac{\Delta z(t)}{\Delta t} = \frac{z(t+\Delta t) - z(t)}{\Delta t},$$

这是一个向量. 让 $\Delta t \to 0$, 我们得到瞬时速度

$$v(t) = \lim_{\Delta t \to 0} \frac{\Delta z(t)}{\Delta t}$$

$$= \frac{\mathrm{d}z(t)}{\mathrm{d}t} = x'(t) + \mathrm{i}y'(t).$$

瞬时速度也是一个向量,它正好沿着质点运动轨迹的切线方向(图 7-6). 瞬时速度向量的模

$$|v(t)| = \left|\frac{\mathrm{d}z(t)}{\mathrm{d}t}\right| = \sqrt{(x'(t))^2 + (y'(t))^2}$$

正好等于质点通过的路程 s 对时间的导数. 为说明这一事实,需要指出

$$\frac{\mathrm{d}s}{\mathrm{d}t} = \sqrt{(x'(t))^2 + (y'(t))^2}.$$

事实上,我们有

$$s(t+\Delta t) - s(t) = \int_{t}^{t+\Delta t} \sqrt{(x'(\tau))^2 + (y'(\tau))^2} \, \mathrm{d}\tau.$$

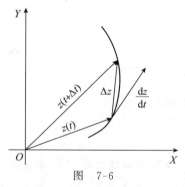

图 7-6

利用积分中值定理可得

$$s(t+\Delta t) - s(t) = \sqrt{(x'(\tilde{\tau}))^2 + (y'(\tilde{\tau}))^2}\, \Delta t,$$

$$\frac{s(t+\Delta t) - s(t)}{\Delta t} = \sqrt{(x'(\tilde{\tau}))^2 + (y'(\tilde{\tau}))^2},$$

这里 $t \leqslant \tilde{\tau} \leqslant t + \Delta t$. 让 $\Delta t \to 0$, 我们得到

$$\frac{\mathrm{d}s}{\mathrm{d}t}=\sqrt{(x'(t))^2+(y'(t))^2}.$$

我们看到,瞬时速度向量 $v(t)=\dfrac{\mathrm{d}z(t)}{\mathrm{d}t}$ 很好地描述了运动的瞬时状况:它的大小即路程对时间的导数,它的方向即运动轨迹的切线方向.

根据同样的道理,运动的加速度也表示为一个向量
$$a=\frac{\mathrm{d}v}{\mathrm{d}t}=\frac{\mathrm{d}^2 z}{\mathrm{d}t^2}.$$
于是,对于质点的平面运动,牛顿第二定律的数学表示为
$$m\frac{\mathrm{d}^2 z}{\mathrm{d}t^2}=F,$$
这里作用力 F 也是平面上的向量(因而也用复数来表示).

在力学中,人们常常用小黑圆点表示对时间 t 求导,例如 $\dot{z}(t)=\dfrac{\mathrm{d}z(t)}{\mathrm{d}t},\ \ddot{z}(t)=\dfrac{\mathrm{d}^2 z(t)}{\mathrm{d}t^2}$ 等,这实际上是牛顿本人提议的记号.以下我们将采用这样的记号.

为了以下讨论方便,我们来推导质点运动方程的极坐标形式.我们知道,任何复数 z 都可以写成极坐标形式
$$z=r(\cos\theta+\mathrm{i}\sin\theta)=r\mathrm{e}^{\mathrm{i}\theta}.$$
特别地,对于在平面上运动着的质点的位置向量(向径)$z(t)$,应有
$$z(t)=r(t)\mathrm{e}^{\mathrm{i}\theta(t)}.$$
对 t 求导得
$$\dot{z}=\dot{r}(\mathrm{e}^{\mathrm{i}\theta})+r\dot{\theta}(\mathrm{i}\mathrm{e}^{\mathrm{i}\theta}).$$
我们知道,$\mathrm{e}^{\mathrm{i}\theta}$ 是向径方向上的单位向量,而 $\mathrm{i}\mathrm{e}^{\mathrm{i}\theta}=\mathrm{e}^{\mathrm{i}(\frac{\pi}{2}+\theta)}$ 是与 $\mathrm{e}^{\mathrm{i}\theta}$ 垂直的单位向量.速度 $v(t)=\dot{z}(t)$ 沿这两方向分解为
$$v=v_r(\mathrm{e}^{\mathrm{i}\theta})+v_\theta(\mathrm{i}\mathrm{e}^{\mathrm{i}\theta}),$$
这里
$$v_r=\dot{r},\quad v_\theta=r\dot{\theta}.$$
将前面得到的 $\dot{z}$ 的表示式再对 t 求导一次,我们得到
$$\ddot{z}=\ddot{r}(\mathrm{e}^{\mathrm{i}\theta})+\dot{r}\dot{\theta}(\mathrm{i}\mathrm{e}^{\mathrm{i}\theta})+\dot{r}\dot{\theta}(\mathrm{i}\mathrm{e}^{\mathrm{i}\theta})$$

$$+ r\ddot{\theta}(\mathrm{i}\mathrm{e}^{\mathrm{i}\theta}) - r\dot{\theta}^2(\mathrm{e}^{\mathrm{i}\theta})$$
$$= (\ddot{r} - r\dot{\theta}^2)\mathrm{e}^{\mathrm{i}\theta} + (2\dot{r}\dot{\theta} + r\ddot{\theta})(\mathrm{i}\mathrm{e}^{\mathrm{i}\theta}).$$

加速度 $a = \ddot{z}$ 沿两方向 $\mathrm{e}^{\mathrm{i}\theta}$ 和 $\mathrm{i}\mathrm{e}^{\mathrm{i}\theta}$ 分解为
$$a = a_r(\mathrm{e}^{\mathrm{i}\theta}) + a_\theta(\mathrm{i}\mathrm{e}^{\mathrm{i}\theta}),$$
这里
$$a_r = \ddot{r} - r\dot{\theta}^2, \quad a_\theta = 2\dot{r}\dot{\theta} + r\ddot{\theta}.$$

作用在质点上的力 F 也沿这两方向分解：
$$F = F_r(\mathrm{e}^{\mathrm{i}\theta}) + F_\theta(\mathrm{i}\mathrm{e}^{\mathrm{i}\theta}).$$

我们把运动方程
$$m\ddot{z} = F$$
改写成
$$ma_r(\mathrm{e}^{\mathrm{i}\theta}) + ma_\theta(\mathrm{i}\mathrm{e}^{\mathrm{i}\theta})$$
$$= F_r(\mathrm{e}^{\mathrm{i}\theta}) + F_\theta(\mathrm{i}\mathrm{e}^{\mathrm{i}\theta}).$$

上式两边乘以 $\mathrm{e}^{-\mathrm{i}\theta}$，然后比较实部和虚部，我们得到
$$ma_r = F_r, \quad ma_\theta = F_\theta,$$
即
$$m(\ddot{r} - r\dot{\theta}^2) = F_r, \quad m(2\dot{r}\dot{\theta} + r\ddot{\theta}) = F_\theta.$$

这就是质点运动方程的极坐标形式（适用于质点的平面运动）.

6.b 从开普勒定律导出万有引力定律

开普勒第二定律说：从太阳中心指向一个行星的向径，在相等的时间内扫过相等的面积. 换句话说就是：向径的面积速度等于常数. 我们来推导面积速度的分析表示式. 从时刻 t 到时刻 $t + \Delta t$，向径从 $\theta(t)$ 位置转到 $\theta(t + \Delta t)$ 位置，所扫过的面积近似等于

$$\Delta A = \frac{1}{2}r^2 \Delta \theta = \frac{1}{2}r^2(\theta(t + \Delta t) - \theta(t)).$$

由此求得面积速度的分析表示式

$$\frac{\mathrm{d}A}{\mathrm{d}t} = \lim_{\Delta t \to 0}\frac{\Delta A}{\Delta t} = \frac{1}{2}r^2 \frac{\mathrm{d}\theta}{\mathrm{d}t},$$
即

§6 开普勒行星运动定律与牛顿万有引力定律

$$\dot{A} = \frac{1}{2} r^2 \dot{\theta}.$$

开普勒第二定律的数学表示即为

$$r^2 \dot{\theta} = h \text{（常数）}. \tag{6.1}$$

对上式求导得

$$2 r \dot{r} \dot{\theta} + r^2 \ddot{\theta} = 0.$$

由此得到

$$2 \dot{r} \dot{\theta} + r \ddot{\theta} = 0.$$

这样,我们得到

$$F_\theta = m(2\dot{r}\dot{\theta} + r\ddot{\theta}) = 0,$$
$$F = F_r(\mathrm{e}^{i\theta}) + F_\theta(i\mathrm{e}^{i\theta}) = F_r \mathrm{e}^{i\theta}.$$

这就是说,**行星所受的力作用在太阳与行星的连线上**.

其次,根据开普勒第一定律,行星绕太阳运行的轨道是一个椭圆,太阳中心在椭圆的一个焦点上. 我们用极坐标写出轨道的方程

$$r = \frac{p}{1 + \varepsilon \cos \theta}.$$

由此得到

$$\frac{1}{r} = \frac{1}{p}(1 + \varepsilon \cos \theta) = \frac{1}{p} + \frac{\varepsilon}{p} \cos \theta.$$

后一式两边对 t 求导并利用(6.1)式可得

$$-\frac{\dot{r}}{r^2} = -\frac{\varepsilon}{p} \cdot \sin \theta \cdot \dot{\theta},$$
$$\dot{r} = \frac{\varepsilon}{p}(r^2 \dot{\theta}) \sin \theta = \frac{\varepsilon h}{p} \sin \theta.$$

上式两边再对 t 求导得

$$\ddot{r} = \frac{\varepsilon h}{p} \cdot \cos \theta \cdot \dot{\theta} = \frac{\varepsilon h^2}{p r^2} \cos \theta.$$

这样,我们求得

$$a_r = \ddot{r} - r \dot{\theta}^2 = \ddot{r} - \frac{(r^2 \dot{\theta})^2}{r^3}$$

$$= \frac{\varepsilon h^2}{pr^2}\cos\theta - \frac{h^2}{r^3} = \frac{h^2}{r^2}\left(\frac{\varepsilon}{p}\cos\theta - \frac{1}{r}\right)$$

$$= -\frac{h^2}{p}\frac{1}{r^2},$$

$$F_r = ma_r = -\frac{mh^2}{p}\frac{1}{r^2}$$

$$= -km\frac{1}{r^2}.$$

下面我们指出 $k = h^2/p$ 是一个常数(对太阳系中所有的行星都是一样的). 我们注意到:面积速度 $\dot{A} = \frac{1}{2}r^2\dot{\theta} = \frac{1}{2}h$ 与周期 T 相乘应该得到椭圆的面积

$$\frac{1}{2}hT = \pi ab.$$

由此得到

$$h = \frac{2\pi ab}{T}, \quad h^2 = \frac{4\pi^2 a^2 b^2}{T^2}.$$

根据开普勒第三定律,应有

$$T^2 = \lambda a^3,$$

这里的比值 λ 对太阳系中所有的行星都相同. 于是

$$h^2 = \frac{4\pi^2}{\lambda}\frac{b^2}{a} = \frac{4\pi^2}{\lambda}p,$$

$$k = \frac{h^2}{p} = \frac{4\pi^2}{\lambda} \text{(常数)}.$$

我们得到

$$F_r = -km\frac{1}{r^2} \text{ (k 是常数)}.$$

这就是说:**行星所受的力指向太阳,它的大小与行星的质量成正比,与行星到太阳的距离的平方成反比**.

牛顿正是从这些结论出发,通过进一步的思考,总结出著名的万有引力定律的.

6.c 从万有引力定律推导开普勒定律

根据万有引力定律,行星受到指向太阳中心的引力的作用. 行星在某一时刻的速度向量与太阳中心共同决定一张平面. 容易判断: 行星以后的运动不会离开这一平面(因为在垂直于这平面的方向上既没有速度,又没有外力的作用). 我们在这平面上取以太阳中心为极点的极坐标系. 于是,行星所受的力 F 表示为

$$F = F_r(\mathrm{e}^{i\theta}) + F_\theta(i\mathrm{e}^{i\theta}),$$

其中

$$F_r = -G\frac{Mm}{r^2}, \quad F_\theta = 0.$$

这里 M 是太阳的质量, m 是行星的质量, G 是万有引力常数. 行星的运动方程可以写成

$$\ddot{r} - r\dot{\theta}^2 = -k/r^2, \quad 2\dot{r}\dot{\theta} + r\ddot{\theta} = 0,$$

这里 $k = GM$. 后一方程两边乘以 r 得

$$2r\dot{r}\dot{\theta} + r^2\ddot{\theta} = 0,$$

或

$$\frac{\mathrm{d}}{\mathrm{d}t}(r^2\dot{\theta}) = 0.$$

这说明面积速度为常数

$$\dot{A} = \frac{1}{2}r^2\dot{\theta} = \frac{1}{2}h \text{ (常数)}.$$

再来考察方程

$$\ddot{r} - r\dot{\theta}^2 = -k/r^2. \tag{6.2}$$

记 $u = 1/r$, 则从

$$r^2\dot{\theta} = h$$

可得

$$\dot{\theta} = hu^2.$$

我们有

$$\dot{r} = \frac{\mathrm{d}}{\mathrm{d}\theta}\left(\frac{1}{u}\right)\dot{\theta} = -\frac{1}{u^2}\frac{\mathrm{d}u}{\mathrm{d}\theta}\dot{\theta} = -h\frac{\mathrm{d}u}{\mathrm{d}\theta},$$

$$\ddot{r} = \frac{\mathrm{d}}{\mathrm{d}t}(\dot{r}) = \frac{\mathrm{d}}{\mathrm{d}\theta}\left(-h\,\frac{\mathrm{d}u}{\mathrm{d}\theta}\right)\dot{\theta}$$
$$= -h\,\frac{\mathrm{d}^2 u}{\mathrm{d}\theta^2}\,\dot{\theta} = -h^2 u^2\,\frac{\mathrm{d}^2 u}{\mathrm{d}\theta^2}.$$

方程(6.2)化成
$$-h^2 u^2\,\frac{\mathrm{d}^2 u}{\mathrm{d}\theta^2} - h^2 u^3 = -ku^2,$$

即
$$\frac{\mathrm{d}^2 u}{\mathrm{d}\theta^2} + u = \frac{k}{h^2}. \tag{6.3}$$

这是一个二阶常系数线性微分方程. 容易看出它的一个特解是 $\bar{u} = k/h^2$. 于是,该方程的一般解为
$$u = B\cos\theta + C\sin\theta + k/h^2.$$

上式又可写成
$$u = L\cos(\theta - \theta_0) + k/h^2,$$

其中
$$L = \sqrt{B^2 + C^2},$$
$$\cos\theta_0 = \frac{B}{\sqrt{B^2 + C^2}}, \quad \sin\theta_0 = \frac{C}{\sqrt{B^2 + C^2}}.$$

于是有
$$r = \frac{1}{u}$$
$$= \frac{1}{L\cos(\theta - \theta_0) + k/h^2}$$
$$= \frac{\dfrac{h^2}{k}}{1 + \dfrac{h^2 L}{k}\cos(\theta - \theta_0)}$$
$$= \frac{p}{1 + \varepsilon\cos(\theta - \theta_0)},$$

这里
$$\varepsilon = h^2 L/k, \quad p = h^2/k.$$

我们得到了圆锥曲线的一般方程

$$r = \frac{p}{1+\varepsilon\cos(\theta-\theta_0)}.$$

因为运转中的行星不会跑到无穷远去，它的轨道应该是一个椭圆[①]，所以 $\varepsilon < 1$.

最后，我们来推证开普勒第三定律. 利用关系

$$\frac{1}{2}hT = \pi ab, \quad p = \frac{h^2}{k} = \frac{b^2}{a},$$

可得

$$T^2 = \left(\frac{2\pi ab}{h}\right)^2 = \frac{4\pi^2 a^2 b^2}{h^2}$$

$$= \frac{\frac{4\pi^2}{k}a^2b^2}{\frac{h^2}{k}} = \frac{\frac{4\pi^2}{k}a^2b^2}{\frac{b^2}{a}}$$

$$= \frac{4\pi^2}{k}a^3,$$

这里 $k = GM$ 是一个常数.

[①] 太阳引力场中其他物体的运动轨迹也有可能不是椭圆.

重排本说明

《数学分析新讲》这套书自 1990 年出版以来,深受广大读者欢迎,迄今为止每一册都已印刷 20 余次,三册累计印刷 206 000 册.由于本书最早是铅排版,虽然后来曾重录过一次,但仍存在各种各样的问题.为了延续经典,北京大学出版社决定按新式流行开本,采用新的排版印刷技术,对本书进行重排出版.

在重排过程中,我们重绘了全部图形,使其更加美观;对所有的数学公式进行了重排校订;对一些明显的手误或录入的错误进行了修改.但在内容主体上,完全尊重原著,重排本与原版是一样的.中国海洋大学数学科学学院赵元章老师对本套重排本做了全面的审校,我们对他的辛勤工作表示由衷的感谢.

本套书作者张筑生教授于 2002 年 2 月 6 日不幸逝世.我们谨以这套书的重排出版作为对他的深切怀念.

北京大学出版社
作者家属
2021 年 8 月